MongoDB+Express+Angular+Node.js 全栈开发实战派

柳伟卫◎著

电子工业出版社
Publishing House of Electronics Industry
北京·BEIJING

内 容 简 介

以 MongoDB、Express、Angular 和 Node.js 四种技术为核心的技术栈（MEAN 架构），被广泛应用于全栈 Web 开发。

本书最终带领读者从零开始实现一个完整的、企业级的、前后端分离的应用——"新闻头条"，使读者具备用 MEAN 架构完整开发企业级应用的能力。

本书分为 6 篇。第 1 篇介绍 MEAN 架构的基础概念，使读者对 MEAN 架构有一个初步的印象。第 2 篇介绍全栈开发平台 Node.js 的常用知识点，包括模块、测试、缓冲区、事件处理、文件处理、HTTP 编程等。第 3 篇介绍 Web 服务器 Express 的常用知识点。第 4 篇介绍 NoSQL 数据库 MongoDB 的常用知识点，以及其在 Node.js 中的应用。第 5 篇介绍前端应用开发平台 Angular 的常用知识点，包括组件、模板、数据绑定、指令、服务、依赖注入、路由、响应式编程、HTTP 客户端等。第 6 篇带领读者实现一个完整的应用——"新闻头条"。

第 2~5 篇介绍了 58 个实例，将理论讲解最终落实到代码实现上。随着图书内容的推进，这些实例不断趋近于工程项目，具有很高的应用价值和参考价值。

本书由浅入深、层层推进、结构清晰、实例丰富、通俗易懂、实用性强，适合 MEAN 架构的初学者和进阶读者作为自学用书，也适合培训学校作为培训教材，还适合大、中专院校的相关专业作为教学参考书。

未经许可，不得以任何方式复制或抄袭本书之部分或全部内容。
版权所有，侵权必究。

图书在版编目（CIP）数据

MongoDB+Express+Angular+Node.js 全栈开发实战派/柳伟卫著. —北京：电子工业出版社，2020.6
ISBN 978-7-121-37993-2

Ⅰ.①M… Ⅱ.①柳… Ⅲ.①网页制作工具－程序设计 Ⅳ.①TP393.092.2

中国版本图书馆 CIP 数据核字（2019）第 263912 号

责任编辑：吴宏伟

印　　刷：三河市君旺印务有限公司
装　　订：三河市君旺印务有限公司
出版发行：电子工业出版社
　　　　　北京市海淀区万寿路 173 信箱　邮编：100036
开　　本：787×980　1/16　印张：23　字数：552 千字
版　　次：2020 年 6 月第 1 版
印　　次：2020 年 6 月第 1 次印刷
定　　价：109.00 元

凡所购买电子工业出版社图书有缺损问题，请向购买书店调换。若书店售缺，请与本社发行部联系，联系及邮购电话：(010) 88254888，88258888。
质量投诉请发邮件至 zlts@phei.com.cn，盗版侵权举报请发邮件至 dbqq@phei.com.cn。
本书咨询联系方式：010-51260888-819，faq@phei.com.cn。

前言

写作背景

曾经业界流行使用 LAMP 架构（Linux、Apache、MySQL 和 PHP）来快速开发中小网站。LAMP 是开放源代码的，而且使用简单、价格低廉，因此 LAMP 架构成为当时开发中小网站的首选，号称"平民英雄"。

而今随着 Node.js 的流行，JavaScript 终于在服务器端拥有一席之地。JavaScript 成为从前端到后端再到数据库能够支持全栈开发的语言。而以 MongoDB、Express、Angular 和 Node.js 四种开源技术为核心的 MEAN 架构，除具备 LAMP 架构的一切优点外，还能支撑高可用、高并发的大型互联网应用的开发。MEAN 架构势必也会成为新的"平民英雄"。

市面上独立讲解 MongoDB、Express、Angular 和 Node.js 的书较为丰富（包括笔者也出版了《Angular 企业级应用开发实战》《Node.js 企业级应用开发实战》等书），但将这些技术综合运用的案例和资料比较少。鉴于此，笔者撰写了这本书加以补充。希望读者通过学习本书具有全栈开发的能力。

本书涉及的技术及相关版本

请读者将相关开发环境设置成不低于本书所采用的配置。

- Node.js 12.9.0
- NPM 6.12.2
- Express 4.17.1
- MongoDB Community Server 4.0.10
- MongoDB 3.3.1
- Angular CLI 8.3.0
- NG-ZORRO 8.1.2
- ngx-Markdown 8.1.0

- basic-auth 2.0.1
- NGINX 1.15.8

本书特点

1. 可与笔者在线上交流

本书提供以下交流网址，读者有任何技术的问题都可以向笔者提问。

https://github.com/waylau/mean-book-samples/issues

2. 提供了基于技术点的 58 个实例和 1 个综合性实战项目

本书提供了 58 个 MEAN 架构技术点的实例，将理论讲解落实到代码实现上。这些实例具有很高的应用价值和参考价值。在掌握了基础之后，本书还提供了 1 个综合性实战项目。

3. 免费提供书中实例的源文件

本书免费提供书中所有实例的源文件。读者可以一边阅读本书，一边参照源文件动手练习。这样不仅可以提高学习的效率，还可以对书中的内容有更加直观的认识，从而逐渐培养自己的编程能力。

4. 覆盖的知识面广

本书覆盖了 MongoDB、Express、Angular、NG-ZORRO、ngx-markdown、basic-auth 和 NGINX 等在内的 MEAN 架构技术点，技术前瞻，案例丰富。不管是编程初学者，还是编程高手，都能从本书中获益。本书可作为读者的案头工具书，随手翻阅。

5. 语言简洁，阅读流畅

本书采用结构化的层次，并采用简短的段落和语句，让读者读来有顺水行舟的轻快感。

6. 案例的商业性、应用性强

本书提供的案例多数来源于真实的商业项目，具有很高的参考价值。有些代码甚至可以移植到自己的项目中直接使用，使从"学"到"用"这个过程变得更加直接。

联系作者

由于笔者能力有限、时间仓促，书中难免有错漏之处，欢迎读者通过以下方式与笔者联系。

- 博客：https://waylau.com
- 邮箱：waylau521@gmail.com

- 微博：http://weibo.com/waylau521
- GitHub：https://github.com/waylau

致谢

感谢电子工业出版社的吴宏伟编辑，他在本书写作过程中仔细审阅稿件，给予了很多指导和帮助。感谢在幕后工作的电子工业出版社的编校团队对本书在编辑、校对、排版、封面设计等方面所给予的帮助，使本书得以顺利出版。

感谢我的父母、妻子 Funny 和两个女儿。由于撰写本书，我牺牲了很多陪伴家人的时间。谢谢他们对我的理解和支持。

感谢关心和支持我的朋友、读者、网友。

柳伟卫

2019 年 11 月

目录

第 1 篇 初识 MEAN

第 1 章 MEAN 架构概述 2
1.1 MEAN 架构核心技术栈的组成 2
    1.1.1 MongoDB 2
    1.1.2 Express 3
    1.1.3 Angular 3
    1.1.4 Node.js 3
1.2 MEAN 架构周边技术栈的组成 4
    1.2.1 NG-ZORRO 4
    1.2.2 ngx-Markdown 4
    1.2.3 NGINX 5
    1.2.4 basic-auth 5
1.3 MEAN 架构的优势 5
1.4 开发工具的选择 8

第 2 篇 Node.js——全栈开发平台

第 2 章 Node.js 基础 10
2.1 Node.js 简介 10
    2.1.1 Node.js 简史 10
    2.1.2 为什么叫 Node.js 12
2.2 Node.js 的特点 13
2.3 安装 Node.js 17
    2.3.1 安装 Node.js 和 NPM 17
    2.3.2 Node.js 与 NPM 的关系 17
    2.3.3 安装 NPM 镜像 18
2.4 第 1 个 Node.js 应用 18
    2.4.1 实例 1：创建 Node.js 应用 18
    2.4.2 实例 2：运行 Node.js 应用 18
    2.4.3 总结 19

第 3 章 Node.js 模块——大型项目管理之道 20
3.1 理解模块化机制 20
    3.1.1 理解 CommonJS 规范 20
    3.1.2 理解 ES 6 模块 22
    3.1.3 CommonJS 和 ES 6 模块的异同点 24
    3.1.4 Node.js 的模块实现 25
3.2 使用 NPM 管理模块 26
    3.2.1 用 npm 命令安装模块 27
    3.2.2 全局安装与本地安装 27
    3.2.3 查看安装信息 28
    3.2.4 卸载模块 28

		3.2.5 更新模块 ································ 29
		3.2.6 搜索模块 ································ 29
		3.2.7 创建模块 ································ 29
3.3	Node.js 的核心模块 ······························· 29

第 4 章 Node.js 测试 ······························· 31
4.1 严格模式和遗留模式 ························· 31
4.2 实例 3：断言的使用 ························· 32
4.3 了解 AssertionError ························· 33
4.4 实例 4：使用 deepStrictEqual ········· 34

第 5 章 Node.js 缓冲区——高性能 I/O 处理的秘诀 ······························· 38
5.1 了解 Buffer 类 ································ 38
    5.1.1 TypedArray 对象 ················· 39
    5.1.2 Buffer 类 ······························· 39
5.2 创建缓冲区 ······································· 40
    5.2.1 初始化缓冲区的 API ········· 41
    5.2.2 理解数据的安全性 ··········· 41
    5.2.3 启用零填充 ······················· 42
    5.2.4 指定字符编码 ··················· 43
5.3 切分缓冲区 ······································· 43
5.4 链接缓冲区 ······································· 45
5.5 比较缓冲区 ······································· 46
5.6 缓冲区编/解码 ·································· 46
    5.6.1 解码器和编码器 ················ 47
    5.6.2 缓冲区解码 ······················· 47
    5.6.3 缓冲区编码 ······················· 48

第 6 章 Node.js 事件处理 ····················· 50
6.1 理解事件和回调 ······························· 50
    6.1.1 事件循环 ··························· 51
    6.1.2 事件驱动 ··························· 51
6.2 事件发射器 ······································· 52
    6.2.1 将参数传给监听器 ··········· 52
    6.2.2 异步与同步 ······················· 53

    6.2.3 仅处理事件一次 ··············· 53
6.3 事件类型 ·· 54
    6.3.1 事件类型的定义 ··············· 54
    6.3.2 内置的事件类型 ··············· 55
    6.3.3 error 事件 ·························· 55
6.4 事件的操作 ······································· 57
    6.4.1 实例 5：设置最大监听器 ······ 58
    6.4.2 实例 6：获取已注册事件的名称 ······················· 58
    6.4.3 实例 7：获取监听器数组的副本 ······························· 59
    6.4.4 实例 8：将事件监听器添加到监听器数组的开头 ······ 59
    6.4.5 实例 9：移除监听器 ········ 60

第 7 章 Node.js 文件处理 ····················· 63
7.1 了解 fs 模块 ······································ 63
    7.1.1 同步与异步操作文件 ······· 63
    7.1.2 文件描述符 ······················· 65
7.2 处理文件路径 ···································· 66
    7.2.1 字符串形式的路径 ··········· 66
    7.2.2 Buffer 形式的路径 ············ 67
    7.2.3 URL 对象的路径 ·············· 68
7.3 打开文件 ·· 69
    7.3.1 文件系统标志 ··················· 69
    7.3.2 实例 10：打开文件的例子 ····· 71
7.4 读取文件 ·· 72
    7.4.1 实例 11：用 fs.read()方法读取文件 ·························· 72
    7.4.2 实例 12：用 fs.readdir()方法读取文件 ·························· 73
    7.4.3 实例 13：用 fs.readFile()方法读取文件 ·························· 74
7.5 写入文件 ·· 75
    7.5.1 实例 14：将 Buffer 写入文件 ····· 75

7.5.2 实例15：将字符串写入文件 …… 77
7.5.3 实例16：将数据写入文件 …… 78

第8章 Node.js HTTP 编程 …… 80
8.1 创建 HTTP 服务器 …… 80
 8.1.1 实例17：用 http.Server 创建服务器 …… 80
 8.1.2 理解 http.Server 事件的用法 …… 81
8.2 处理 HTTP 的常用操作 …… 83
8.3 请求对象和响应对象 …… 84
 8.3.1 理解 http.ClientRequest 类 …… 84
 8.3.2 理解 http.ServerResponse 类 …… 88
8.4 REST 概述 …… 91
 8.4.1 REST 的定义 …… 92
 8.4.2 REST 的设计原则 …… 92
8.5 成熟度模型 …… 94
 8.5.1 第0级：用 HTTP 作为传输方式 …… 94
 8.5.2 第1级：引入了资源的概念 …… 96
 8.5.3 第2级：根据语义使用 HTTP 动词 …… 97
 8.5.4 第3级：使用 HATEOAS …… 98
8.6 实例18：构建 REST 服务的例子 …… 100
 8.6.1 新增用户 …… 101
 8.6.2 修改用户 …… 102
 8.6.3 删除用户 …… 103
 8.6.4 响应请求 …… 104
 8.6.5 运行应用 …… 105

第3篇 Express——Web 服务器

第9章 Express 基础 …… 110
9.1 安装 Express …… 110
9.2 实例19：编写"Hello World"应用 …… 112
9.3 实例20：运行"Hello World"应用 …… 112

第10章 Express 路由——页面的导航员 …… 114
10.1 路由方法 …… 114
10.2 路由路径 …… 115
 10.2.1 实例21：基于字符串的路由路径 …… 116
 10.2.2 实例22：基于字符串模式的路由路径 …… 116
 10.2.3 实例23：基于正则表达式的路由路径 …… 117
10.3 路由参数 …… 117
10.4 路由处理器 …… 118
 10.4.1 实例24：单个回调函数 …… 118
 10.4.2 实例25：多个回调函数 …… 118
 10.4.3 实例26：一组回调函数 …… 118
 10.4.4 实例27：独立函数和函数数组的组合 …… 119
10.5 响应方法 …… 119
10.6 实例28：基于 Express 构建 REST API …… 120
10.7 测试 Express 的 REST API …… 122
 10.7.1 测试用于创建用户的 API …… 122
 10.7.2 测试用于删除用户的 API …… 122
 10.7.3 测试用于修改用户的 API …… 123
 10.7.4 测试用于查询用户的 API …… 124

第11章 Express 错误处理器 …… 125
11.1 捕获错误 …… 125
11.2 默认错误处理器 …… 127
11.3 自定义错误处理器 …… 128

第 4 篇　MongoDB 篇——NoSQL 数据库

第 12 章　MongoDB 基础·············132
- 12.1　MongoDB 简介·····················132
- 12.2　安装 MongoDB····················133
- 12.3　启动 MongoDB 服务············134
- 12.4　链接 MongoDB 服务器·········135

第 13 章　MongoDB 的常用操作·····136
- 13.1　显示已有的数据库················136
- 13.2　创建、使用数据库················136
- 13.3　插入文档····························137
  - 13.3.1　实例 29：插入单个文档·····137
  - 13.3.2　实例 30：插入多个文档·····138
- 13.4　查询文档····························139
  - 13.4.1　嵌套文档查询···············139
  - 13.4.2　嵌套字段查询···············139
  - 13.4.3　使用查询运算符············140
  - 13.4.4　多条件查询··················140
- 13.5　修改文档····························140
  - 13.5.1　修改单个文档···············141
  - 13.5.2　修改多个文档···············141
  - 13.5.3　替换单个文档···············142
- 13.6　删除文档····························142
  - 13.6.1　删除单个文档···············143
  - 13.6.2　删除多个文档···············143

第 14 章　实例 31：使用 Node.js 操作 MongoDB·············144
- 14.1　安装 mongodb 模块··············144
- 14.2　访问 MongoDB·····················145
- 14.3　运行应用····························146

第 15 章　mongodb 模块的综合应用·········148
- 15.1　实例 32：建立连接···············148
- 15.2　实例 33：插入文档···············149
- 15.3　实例 34：查找文档···············150
- 15.4　修改文档····························152
  - 15.4.1　实例 35：修改单个文档···153
  - 15.4.2　实例 36：修改多个文档···157
- 15.5　删除文档····························158
  - 15.5.1　实例 37：删除单个文档···158
  - 15.5.2　实例 38：删除多个文档···159

第 5 篇　Angular——前端应用开发平台

第 16 章　Angular 基础·············162
- 16.1　常见的 UI 编程框架·············162
  - 16.1.1　Angular 与 jQuery 的不同······162
  - 16.1.2　Angular 与 React、Vue.js 优势对比···············164
  - 16.1.3　Angular、React、Vue.js 三者怎么选···············165
- 16.2　Angular 的安装····················165
- 16.3　Angular CLI 的常用操作·······166
  - 16.3.1　获取帮助······················166
  - 16.3.2　创建应用······················167
  - 16.3.3　创建组件······················167
  - 16.3.4　创建服务······················167
  - 16.3.5　启动应用······················167
  - 16.3.6　添加依赖······················167

	16.3.7	升级依赖 ………………………	167
	16.3.8	自动化测试 ……………………	167
	16.3.9	下载依赖 ………………………	168
	16.3.10	编译 ……………………………	168
16.4	Angular 架构概览 ……………………………		168
	16.4.1	模块 ……………………………	169
	16.4.2	组件 ……………………………	170
	16.4.3	模板、指令和数据绑定 ………	170
	16.4.4	服务与依赖注入 ………………	170
	16.4.5	路由 ……………………………	170
16.5	实例 39：创建第 1 个 Angular 应用 ……		171
	16.5.1	使用 Angular CLI 初始化应用 ……………………	171
	16.5.2	运行 Angular 应用 ……………	173
	16.5.3	了解 src 文件夹 ………………	174
	16.5.4	了解根目录 ……………………	175

第 17 章 Angular 模块——大型前端应用管理之道 …………………… 178

17.1	模块概述 ………………………………………		178
	17.1.1	什么是模块化 …………………	178
	17.1.2	认识基本模块 …………………	179
	17.1.3	认识特性模块 …………………	180
17.2	引导启动 ………………………………………		180
	17.2.1	了解 declarations 数组 ………	181
	17.2.2	了解 imports 数组 ……………	182
	17.2.3	了解 providers 数组 …………	182
	17.2.4	了解 bootstrap 数组 …………	182
17.3	常用模块 ………………………………………		182
	17.3.1	常用模块 ………………………	182
	17.3.2	BrowserModule 和 CommonModule …………………	183
17.4	特性模块 ………………………………………		183

	17.4.1	领域特性模块 …………………	183
	17.4.2	带路由的特性模块 ……………	184
	17.4.3	路由模块 ………………………	184
	17.4.4	服务特性模块 …………………	184
	17.4.5	可视部件特性模块 ……………	185
17.5	入口组件 ………………………………………		185
	17.5.1	引导用的入口组件 ……………	185
	17.5.2	路由用的入口组件 ……………	186
	17.5.3	entryComponents ………………	186
	17.5.4	编译优化 ………………………	186

第 18 章 Angular 组件——独立的开发单元 ……………………… 187

18.1	数据展示 ………………………………………		187
	18.1.1	实例 40：数据展示的例子 ……	187
	18.1.2	使用插值表达式显示组件属性 ………………………	189
	18.1.3	组件关联模板的两种方式 ……	189
	18.1.4	在模板中使用指令 ……………	190
18.2	生命周期 ………………………………………		190
	18.2.1	生命周期钩子 …………………	190
	18.2.2	实例 41：生命周期钩子的例子 ………………………………	191
	18.2.3	生命周期钩子的顺序 …………	193
	18.2.4	了解 OnInit() 钩子 ……………	194
	18.2.5	了解 OnDestroy() 钩子 ………	195
	18.2.6	了解 OnChanges() 钩子 ………	196
	18.2.7	了解 DoCheck() 钩子 …………	196
	18.2.8	了解 AfterView 钩子 …………	197
	18.2.9	了解 AfterContent 钩子 ………	197
18.3	组件的交互方式 ………………………………		197
	18.3.1	实例 42：通过 @Input 把数据从父组件传到子组件 …………	197

18.3.2 实例43：通过set()方法截听输入属性值的变化 ………… 199
18.3.3 实例44：通过ngOnChanges()方法截听输入属性值的变化 …… 200
18.3.4 实例45：用父组件监听子组件的事件 ……………… 202
18.3.5 实例46：父组件与子组件通过本地变量进行交互 ……… 204
18.3.6 实例47：父组件调用@ViewChild()方法获取子组件的值 ……… 206
18.3.7 实例48：父组件和子组件通过服务来通信 …………… 207
18.4 样式 ………………………………… 210
18.4.1 实例49：使用组件样式的例子 ……………………… 211
18.4.2 样式的作用域 …………… 211
18.4.3 特殊的样式选择器 ……… 213
18.4.4 把样式加载进组件的几种方式 ……………………… 213

第19章 Angular模板和数据绑定 …… 216
19.1 模板表达式 ………………… 216
19.1.1 模板表达式上下文 ……… 217
19.1.2 编写模板表达式的最佳实践 …… 217
19.1.3 管道操作符 ……………… 218
19.1.4 安全导航操作符和空属性路径 ……………………… 218
19.1.5 非空断言操作符 ………… 218
19.2 模板语句 …………………… 219
19.3 数据绑定 …………………… 220
19.3.1 从数据源到视图 ………… 220
19.3.2 从视图到数据源 ………… 220
19.3.3 双向绑定 ………………… 221
19.4 属性绑定 …………………… 221

19.4.1 单向输入 ………………… 221
19.4.2 绑定目标 ………………… 221
19.4.3 一次性字符串初始化 …… 221
19.4.4 选择"插值表达式"还是"属性绑定" ………………… 222
19.5 事件绑定 …………………… 222
19.5.1 目标事件 ………………… 222
19.5.2 $event和事件处理语句 … 222
19.5.3 使用EventEmitter类自定义事件 ………………… 223

第20章 Angular指令——组件行为改变器 ……………………… 225
20.1 指令类型 …………………… 225
20.2 属性型指令 ………………… 225
20.2.1 了解NgClass、NgStyle、NgModel指令 ……………… 226
20.2.2 实例50：创建并使用属性型指令 ……………………… 227
20.2.3 实例51：响应用户引发的事件 ……………………… 228
20.2.4 实例52：使用@Input数据绑定向指令传递值 ………… 229
20.2.5 实例53：绑定多个属性 … 231
20.3 结构型指令 ………………… 232
20.3.1 了解NgIf指令 …………… 232
20.3.2 了解NgSwitch指令 …… 232
20.3.3 了解NgFor指令 ………… 233
20.3.4 了解<ng-template>标签 … 234
20.3.5 了解<ng-container>标签 … 234
20.3.6 实例54：自定义结构型指令 … 235

第21章 Angular服务与依赖注入 …… 238
21.1 初识依赖注入 ……………… 238

21.2 在 Angular 中实现依赖注入 ················239
  21.2.1 观察初始的应用 ················240
  21.2.2 创建服务 ················242
  21.2.3 理解注入器 ················242
  21.2.4 理解服务提供商 ················245
  21.2.5 注入服务 ················249
  21.2.6 单例服务 ················250
  21.2.7 组件的子注入器 ················250
  21.2.8 测试组件 ················250
  21.2.9 服务依赖服务 ················251
  21.2.10 依赖注入令牌 ················252
  21.2.11 可选依赖 ················252
21.3 多级依赖注入 ················252
  21.3.1 注入器树 ················252
  21.3.2 注入器冒泡 ················253
  21.3.3 在不同层级提供同一个服务 ················253
  21.3.4 组件注入器 ················253

第 22 章 Angular 路由 ················254

22.1 配置路由 ················254
  22.1.1 实例 55：配置路由器 ················254
  22.1.2 输出导航生命周期中的事件 ················256
  22.1.3 实例 56：设置路由出口 ················256
22.2 理解路由器链接 ················257
  22.2.1 路由器状态 ················257
  22.2.2 激活的路由 ················257
22.3 路由事件 ················258
22.4 重定向 URL ················258
22.5 实例 57：一个路由器的例子 ················259
  22.5.1 创建应用及组件 ················259
  22.5.2 修改组件的模板 ················260
  22.5.3 导入并设置路由器 ················260
  22.5.4 添加路由出口 ················261
  22.5.5 美化界面 ················262

  22.5.6 定义通配符路由 ················264

第 23 章 Angular 响应式编程 ················266

23.1 了解 Observable 机制 ················266
  23.1.1 Observable 的基本概念 ················266
  23.1.2 定义观察者 ················267
  23.1.3 执行订阅 ················268
  23.1.4 创建 Observable 对象 ················269
  23.1.5 实现多播 ················270
  23.1.6 处理错误 ················273
23.2 了解 RxJS 技术 ················273
  23.2.1 创建 Observable 对象的函数 ················274
  23.2.2 了解操作符 ················275
  23.2.3 处理错误 ················276
23.3 了解 Angular 中的 Observable ················277
  23.3.1 在 EventEmitter 类上的应用 ················278
  23.3.2 在调用 HTTP 方法时的应用 ················278
  23.3.3 在 AsyncPipe 管道上的应用 ················279
  23.3.4 在 Router 路由器上的应用 ················279
  23.3.5 在响应式表单上的应用 ················280

第 24 章 Angular HTTP 客户端 ················282

24.1 初识 HttpClient ················282
24.2 认识网络资源 ················282
24.3 实例 58：获取天气数据 ················284
  24.3.1 导入 HttpClient ················284
  24.3.2 编写空气质量组件 ················285
  24.3.3 编写空气质量服务 ················285
  24.3.4 将服务注入组件 ················286
  24.3.5 返回带类型检查的响应 ················288
  24.3.6 读取完整的响应体 ················288
24.4 错误处理 ················290
  24.4.1 获取错误详情 ················291
  24.4.2 重试 ················292

第6篇 综合应用——构建一个完整的互联网应用

第25章 总体设计 294
25.1 应用概述 294
25.1.1 mean-news 的核心功能 295
25.1.2 初始化数据库 295
25.2 模型设计 295
25.2.1 用户模型设计 295
25.2.2 新闻模型设计 296
25.3 接口设计 296
25.4 权限管理 296

第26章 客户端应用 298
26.1 UI 设计 298
26.1.1 首页 UI 设计 298
26.1.2 新闻详情页 UI 设计 299
26.2 实现 UI 原型 299
26.2.1 初始化 mean-news-ui 300
26.2.2 添加 NG-ZORRO 300
26.2.3 创建新闻列表组件 303
26.2.4 设计新闻列表原型 304
26.2.5 设计新闻详情页原型 306
26.3 实现路由器 309
26.3.1 创建路由 309
26.3.2 添加路由出口 309
26.3.3 修改新闻列表组件 309
26.3.4 给"返回"按钮添加事件 310
26.3.5 运行应用 311

第27章 服务器端应用 312
27.1 初始化服务器端应用 312
27.1.1 创建应用目录 312
27.1.2 初始化应用结构 312
27.1.3 在应用中安装 Express 313
27.1.4 编写"Hello World"应用 314
27.1.5 运行"Hello World"应用 314
27.2 初步实现用户登录认证功能 314
27.2.1 创建服务器端管理组件 314
27.2.2 添加组件到路由器 315
27.2.3 使用 HttpClient 315
27.2.4 访问服务器端接口 316
27.2.5 给服务器端接口设置安全认证 318
27.3 实现新闻编辑器 320
27.3.1 集成 ngx-Markdown 插件 320
27.3.2 导入 MarkdownModule 模块 321
27.3.3 编写编辑器界面 321
27.3.4 在服务器端新增创建新闻的接口 325
27.3.5 运行应用 327
27.4 实现新闻列表展示 328
27.4.1 在服务器端实现新闻列表查询的接口 328
27.4.2 在客户端实现客户端访问新闻列表的 REST 接口 329
27.4.3 运行应用 330
27.5 实现新闻详情展示 331
27.5.1 在服务器端实现新闻详情查询的接口 331
27.5.2 在客户端实现调用新闻详情页的 REST 接口 333

27.5.3　设置路由 ································· 334
　　27.5.4　运行应用 ································· 334
27.6　实现认证信息的存储及读取 ············· 335
　　27.6.1　实现认证信息的存储 ············· 335
　　27.6.2　实现认证信息的读取 ············· 336
　　27.6.3　改造认证方法 ······················· 336
　　27.6.4　改造对外的接口 ··················· 337
27.7　总结 ··· 339

第 28 章　用 NGINX 实现高可用 ············ 340

28.1　NGINX 概述 ··································· 340
　　28.1.1　NGINX 特性 ·························· 340
　　28.1.2　安装、运行 NGINX ··············· 340
　　28.1.3　验证安装 ······························· 343
　　28.1.4　常用命令 ······························· 344
28.2　部署客户端应用 ······························· 345
　　28.2.1　编译客户端应用 ····················· 345
　　28.2.2　部署客户端应用的编译文件 ····· 346
　　28.2.3　配置 NGINX ··························· 346
28.3　实现负载均衡及高可用 ····················· 347
　　28.3.1　配置负载均衡 ·························· 348
　　28.3.2　负载均衡常用算法 ··················· 349
　　28.3.3　实现服务器端服务器的
　　　　　　高可用 ·································· 350
　　28.3.4　运行应用 ································ 351

参考文献 ·· 353

第 1 篇
初识 MEAN

第 1 章　MEAN 架构概述

第 1 章
MEAN 架构概述

本章将介绍 MEAN 架构的组成及技术优势,并介绍开发 MEAN 应用所需要的环境。

1.1 MEAN 架构核心技术栈的组成

MEAN 架构是指,以 MongoDB、Express、Angular 和 Node.js 四种技术为核心的技术栈,广泛应用于 Web 全栈开发。

1.1.1 MongoDB

MongoDB 是强大的非关系型数据库(NoSQL)。与 Redis 或者 HBase 等不同,MongoDB 是一个介于关系数据库和非关系数据库之间的产品,是非关系数据库中功能最丰富、最像关系数据库的,旨在为 Web 应用提供可扩展的高性能数据存储解决方案。它支持的数据结构非常松散,是类似 JSON 的 BSON 格式,因此可以存储比较复杂的数据类型。

MongoDB 最大的特点是:其支持的查询语言非常强大;其语法有点类似面向对象的查询语言,几乎可以实现类似关系数据库单表查询的绝大部分功能;支持对数据建立索引。自 MongoDB 4.0 开始,MongoDB 支持事务管理。

图 1-1 是一个数据库排行。可以看到,MongoDB 在 NoSQL 数据库中排行第一。注:该数据来自 DB-Engines。

Rank Aug 2019	Rank Jul 2019	Rank Aug 2018	DBMS	Database Model	Score Aug 2019	Score Jul 2019	Score Aug 2018
1.	1.	1.	Oracle	Relational, Multi-model	1339.48	+18.22	+27.45
2.	2.	2.	MySQL	Relational, Multi-model	1253.68	+24.16	+46.87
3.	3.	3.	Microsoft SQL Server	Relational, Multi-model	1093.18	+2.35	+20.53
4.	4.	4.	PostgreSQL	Relational, Multi-model	481.33	-1.94	+63.83
5.	5.	5.	MongoDB	Document	404.57	-5.36	+53.59
6.	6.	6.	IBM Db2	Relational, Multi-model	172.95	-1.19	-8.89
7.	7.	↑8.	Elasticsearch	Search engine, Multi-model	149.08	+0.27	+10.97
8.	8.	↓7.	Redis	Key-value, Multi-model	144.08	-0.18	+5.51
9.	9.	9.	Microsoft Access	Relational	135.33	-1.98	+6.24
10.	10.	10.	Cassandra	Wide column	125.21	-1.80	+5.63

图 1-1　MongoDB 在 NoSQL 数据库中排行第一

在 MEAN 架构中，MongoDB 承担着数据存储的角色。

1.1.2　Express

Express 是一个简洁而灵活的 Node.js Web 应用框架，提供了一系列强大特性以帮助用户创建各种 Web 应用。Express 也是一款功能非常强大的 HTTP 工具。

使用 Express 可以快速搭建一个完整功能的网站。其核心功能包括：

- 设置中间件以响应 HTTP 请求。
- 定义路由表以执行不同的 HTTP 请求动作。
- 通过向模板传递参数来动态渲染 HTML 页面。

在 MEAN 架构中，Express 担当着构建 Web 服务的角色。

1.1.3　Angular

前端组件化开发是目前主流的开发方式，不管是 Angular、React 还是 Vue.js 都如此。相比较而言，Angular 不管是其开发功能，还是编程思想，在所有前端框架中都是首屈一指的，特别适合用来开发企业级的大型应用。

Angular 不仅是一个前端框架，而更像是一个前端开发平台，试图解决现代 Web 应用开发各个方面的问题。Angular 核心功能包括 MVC 模式、模块化、自动化双向数据绑定、语义化标签、服务、依赖注入等。这些概念即便对后端开发人员来说也不陌生。比如，Java 开发人员肯定知道 MVC 模式、模块化、服务、依赖注入等。

在 MEAN 架构中，Angular 承担着客户端开发的角色。

1.1.4　Node.js

Node.js 是整个 MEAN 架构的基石。Node.js 采用事件驱动和非阻塞 I/O 模型，所以很轻微和高效，非常适合用来构建运行在分布式设备上的、数据密集型的实时应用。自从有了 Node.js，JavaScript 不再只是前端开发的"小角色"，而是拥有从前端到后端再到数据库完整开发能力的"全栈能手"。JavaScript 和 Node.js 是相辅相成的。配合流行的 JavaScript 语言，Node.js 拥有了更广泛的受众。

Node.js 能够火爆的另外一个原因是 NPM。NPM 可以轻松管理项目依赖，同时也促进了 Node.js 生态圈的繁荣，因为 NPM 让开发人员分享开源技术变得不再困难。

1.2 MEAN 架构周边技术栈的组成

为了构建大型互联网应用,除使用 MEAN 架构的这 4 种核心技术外,业界还常使用 NG-ZORRO、ngx-Markdown、basic-auth 和 NGINX 等周边技术。

1.2.1 NG-ZORRO

NG-ZORRO 是一款阿里巴巴出品的前端企业级 UI 框架。NG-ZORRO 是开源的，它基于 Ant Design 设计理念，并且支持最新的 Angular 版本。

NG-ZORRO 具有以下特性：

- 具有提炼自企业级中后端产品的交互语言和视觉风格。
- "开箱即用"的高质量 Angular 组件能与 Angular 保持同步升级。
- 是使用 TypeScript 构建的，提供了完整的类型定义文件。
- 支持 OnPush 模式，性能卓越。
- 支持服务端渲染。
- 支持现代浏览器，以及 Internet Explorer 11 以上版本（使用 polyfills）。
- 支持 Electron。

在 MEAN 架构中，NG-ZORRO 将与 Angular 一起构建炫酷的前端界面。

1.2.2 ngx-Markdown

Markdown 是一种可以使用普通文本编辑器编写的标记语言。通过简单的标记语法，Markdown 可以使普通文本具有一定的格式。因此在内容管理类的应用中，经常采用 Markdown 编辑器来编辑网文内容。

ngx-Markdown 是一款 Markdown 插件，能够将 Markdown 格式的内容渲染成为 HTML 格式的内容。最为重要的是，ngx-Markdown 是支持 Angular 的，因此与 Angular 应用有着良好的兼容性。

在 MEAN 架构中，ngx-Markdown 将与 Angular 一起构建内容编辑器。

1.2.3 NGINX

在大型互联网应用中，经常使用 NGINX 作为 Web 服务器。

NGINX 是免费的、开源的、高性能的 HTTP 服务器和反向代理，同时也是 IMAP/POP3 代理服务器。NGINX 以性能高、稳定性高、功能集丰富、配置简单和资源消耗低而闻名。

NGINX 是为解决 C10K[①]问题而编写的、市面上仅有的几个服务器之一。与传统服务器不同，NGINX 不依赖线程来处理请求，而使用更加可扩展的事件驱动（异步）架构。这种架构的优点是负载小，且可以预测内存使用量。即使在处理数千个并发请求的场景下，仍然可以从 NGINX 的高性能和占用内存少等方面获益。NGINX 适用于各种场景，从最小的 VPS 一直到大型的服务器集群。

在 MEAN 架构中，NGINX 承担着 Angular 应用的部署及负载均衡任务。

1.2.4 basic-auth

在企业级应用中，安全认证不可或缺。basic-auth 是一款基于 Node.js 的基本认证框架。通过 basic-auth，利用简单几步就能实现基本认证信息的解析。

在 MEAN 架构中，basic-auth 承担着安全认证的职责。

1.3 MEAN 架构的优势

MEAN 架构的在企业级应用中被广泛采用，总结起来具备以下优势。

1. 开源

无论是 MongoDB、Express、Angular、Node.js 四种核心技术，还是 NG-ZORRO、ngx-Markdown、NGINX、basic-auth 等周边技术，MEAN 架构所有的技术都是开源的。

开源技术是相对于闭源技术而言的，其优势如下：

- 开源技术源码是公开的，互联网公司在考察某项技术是否符合自身开发需求时，可以对源码进行分析。

[①] 所谓 C10K（Concurrent 10000 Connection 的简写）问题是指，服务器同时支持成千上万个客户端的问题。由于硬件成本的大幅度降低和硬件技术的进步，如果一台服务器同时能够服务更多的客户端，则意味着服务每一个客户端的成本大幅度降低。从这个角度来看，C10K 问题显得非常有意义。

- 相对闭源技术而言，开源技术的商用成本相对较低，这对于很多初创的互联网公司而言，可以节省一大笔技术投入。

当然，开源技术是一把"双刃剑"，你能够看到源码，并不意味着你可以解决所有问题。开源技术在技术支持上不能与闭源技术相提并论，毕竟闭源技术都有成熟的商业模式，可以提供完善的商业支持。而开源技术更多依赖社区对于开源技术的支持。如果在使用开源技术过程中发现了问题，可以反馈给开源社区，但开源社区并不会保证在什么时候、用什么方法能够处理发现的问题。所以，使用开源技术需要开发团队对开源技术要有深刻的了解。最好能够吃透源码，这样在发现问题时，才能够及时解决源码中的问题。

比如，在关系型数据库领域，同属于 Oracle 公司的 MySQL 数据库和 Oracle 数据库，就是开源技术与闭源技术的两大代表，两者占据全球数据库占有率的前两名。MySQL 数据库主要是在中小企业和云计算供应商中被广泛采用；而 Oracle 数据库则由于其稳定、高性能的特性，深受政府和银行等客户的信赖。

2. 跨平台

跨平台意味着开发和部署应用的成本会较低。

试想一下，当今操作系统三足鼎立，分别是 Linux、macOS、Windows。假设开发者需要面对不同的操作系统平台，若要开发不同的版本，则开发成本势必会非常高。而且每个操作系统平台都有不同的版本、分支，仅做不同版本的适配都需要耗费极大的人力，更别提要针对不同的平台开发软件了。因此，跨平台可以节省开发成本。

同理，由于 MEAN 架构中的开发软件是能够跨平台的，所以无须担心在部署应用过程中的兼容性问题。开发者在本地开发环境所开发的软件，理论上可以通过 CI/CD（持续集成/持续部署）工具部署到测试环境甚至是生产环境，因而可以节省部署的成本。

基于 MEAN 架构的应用具有跨平台特性，非常适合用来构建 Cloud Native 应用，特别是在容器技术常常作为微服务宿主的今天。基于 MEAN 架构的应用是支持 Docker 部署的。

3. 全栈开发

类似与系统架构师，全栈开发者应该是比一般的软件工程师具有更广的知识面，应是拥有全端软件设计思想并掌握多种开发技能的复合型人才，能够独当一面。

Node.js 工程师、Angular 工程师偏重于某项技能。而全栈开发则意味着，开发人员必须掌握整个架构的全部细节，能够从零开始构建完整的企业级应用。

一名全栈开发者在开发时往往会做如下风险预测，并做好防御：

- 当前所开发的应用会部署到什么样的服务器、网络环境中？
- 服务哪里可能会崩溃？为什么会崩溃？
- 是否应该适当地使用云存储？
- 程序有无数据冗余？
- 程序是否具备可用性？
- 界面是否友好？
- 性能能否满足当前要求？
- 哪些位置需要加日志，以便通过日志排查问题？

除思考上述问题外，全栈开发者还应能建立合理的、标准的关系模型，包括外键、索引、视图和表等。

全栈开发者需要熟悉非关系型数据存储，并且知道它们相对关系型数据存储优势所在。

当然，人的精力毕竟有限，所以想要成为全栈开发者并非易事。所幸 MEAN 架构能让这一切成为可能。MEAN 架构以 Node.js 为整个技术栈的核心，而 Node.js 的编程语言是 JavaScript。这意味着，开发者只需要掌握 JavaScript 这一种编程语言，即可以打通所有 MEAN 架构的技术。不得不说这是全栈开发者的福音。

4. 支持企业级应用

无论是 Node.js、Angular 还是 MongoDB，这些技术在大型互联网公司都被广泛采用。无数应用也证明了 MEAN 架构是非常适合用来构建企业级应用的。企业级应用是指那些为商业组织、大型企业而创建并部署的应用。这些企业级应用结构复杂，涉及的外部资源众多、事务密集、数据量大、用户数多，安全性要求较高。

用 MEAN 架构开发企业级应用，不但应用应具有强大的功能，还应该满足未来业务需求的变化，且易于升级和维护。

> 更多有关企业级应用开发方面的内容，可以参阅笔者所著的《Spring Boot 企业级应用开发实战》《Angular 企业级应用开发实战》《Node.js 企业级应用开发实战》等书。

5. 支持构建微服务

微服务（microservices）是当今业界最流行的架构风格。微服务架构与面向服务架构（SOA）有相似之处，比如都是面向服务的。通常 SOA 意味着大而全的整体单块架构系统（monolithic）解决方案。这让设计、开发、测试、发布都增加了难度，其中任何细小的代码变更，都会导致整个系统需要重新测试、部署。而微服务架构恰恰把所有服务都打散，设置了合理的颗粒度，各个服务间保持着低耦合，每个服务都在其完整的生命周期中存活，互相之间的影响降到了最低。

面向服务架构需要对整个系统进行规范，而微服务架构中的每个服务都可以有自己的开发语言、开发方式，灵活性大大提高。微服务是围绕业务能力来构建的，因此可以通过 CI/CD 工具来实现独立部署。不同的微服务可以使用不同的编程语言和不同的数据存储技术，并保持最小化集中管理。

MEAN 架构非常适合构建微服务，原因如下：

- Node.js 本身提供了跨平台的能力，可以运行在自己的进程中。
- Express 易于构建 Web 服务，并支持 HTTP 的通信。
- Node.js + MongoDB 支持从前端到后端再到数据库的全栈开发能力。

开发人员可以容易地通过 MEAN 架构来构建并快速启动一个微服务应用。业界也提供了成熟的微服务解决方案来打造大型微服务架构系统，比如 Tars.js、Seneca 等。

6. 业界主流

MEAN 架构所涉及的技术都是业界主流，主要体现在以下几方面：

- MongoDB 在 NoSQL 数据库中是排行第一的，而且用户量还在递增。
- 只要知道 JavaScript 就必然知道 Node.js，而 JavaScript 是在开源界中最流行的开发语言。
- 前端组件化开发是目前主流的开发方式，不管是 Angular、React 还是 Vue.js 都如此。
- 在大型互联网应用中，经常用 NGINX 作为 Web 服务器。NGINX 也是目前被最广泛使用的代理服务器。

1.4 开发工具的选择

如果你是一名前端工程师，那么可以不必花太多时间来安装 IDE，用你平时熟悉的 IDE 来开发 MEAN 架构的应用即可，因为 MEAN 架构的核心编程语言仍然是 JavaScript。比如，前端工程师经常会选择诸如 Visual Studio Code、Eclipse、WebStorm、Sublime Text 等工具。理论上，开发 MEAN 不会对开发工具有任何限制，甚至可以直接用文本编辑器来进行开发。

如果你是一名初级的前端工程师，还不知道如何选择 IDE，那么笔者建议你尝试下 Visual Studio Code。Visual Studio Code 与 TypeScript 都是微软出品的，对 TypeScript 和 Angular、Node.js 有着一流的支持，而且这款 IDE 还是免费的，你可以随时下载使用它。本书的示例也是基于 Visual Studio Code 编写的。

选择合适自己的 IDE 有助于提升编程质量和开发效率。

第 2 篇
Node.js——全栈开发平台

第 2 章　Node.js 基础

第 3 章　Node.js 模块——大型项目管理之道

第 4 章　Node.js 测试

第 5 章　Node.js 缓冲区——高性能 I/O 处理的秘诀

第 6 章　Node.js 事件处理

第 7 章　Node.js 文件处理

第 8 章　Node.js HTTP 编程

第 2 章
Node.js 基础

Node.js 是整个 MEAN 架构的核心。本章将介绍 Node.js 的基础知识。

2.1 Node.js 简介

2.1.1 Node.js 简史

从 Node.js 的命名上可以看到，Node.js 的官方开发语言是 JavaScript。之所以使用 JavaScript，显然与 JavaScript 的开发人员多有关。众所周知，JavaScript 是伴随着互联网发展而火爆起来的，JavaScript 是前端开发人员必备的技能。另外，JavaScript 也是浏览器能直接运行的脚本语言。

但也正是因为 JavaScript 在浏览器端很强势，所以人们对于 JavaScript 的印象还停留在"小脚本"，认为 JavaScript 只能用来从事前端展示。

Chrome V8 引擎的出现让 JavaScript 彻底翻了身。Chrome V8 是 JavaScript 的渲染引擎，其第一个版本随着 Chrome 浏览器的发布而发布(具体时间为 2008 年 9 月 2 日)。在运行 JavaScript 代码之前，其他的 JavaScript 引擎需要将其转换成字节码来执行，而 Chrome V8 引擎则将其编译成原生机器码（IA-32、x86-64、ARM 或 MIPS CPUs），并使用如内联缓存等方法来提高性能。Chrome V8 引擎可以独立运行，也可以被嵌入 C++应用中运行。

随着 Chrome V8 引擎的声名鹊起，在 2009 年，Ryan Dahl 正式推出了基于 JavaScript 和 Chrome V8 引擎的开源 Web 服务器项目——Node.js。这使得 JavaScript 终于在服务器端拥有一席之地。Node.js 采用事件驱动和非阻塞 I/O 模型，所以变得轻微和高效，非常适合用来构建运行在分布式设备上的数据密集型实时应用。从此，JavaScript 成为从前端到后端再到数据库的全栈开发语言。

Node.js 能够火爆的另外一个原因是 NPM。NPM 可以轻松管理项目依赖，也促进了 Node.js 生态圈的繁荣，因为 NPM 让开发人员分享开源技术变得不再困难。

以下列举了 Node.js 的大事件：

- 2009 年 3 月，Ryan Dahl 正式推出 Node.js。
- 2009 年 10 月，Isaac Schlueter 首次提出了 NPM。
- 2009 年 11 月，Ryan Dahl 首次公开宣讲 Node.js。
- 2010 年 3 月，Web 服务器框架 Express.js 问世。
- 2010 年 3 月，Socket.io 第 1 版发布。
- 2010 年 4 月，Heroku 首次实验性尝试对 Node.js 进行支持。
- 2010 年 7 月，Ryan Dahl 在 Google 技术交流会上再次宣讲 Node.js。
- 2010 年 8 月，Node.js 0.2.0 版发布。
- 2010 年年底，Node.js 项目受到了 Joyent 公司的赞助，Ryan Dahl 加入 Joyent 公司负责 Node.js 的开发。
- 2011 年 3 月，Felix 的 Node.js 指南发布。
- 2011 年 5 月，NPM 1.0 版发布。
- 2011 年 5 月，Ryan Dahl 在 Reddit 发帖，表示接受任何关于 Node.js 的提问。
- 2011 年 8 月，Linkedin 产品在线上开始使用 Node.js。
- 2011 年 12 月，Uber 在线上开始使用 Node.js。
- 2012 年 1 月，Ryan Dahl 宣布不再参与 Node.js 日常开发和维护工作，Isaac Schlueter 接任。
- 2012 年 6 月，Node.js v0.8.0 稳定版发布。
- 2012 年 12 月，Hapi.js 框架发布。
- 2013 年 4 月，用 Node.js 开发的 Ghost 博客平台发布。
- 2013 年 4 月，MEAN 技术栈被提出。
- 2013 年 5 月，eBay 分享首次尝试使用 Node.js 开发应用的经验。
- 2013 年 11 月，沃尔玛在线上使用 Node.js 的过程中发现了 Node.js 的内存泄漏问题。
- 2013 年 11 月，PayPal 发布一个 Node.js 的框架 Kraken。
- 2013 年 12 月，Koa 框架发布。
- 2014 年 1 月，TJ Fontaine 接管 Node.js 项目。
- 2014 年 10 月，Joyent 和社区成员提议成立 Node.js 顾问委员会。

- 2014 年 11 月，多位重量级 Node.js 开发者不满 Joyent 对 Node.js 的管理，创建了 Node.js 的分支项目 io.js。
- 2015 年 1 月，io.js 发布 1.0.0 版。
- 2015 年 2 月，Joyent 携手各大公司和 Linux 基金会成立 Node.js 基金会，并提议 io.js 和 Node.js 和解。
- 2015 年 4 月，NPM 支持私有模块。
- 2015 年 5 月，TJ Fontaine 不再管理 Node.js 并离开 Joyent 公司。
- 2015 年 5 月，Node.js 和 io.js 合并，隶属 Node.js 基金会。
- 2015 年 9 月 8 日，Node.js 4.0.0 版发布。Node.js 没有经历 1.0、2.0 和 3.0 版，直接从 4.0 版开始，这也预示着 Node.js 带来了一个新的时代。
- 2015 年 10 月 29 日，Node.js 5.0.0 版发布。
- 2016 年 2 月，Express 成为 Node.js 基金会的孵化项目。
- 2016 年 3 月，爆发著名的 left-pad 事件。
- 2016 年 3 月，Google Cloud 平台加入 Node.js 基金会。
- 2016 年 4 月 26 日，Node.js 6.0.0 版发布。
- 2016 年 10 月，Yarn 包管理器发布。
- 2016 年 10 月 25 日，Node.js 7.0.0 版发布。
- 2017 年 9 月，NASA 的 Node.js 案例发布。
- 2017 年 5 月 30 日，Node.js 8.0.0 版发布。
- 2017 年 10 月 31 日，Node.js 9.0.0 版发布。
- 2018 年 4 月 24 日，Node.js 10.0.0 版发布。
- 2018 年 10 月 23 日，Node.js 11.0.0 版发布。
- 2019 年 3 月 13 日，Node.js 基金会和 JS 基金会合并成了 OpenJS 基金会，以促进 JavaScript 和 Web 生态系统的健康发展。
- 2019 年 4 月 23 日，Node.js 12.0.0 版发布。

2.1.2 为什么叫 Node.js

读者们可能会好奇，Node.js 为什么要这么命名。其实，一开始 Ryan Dahl 将他的项目命名为 Web.js，致力于构建高性能的 Web 服务。但是，项目的发展超出了他最初的预期，演变为构建网络应用的一个基础框架。

在大型分布式系统中，每个节点（在英文中被翻译为 node）是用于构建整个系统的独立单元。因此，Ryan Dahl 将他的项目命名为了 Node.js，期望将它用于快速构建大型应用。

2.2 Node.js 的特点

Node.js 被广大开发者所青睐,主要是因为 Node.js 包含以下特点。

1. 异步 I/O

异步是相对于同步而言的。同步和异步描述的是用户线程与内核的交互方式。

- 同步:在用户线程发起 I/O 请求后,需要等待或者轮询内核 I/O 操作完成后才能继续执行。
- 异步:在用户线程发起 I/O 请求后,仍继续执行。在内核 I/O 操作完成后会通知用户线程,或者调用用户线程注册的回调函数。

图 2-1 展示了异步 I/O 模型。

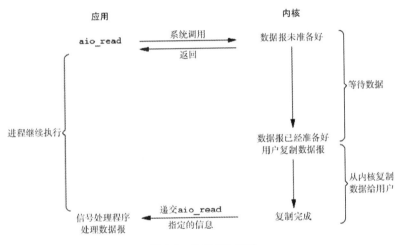

图 2-1 异步 I/O 模型

举个通俗的例子,你打电话问书店老板有没有某本书。

如果是同步通信机制,书店老板会说"你稍等,不要挂电话,我查一下",然后就跑去书架上查找。而你则在电话这边等着。等到书店老板查好了(可能是 5 秒,也可能是一天),他在电话里告诉你查找的结果。

如果是异步通信机制,书店老板直接告诉你"我查一下啊,查好了打电话给你",然后直接挂了电话。在查找好后,他会主动打电话给你。而这段时间内,你可以去干其他事情。在这里老板通过"回电"这种方式来回调。

通过上面例子可以看到,异步的好处是显而易见,它可以不必等待 I/O 操作完成,就可以去干其他的工作,极大提升了系统的效率。

2. 事件驱动

JavaScript 开发者对于"事件"一词应该都不会陌生。用户在界面上单击一个按钮就会触发一个"单击"事件。在 Node.js 中，包含事件的应用也是无处不在的。

在传统的高并发场景中往往使用的是多线程模型，即：为每个业务逻辑提供一个系统线程，通过系统线程切换来弥补同步 I/O 调用时的时间开销。

而在 Node.js 中使用的是单线程模型，对于所有 I/O 都采用异步式请求方式，从而避免了频繁地上下文切换。Node.js 在执行的过程中会维护一个事件队列，程序在执行时会进入事件循环等待下一个事件到来，每一个异步式 I/O 请求在完成后会被推送到事件队列中，等待程序进程进行处理。

Node.js 的异步机制是基于事件的，所有的磁盘 I/O、网络通信、数据库查询都以非阻塞的方式请求，返回的结果由事件循环来处理。Node.js 进程在同一时刻只能处理一个事件，在完成后立即进入事件循环（Event Loop）检查并处理后面的事件，其运行原理如图 2-2 所示。

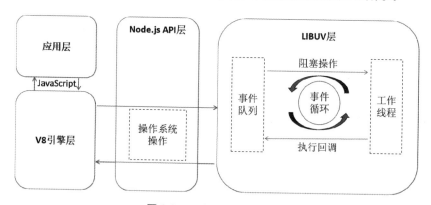

图 2-2　Node.js 的运行原理

图 2-2 是整个 Node.js 的运行原理，从左到右，从上到下，Node.js 被分为了四层，分别是应用层、V8 引擎层、Node.js API 层和 LIBUV 层。

- 应用层：即 JavaScript 交互层，其中包括 Node.js 的常用模块，比如 http、fs 等。
- V8 引擎层：用来解析 JavaScript 语法，并和下层 Node.js API 层进行交互。
- NodeAPI 层：为上层模块提供系统调用，一般是由 C 语言实现的，会和操作系统进行交互。
- LIBUV 层：是跨平台的底层封装，实现了事件循环、文件操作等，是 Node.js 实现异步的核心。

这样做的好处是：CPU 和内存在同一时间集中处理一件事，同时尽可能让耗时的 I/O 操作并行执行。对于低速连接攻击，Node.js 只是在事件队列中增加请求，并等待操作系统回应，因而不会有任何多线程开销，这样可以大大提升 Web 应用的健壮性，防止恶意攻击。

> 事件驱动也并非是 Node.js 的专利，比如在 Java 编程语言中，大名鼎鼎的 Netty 也采用事件驱动机制来提高系统的并发量。

3. 单线程

从上面所介绍的事件驱动机制可以了解到，Node.js 只采用一个主线程来接收请求，但它在接收到请求后并不会直接进行处理，而是将请求放到事件队列中，然后又去接收其他请求，在空闲时再通过 Event Loop 来处理这些事件，从而实现异步效果。

当然，对于 I/O 类任务还需要依赖系统层的线程池来处理。因此，我们可以简单地理解为：Node.js 本身是一个多线程平台，而它处理 JavaScript 层面的任务是单线程的。

无论是 Linux 平台还是 Windows 平台，Node.js 内部都是通过线程池来完成异步 I/O 操作的，其底层基于 LIBUV 来实现不同平台的统一调用。LIBUV 是一个高性能的、事件驱动的 I/O 库，并且提供了跨平台（如 Windows、Linux）的 API。因此，Node.js 的单线程仅仅是指 JavaScript 运行在单线程中，而并非 Node.js 平台是单线程。

> 上面提到，如果是 I/O 任务，则 Node.js 就把任务交给线程池来异步处理，因此 Node.js 适合处理 I/O 密集型任务。但不是所有的任务都是 I/O 密集型任务，在碰到 CPU 密集型任务时（即只用 CPU 计算的操作，比如对数据加解密、数据压缩和解压等），Node.js 会亲自处理所有的计算任务，前面的任务没有执行完，后面的任务就只能干等着，所以后面的任务可能会阻塞。即便是多 CPU 的主机，对于 Node.js 而言也只有一个 EventLoop（即只占用一个 CPU 内核）。在 Node.js 被 CPU 密集型任务占用，导致其他任务被阻塞时，可能还有 CPU 内核处于闲置状态，这就造成了资源浪费。
>
> 因此，Node.js 并不适合处理 CPU 密集型任务。

4. 支持微服务

微服务（microservices）架构就是：把小的服务开发成单一的应用，运行在其自己的进程中，并采用轻量级的机制进行通信（一般是 HTTP 资源 API）。这些服务都是围绕业务能力来构建的，可以通过全自动部署工具来实现独立部署。这些服务可以使用不同的编程语言和不同的数据存储技术，并保持最小化集中管理。

Node.js 非常适合构建微服务，原因如下：

- Node.js 本身提供了跨平台的能力，可以运行在自己的进程中。
- Node.js 易于构建 Web 服务，并支持 HTTP 通信。
- Node.js 具有从前端到后端再到数据库的全栈开发能力。

开发人员可以通过 Node.js 内嵌的库来快速启动一个微服务应用。业界也提供了成熟的微服务解决方案（比如 Tars.js、Seneca 等）来打造大型微服务架构系统。

5. 可用性和扩展性

通过构建基于微服务的 Node.js 可以轻松实现应用的可用性和扩展性。特别是在 Cloud Native 盛行的今天，云环境都是基于"即用即付"模式的，云环境往往提供了自动扩展的能力。这种能力通常被称为"弹性"，也被称为"动态资源提供和取消"。

自动扩展是一种有效的方法。特别是在微服务架构中，它可以专门针对不同的流量模式实现服务的自动扩展。例如，购物网站通常会在双十一迎来服务的最高流量，服务实例当然也是最多的。如果平时也配置那么多的服务实例，显然就是浪费。Amazon 就是这样一个很好的示例，Amazon 总是会在某个时间段迎来流量的高峰，此时会配置比较多的服务实例来应对高访问量。而平时流量比较小，Amazon 就会将闲置的主机出租出去，来收回成本。正是因为拥有这种强大的自动扩展能力，Amazon 从一个网上书店摇身一变成为了世界云计算的"巨头"。自动扩展是一种基于资源使用情况自动扩展实例的方法，通过复制要缩放的服务来满足 SLA（Service-Level Agreement，服务等级协议）。

具备自动扩展能力的系统会自动检测到流量的增加或者是减少。

- 在流量增加时，会增加服务实例。
- 在流量下降时，会通过从服务中取回活动实例来减少服务实例的数量。

如图 2-3 所示，通常会使用一组备用机器来完成自动扩展。

6. 跨平台

与 Java 一样，Node.js 是跨平台的。这意味着：开发的应用能够运行在 Windows、macOS 和 Linux 等平台上，实现了"一次编写，到处运行"。很多 Node.js 开发者是在 Windows 上做开发，然后再将代码部署到 Linux 服务器上。

特别是在 Cloud Native 应用中，容器技术常常作为微服务的宿主，而 Node.js 是支持 Docker 部署的。

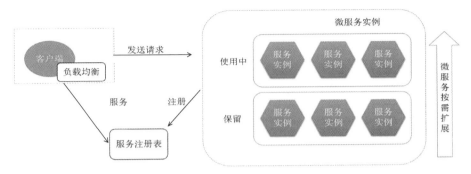

图 2-3　自动扩展

2.3　安装 Node.js

在开始 Node.js 开发之前,必须设置好 Node.js 的开发环境。

2.3.1　安装 Node.js 和 NPM

如果你的电脑里没有 Node.js 和 NPM,请安装它们。

写书时 Node.js 最新版本为 12.9.0(包含 NPM 6.9.0)。为了能够享受最新的 Node.js 开发所带来的乐趣,请安装最新版本的 Node.js 和 NPM。NPM 是随同 Node.js 一起安装的包管理工具。

只需按提示单击"Next"按钮即可完成安装。

在安装完成后,在终端/控制台窗口中运行命令"node -v"和"npm -v"以验证安装是否正确,如图 2-4 所示。

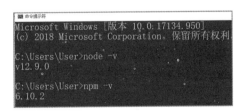

图 2-4　验证安装

2.3.2　Node.js 与 NPM 的关系

如果你熟悉 Java,那你一定知道 Maven。那么 Node.js 与 NPM 的关系,就如同 Java 与 Maven 的关系。

简言之，Node.js 与 Java 一样，都是运行应用的平台，都运行在虚拟机中。Node.js 基于 Google V8 引擎，而 Java 基于 JVM（Java 虚拟机）。

NPM 与 Maven 类似，都用于依赖管理。NPM 用于管理 js 库，而 Maven 用于管理 Java 库。

2.3.3 安装 NPM 镜像

NPM 默认从国外的 NPM 源获取和下载包信息。鉴于网络原因，有时可能无法正常访问源。

可以采用国内的 NPM 镜像来解决问题。在终端上，通过命令来设置 NPM 镜像。以下演示了设置淘宝镜像的命令：

```
$ npm config set registry=http://registry.npm.taobao.org
```

2.4 第 1 个 Node.js 应用

Node.js 是可以直接运行 JavaScript 代码的。因此，创建第一个 Node.js 应用非常简单，只需要编写一个 JavaScript 文件即可。

2.4.1 实例 1：创建 Node.js 应用

在工作目录下创建一个名为"hello-world"的目录，作为工程目录。

然后在"hello-world"目录下创建一个名为"hello-world.js"的 JavaScript 文件，作为主应用文件。在该文件中写下第 1 段 Node.js 代码：

```
var hello = 'Hello World';
console.log(hello);
```

你会发现，Node.js 应用就是用 JavaScript 语言编写的。因此，只要你具有 JavaScript 开发经验，上述代码的含义一眼就能看明白。

首先，我们用一个变量"hello"定义了一个字符串。

然后，借助 console 对象将 hello 的值打印到控制台。

上述代码几乎是所有编程语言必写的入门示例，用于在控制台中输出"Hello World"字样。

2.4.2 实例 2：运行 Node.js 应用

在 Node.js 中可以直接执行 JavaScript 文件，具体操作如下：

```
$ node hello-world.js
Hello World
```

可以看到，控制台输出我们所期望的"Hello World"字样。

当然，为了简便，也可以不指定文件类型，Node.js 会自动查找".js"文件。因此，上述命令等同于：

```
$ node hello-world
Hello World
```

 本例子的源代码可以在本书配套资源的"hello-world/hello-world.js"文件中找到。

2.4.3 总结

通过上述示例我们可以看到，创建一个 Node.js 应用是非常简单的，且可以通过简单的命令来运行 Node.js 应用。这也是为什么互联网公司在微服务架构中会首选 Node.js 的原因。Node.js 带给开发人员的感觉就是轻量、快速。熟悉的语法规则，可以让开发人员更容易上手。

第 3 章
Node.js 模块
——大型项目管理之道

模块化开发可以简化大型项目的开发过程。模块化开发可以将大型项目分解为功能内聚的子模块，每个模块专注于特定的业务。模块之间通过特定的方式进行交互，相互协作实现系统功能。

3.1 理解模块化机制

为了让 Node.js 的文件可以相互调用，Node.js 提供了一个简单的模块系统。

模块是 Node.js 应用程序的基本组成部分，文件和模块是一一对应的。换言之，一个 Node.js 文件就是一个模块，这个文件可能是 JavaScript 代码、JSON，或者编译过的 C/C++ 扩展。

在 Node.js 应用中，主要有两种定义模块的格式。

- CommonJS规范：该规范使用的是基于传统模块化的格式。自Node.js创建以来，一直在使用该规范。
- ES 6 模块：在 ES 6 中使用新的"import"关键字来定义了模块。由于目前 ES 6 是所有 JavaScript 都支持的标准，因此 Node.js 技术指导委员会致力于为 ES 6 模块提供一流的支持。

3.1.1 理解 CommonJS 规范

CommonJS 规范的提出，弥补了 JavaScript 没有标准的缺陷，可以使 JavaScript 具有像 Python、Ruby 和 Java 那样开发大型应用的能力，而不是停留在开发浏览器端小脚本程序的阶段。

CommonJS 模块规范主要分为 3 部分：模块引用、模块定义、模块标识。

1. **模块引用**

如果在 main.js 文件中使用如下语句：

```
var math = require('math');
```

则表示用 require()方法引入 math 模块，并赋值给变量 math。事实上，命名的变量名和引入的模块名不必相同，就像下面这样：

```
var Math =require('math');
```

赋值的意义在于，在 main.js 中将仅能识别 Math，因为这是已经定义的变量；但不能识别 math，因为 math 没有被定义。

在上面例子中，require 的参数仅仅是模块名字的字符串，没有带路径，引用的是 main.js 所在目录下 node_modules 目录下的 math 模块。如果在当前目录中没有 node_modules 目录，又或者在 node_modules 目录中没有安装 math 模块，则会报错。

如果要引入的模块在其他路径下，则需要使用相对路径或者绝对路径，例如：

```
var sum =require('./sum.js')
```

上面代码中引入了当前目录下的 sum.js 文件，并赋值给 sum 变量。

2. **模块定义**

- module 对象：在每一个模块中，module 对象代表该模块自身。
- export 属性：module 对象的一个属性，它向外提供接口。

仍然采用上一个示例，假设 sum.js 中的代码如下：

```
function sum (num1, num2){
    return   num1 + num2;
}
```

虽然 main.js 文件引入了 sum.js 文件，但前者仍然无法使用后者中的 sum 函数。在 main.js 文件中，sum(3,5)这样的代码会报错——提示 sum 不是一个函数。sum.js 中的函数要能被其他模块使用，就需要暴露一个对外的接口，export 属性用于完成这个工作。

将 sum.js 中代码改为如下，则 main.js 文件就可以正常调用 sum.js 中的方法了。

```
function sum (num1, num2){
    return   num1 + num2;
}
```

```
module.exports.sum = sum;
```

下面这样的调用能够正常执行，前一个"sum"指本文件中 sum 变量代表的模块，后一个"sum"指引入模块的 sum() 方法。

```
var sum = require('./sum.js');
var result = sum.sum(3, 5);

console.log(result);   // 8
```

3. 模块标识

模块标识指的是传递给 require() 方法的参数，必须是符合小驼峰命名的字符串，或是以"."".."开头的相对路径，又或是绝对路径。其中引用的 JavaScript 文件，是可以省略后缀".js"的。因此上述例子中：

var sum =require('./sum.js');

等同于：

var sum =require('./sum');

CommonJS 模块机制，避免了 JavaScript 编程中常见的全局变量污染的问题。每个模块拥有独立的空间，它们互不干扰。图 3-1 展示了模块之间的引用。

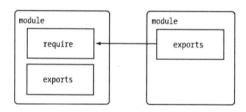

图 3-1　模块之间的引用

3.1.2　理解 ES 6 模块

虽然 CommonJS 模块机制很好地为 Node.js 提供了模块化机制，但这种机制只适用于服务器端。对于浏览器端，CommonJS 是无法适用的。为此，ES 6 规范推出了模块，期望用标准的方式来实现所有 JavaScript 应用的模块化。

1. 基本的导出

可以使用 export 关键字将已发布代码部分公开给其他模块。最简单的方法是，将 export 放置在任意变量、函数或类声明之前。以下是一些导出的示例：

```
// 导出数据
```

```js
export var color = "red";
export let name = "Nicholas";
export const magicNumber = 7;

// 导出函数
export function sum(num1, num2) {
        return num1 + num1;
}

// 导出类
export class Rectangle {
    constructor(length, width) {
        this.length = length;
        this.width = width;
    }
}

// 定义一个函数，并导出一个函数引用
function multiply(num1, num2) {
        return num1 * num2;
}
export { multiply };
```

其中，

- 除 export 关键字外，每个声明都与正常形式完全一样。每个被导出的函数或类都有名称，这是因为——导出的函数声明与类声明必须有名称。不能使用这种语法来导出匿名函数或匿名类，除非使用 default 关键字。
- multiply()函数并没有在定义时被导出，而是被通过导出引用的方式导出。

2. 基本的导入

一旦有了包含导出的模块，就能在其他模块中使用 import 关键字来访问已被导出的功能。

import 语句有两个部分：① 需导入的标识符，② 需导入的标识符的来源模块。

下面是导入语句的基本形式：

```js
import { identifier1, identifier2 } from "./example.js";
```

在 import 关键字之后的{}中指明了从给定模块导入对应的绑定，from 关键字则指明了需要导入的模块。模块由一个表示模块路径的字符串（module specifier，模块说明符）来指定。

在从模块导入一个绑定时，该绑定表现得就像使用了 const 的定义。这意味着：你不能再定义另一个同名变量（包括导入另一个同名绑定），也不能在对应的 import 语句之前使用此标识符，更不能修改它的值。

3. 重命名的导出与导入

可以在导出模块中进行重命名。如果用不同的名称来导出，则可以用 as 关键字来定义新的名称：

```
function sum(num1, num2) {
    return num1 + num2;
}
export { sum as add };
```

在上面例子中，sum()函数被作为 add()函数导出，前者是本地名称（local name），后者则是导出名称（exported name）。这意味着：当另一个模块导入此函数时，则必须改用 add 这个名称：

```
import {add} from './example.js'
```

可以在导入时重命名。在导入时，同样可以使用 as 关键字进行重命名：

```
import { add as sum } from './example.js'
console.log(typeof add); // "undefined"
console.log(sum(1, 2)); // 3
```

此代码导入了 add()函数，并将其重命名为 sum()（本地名称）。这意味着，在此模块中并不存在名为"add"的标识符。

3.1.3　CommonJS 和 ES 6 模块的异同点

下面总结 CommonJS 和 ES 6 模块的异同点。

1. CommonJS

CommonJS 具有以下特点：

- 对于基本数据类型，属于复制，数据会被模块缓存。同时，在另一个模块可以对该模块输出的变量重新赋值。
- 对于复杂数据类型，属于浅拷贝。由于两个模块引用的对象指向同一个内存空间，因此对该模块的值做修改时会影响另一个模块。
- 在使用 require 命令加载某个模块时，会运行整个模块的代码。
- 在使用 require 命令加载同一个模块时，不会再执行该模块，而是取缓存中的值。即 CommonJS 模块无论被加载多少次，都只会在第一次加载时运行一次，以后再加载则返回第一次运行的结果，除非手动清除系统缓存。
- 循环加载，属于加载时执行。即脚本代码在 require 时就会全部执行。一旦出现某个模块被"循环加载"，则只输出已经执行的部分，不输出还未执行的部分。

2. ES 6 模块

ES 6 模块中的值属于动态只读引用。

- "只读"是指，不允许修改引入变量的值，import 的变量是只读的，不论是基本数据类型还是复杂数据类型。当模块遇到 import 命令时，会生成一个只读引用。等到脚本真正执行时，再根据这个只读引用到被加载的那个模块中去取值。
- "动态"是指，如果原始值发生变化，则 import 加载的值也会发生变化，不论是基本数据类型还是复杂数据类型。
- 在循环加载时，ES 6 模块是动态引用。只要两个模块之间存在某个引用，代码就能够执行。

3.1.4 Node.js 的模块实现

在 Node.js 中，模块分为两类：

- Node.js 自身提供的模块，被称为核心模块，比如 fs、http 等，就像 Java 中自身提供核心类那样。
- 用户编写的模块，被称为文件模块。

核心模块部分在 Node.js 源代码的编译过程中会被编译进二进制执行文件。在 Node.js 进程启动时，核心模块被直接加载进内存。所以在引入这部分模块时，文件定位和编译执行这两个步骤可以被省略掉，并且在路径分析中这部分模块会被优先判断，所以它的加载速度是最快的。

文件模块在运行时动态加载，需要完整的路径分析、文件定位、编译执行过程，所以其加载速度比核心模块慢。

图 3-2 展示了 Node.js 加载模块的过程。

为了加快加载模块的速度，Node.js 也像浏览器一样引入了缓存。加载过的模块会被保存在缓存中，下次再次加载时会从缓存中获取数据，这样便节省了对相同模块的多次重复加载。在加载模块前，会将需要加载的模块名转为完整路径名，在查找到模块后再将完整路径名保存到缓存中，下次再加载该路径模块时就可以直接从缓存中取得。

从图 3-2 能清楚地看到，模块在加载时先查询缓存，在缓存中没找到后再查找 Node.js 自带的核心模块。如果核心模块也没有查询到，则再去用户自定义的模块中查找。因此，模块加载的优先级是这样的：

缓存模块>核心模块>用户自定义模块

在前文也讲了，在用 require 命令加载模块时，其参数的标识符可以省略文件类型，比如 require("./sum.js")等同于 require("./test")。在省略类型时，Node 首先会认为它是一个.js 文件，如果没有查找到该.js 文件，则会去查找.json 文件。如果还没有查找到该.json 文件，最后会去查找.node 文件。如果连.node 文件都没有查找到，则会抛异常了。其中，.node 文件是指用 C/C++ 编写的扩展文件。由于 Node.js 是单线程执行的，所以在加载模块时是线程阻塞的。因此为了避免长期阻塞系统，如果不是.js 文件，则在 require 时就把文件类型加上，这样 Node.js 就不会再去一一尝试了。

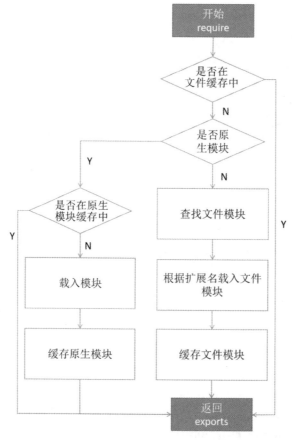

图 3-2 Node.js 加载模块的过程

因此 require 加载无文件类型的优先级是：

.js > .json > .node

3.2 使用 NPM 管理模块

包是在模块基础上更深一步的封装。Node.js 的包类似于 Java 的类库，能够独立用于发布、更新。NPM 就是用来解决包的发布和获取问题。常见的使用场景有以下几种：

- 从 NPM 服务器下载别人编写的第三方包到本地使用。
- 从 NPM 服务器下载并安装别人编写的命令行程序到本地使用。
- 将自己编写的包或命令行程序上传到 NPM 服务器供别人使用。

Node.js 已经集成了 NPM，所以在 Node 安装好后 NPM 也一并安装好了。

3.2.1 用 npm 命令安装模块

用 npm 命令安装 Node.js 模块的语法格式如下：

```
$ npm install <Module Name>
```

比如以下实例用 npm 命令安装 less：

```
$ npm install less
```

在安装好后，less 包就放在了工程目录下的 node_modules 目录中，因此在代码中通过 require('less')方式即可使用 less 模块，无须指定第三方包路径。以下是示例：

```
var less =require('less');
```

3.2.2 全局安装与本地安装

NPM 的安装分为本地安装（local）、全局安装（global）两种，具体选择哪种安装方式取决于想怎样使用这个包。如果想将它作为命令行工具使用，比如 gulp-cli，则需要全局安装它。如果想把它作为自己包的依赖，则可以局部安装它。

1. 本地安装

以下是本地安装的命令：

```
$ npm install less
```

将安装包放在./node_modules 下（运行 npm 命令时所在的目录）。如果没有 node_modules 目录，则会在当前执行 npm 命令的目录下生成 node_modules 目录。

可以通过 require()方法来引入本地安装的包。

2. 全局安装

以下是全局安装的命令：

```
$ npm install less -g
```

在执行了全局安装后，安装包会放在/usr/local 下或 Node.js 的安装目录下。

全局安装后可以直接在命令行里使用它。

3.2.3 查看安装信息

可以使用"npm list -g"命令来查看所有全局安装的模块：

```
C:\Users\User>npm list -g
C:\Users\User\AppData\Roaming\npm
+-- @angular/cli@8.3.0
| +-- @angular-devkit/architect@0.13.2
| | +-- @angular-devkit/core@8.3.0 deduped
| | `-- rxjs@6.3.3
| |     `-- tslib@1.9.3
| +-- @angular-devkit/core@8.3.0
| | +-- ajv@6.9.1
| | | +-- fast-deep-equal@2.0.1
| | | +-- fast-json-stable-stringify@2.0.0 deduped
| | | +-- json-schema-traverse@0.4.1
| | | `-- uri-js@4.2.2
| | |     `-- punycode@2.1.1
| | +-- chokidar@2.0.4
| | | +-- anymatch@2.0.0
| | | | +-- micromatch@3.1.10
| | | | | +-- arr-diff@4.0.0
| | | | | +-- array-unique@0.3.2 deduped
……
```

如果要查看某个模块的版本号，则可以使用如下命令：

```
C:\Users\User>npm list -g chokidar
C:\Users\User\AppData\Roaming\npm
`-- @angular/cli@8.3.0
  `-- @angular-devkit/core@8.3.0
    `-- chokidar@2.0.4
```

3.2.4 卸载模块

可以使用以下命令来卸载 Node.js 模块：

```
$ npm uninstall express
```

在卸载模块后，可以到 node_modules 目录下查看包是否还存在，或者使用以下命令查看：

```
$ npm ls
```

3.2.5 更新模块

用以下命令更新模块：

```
$ npm update express
```

3.2.6 搜索模块

用以下命令搜索模块：

```
$ npm search express
```

3.2.7 创建模块

在创建模块时，package.json 文件是必不可少的。可以用 NPM 初始化模块，初始化之后在该模块下会生成 package.json 文件。

```
$ npm init
```

接下来可以用以下命令在 NPM 资源库中注册用户（使用邮箱注册）：

```
$ npm adduser
```

然后可以用以下命令来发布模块：

```
$ npm publish
```

在模块发布成功后，其他应用程序就可以用 NPM 来远程安装已经发布的模块。

3.3　Node.js 的核心模块

核心模块为 Node.js 提供了最基本的 API，这些核心模块被编译为二进制文件分发，并在 Nodejs 进程启动时自动加载。

常用的核心模块有以下几个。

- buffer：用于二进制数据的处理。
- events：用于事件处理。
- fs：用于与文件系统进行交互。
- http：用于提供 HTTP 服务器端和客户端。
- net：提供异步网络 API，用于创建基于流的 TCP 或 IPC 服务器和客户端。

- path：用于处理文件和目录的路径。
- timers：提供定时器功能。
- tls：提供基于 OpenSSL 构建的传输层安全性（TLS）和安全套接字层（SSL）协议的实现。
- dgram：提供 UDP 数据报套接字的实现。

本书的后续章还会对 Node.js 的核心模块做进一步讲解。

第 4 章
Node.js 测试

在敏捷开发中有一项核心技术——TDD（test driven development，测试驱动开发）。TDD 的原理是：在开发功能代码之前，先编写单元测试用例代码，然后通过不断修正测试代码来最终确定产品代码。

因此在未正式讲解 Node.js 的核心功能前，我们先来了解一下 Node.js 是如何进行测试的。

4.1 严格模式和遗留模式

测试工作的重要性不言而喻。Node.js 内嵌了对于测试的支持——assert 模块。

assert 模块提供了一组简单的断言测试用于测试不变量。assert 模块在测试时可以使用严格模式（strict）或遗留模式（legacy）。但建议仅使用严格模式。

之所以区分严格模式和遗留模式，是由 JavaScript 的历史原因造成的，在此不再详述。总而言之，严格模式可以让开发人员发现代码中未曾注意的错误，并能更快更方便地调试程序。

以下是使用遗留模式和严格模式上的对比：

```
// 遗留模式
const assert = require('assert');

// 严格模式
const assert = require('assert').strict;
```

相比于遗留模式，使用严格模式唯一的区别就是要多加".strict"。

另外一种方式是使用 strictEqual。见以下例子：

```js
// 使用遗留模式
const assert = require('assert');

// 用 strictEqual 方法启用严格模式
assert.strictEqual(1, 2); // false
```

以上例子等同于以下使用严格模式的例子：

```js
// 使用严格模式
const assert = require('assert').strict;
assert.equal(1, 2); // false
```

4.2 实例 3：断言的使用

新建一个名为"assert-strict"的示例，用来演示不同断言的使用场景。

```js
// 使用遗留模式
const assert = require('assert');

// 生成 AssertionError 对象
const { message } = new assert.AssertionError({
    actual: 1,
    expected: 2,
    operator: 'strictEqual'
});

// 验证错误信息输出
try {
    // 验证两个值是否相等
    assert.strictEqual(1, 2); // false
} catch (err) {
    // 验证类型
    assert(err instanceof assert.AssertionError); // true

    // 验证值
    assert.strictEqual(err.message, message); // true
    assert.strictEqual(err.name, 'AssertionError [ERR_ASSERTION]'); // false
    assert.strictEqual(err.actual, 1); // true
    assert.strictEqual(err.expected, 2); // true
    assert.strictEqual(err.code, 'ERR_ASSERTION'); // true
```

```
    assert.strictEqual(err.operator, 'strictEqual'); // true
    assert.strictEqual(err.generatedMessage, true);   // true
}
```

其中：

- strictEqual 用于严格比较两个值是否相等，可以比较数值、字符串和对象。在上面例子中，"strictEqual(1, 2)"的结果是 false。
- "assert(err instanceof assert.AssertionError);"用于判断是否为 AssertionError 的实例。上面例子的结果是 true。
- 在 AssertionError 中并没有对 name 属性赋值，因此 "strictEqual(err.name, 'AssertionError [ERR_ASSERTION]');"的结果是 false。

以下是运行以上示例后控制台输出的内容：

```
assert.js:89
  throw new AssertionError(obj);
  ^

AssertionError [ERR_ASSERTION]: Expected values to be strictly equal:
+ actual - expected

+ 'AssertionError'
- 'AssertionError [ERR_ASSERTION]'
           ^
    at Object.<anonymous> (D:\workspaceGitosc\nodejs-book\samples\assert-strict\main.js:21:12)
    at Module._compile (internal/modules/cjs/loader.js:759:30)
    at Object.Module._extensions..js (internal/modules/cjs/loader.js:770:10)
    at Module.load (internal/modules/cjs/loader.js:628:32)
    at Function.Module._load (internal/modules/cjs/loader.js:555:12)
    at Function.Module.runMain (internal/modules/cjs/loader.js:826:10)
    at internal/main/run_main_module.js:17:11
```

从输出中可以看到，所有断言结果为 false（失败）的地方都被打印出来了，以提示用户哪些测试用例是不通过的。

4.3 了解 AssertionError

在 4.2 节的例子中，我们通过 "new assert.AssertionError(options)" 方式来实例化了一个 AssertionError 对象，其中 options 参数包含如下属性。

- message：如果提供了该属性，则错误消息会被设置为此属性的值。

- actual：错误实例上的 actual 属性将包含此值。
- expected：错误实例上的 expected 属性将包含此值。
- operator：错误实例上的 operator 属性将包含此值。
- stackStartFn：如果提供了该属性，则由提供的函数来生成堆栈跟踪信息。

AssertionError 继承自 Error，因此拥有 message 和 name 属性。除此之外，AssertionError 还包括以下属性。

- actual：设置为实际值，例如使用 assert.strictEqual()。
- expected：设置为期望值，例如使用 assert.strictEqual()。
- generatedMessage：表明消息是否为自动生成的。
- code：始终设置为字符串 ERR_ASSERTION，以表明错误实际上是断言错误。
- operator：设置为传入的运算符值。

4.4 实例 4：使用 deepStrictEqual

assert.deepStrictEqual 用于测试实际参数和预期参数之间是否深度相等。如果深度相等，则意味着子对象自身的可枚举属性也可通过以下规则进行递归计算：

- 用 Object.is()函数（内部是 SameValue 算法）来比较原始值。
- 对象的类型标签应该相同。
- 用严格相等模式比较来比较对象的原型。
- 只考虑可枚举的自身属性。
- 始终比较 Error 的名称和消息，即使它们不是可枚举的属性。
- 自身可枚举的 Symbol 属性也会进行比较。
- 对象封装器作为对象和解封装后的值都进行比较。
- Object 属性的比较是无序的。
- Map 键名与 Set 子项的比较是无序的。
- 当两边的值不相同或遇到循环引用时，递归停止。
- WeakMap 和 WeakSet 的比较不依赖它们的值。

以下是详细的用法示例：

```
// 使用严格相等模式
const assert = require('assert').strict;
```

```
// 1 !== '1'.
assert.deepStrictEqual({ a: 1 }, { a: '1' });
// AssertionError: Expected inputs to be strictly deep-equal:
// + actual - expected
//
//   {
// +   a: 1
// -   a: '1'
//   }

// 对象没有自己的属性
const date = new Date();
const object = {};
const fakeDate = {};
Object.setPrototypeOf(fakeDate, Date.prototype);

// [[Prototype]]不同
assert.deepStrictEqual(object, fakeDate);
// AssertionError: Expected inputs to be strictly deep-equal:
// + actual - expected
//
// + {}
// - Date {}

// 类型标签不同
assert.deepStrictEqual(date, fakeDate);
// AssertionError: Expected inputs to be strictly deep-equal:
// + actual - expected
//
// + 2019-04-26T00:49:08.604Z
// - Date {}

// 正确，因为符合 SameValue 比较
assert.deepStrictEqual(NaN, NaN);

// 未包装时数字不同
assert.deepStrictEqual(new Number(1), new Number(2));
// AssertionError: Expected inputs to be strictly deep-equal:
// + actual - expected
//
// + [Number: 1]
```

```
// - [Number: 2]

// 正确，对象和字符串未包装时是相同的
assert.deepStrictEqual(new String('foo'), Object('foo'));

// 正确
assert.deepStrictEqual(-0, -0);

// 对于 SameValue 比较而言，0 和 -0 是不同的
assert.deepStrictEqual(0, -0);
// AssertionError: Expected inputs to be strictly deep-equal:
// + actual - expected
//
// + 0
// - -0

const symbol1 = Symbol();
const symbol2 = Symbol();

// 正确，所有对象上都是相同的 Symbol
assert.deepStrictEqual({ [symbol1]: 1 }, { [symbol1]: 1 });

assert.deepStrictEqual({ [symbol1]: 1 }, { [symbol2]: 1 });
// AssertionError [ERR_ASSERTION]: Inputs identical but not reference equal:
//
// {
//   [Symbol()]: 1
// }

const weakMap1 = new WeakMap();
const weakMap2 = new WeakMap([[{}, {}]]);
const weakMap3 = new WeakMap();
weakMap3.unequal = true;

// 正确，因为无法比较条目
assert.deepStrictEqual(weakMap1, weakMap2);

// 失败！因为 weakMap3 有一个 unequal 属性，而 weakMap1 没有这个属性
assert.deepStrictEqual(weakMap1, weakMap3);
// AssertionError: Expected inputs to be strictly deep-equal:
// + actual - expected
```

```
// 
// WeakMap {
// +   [items unknown]
// -   [items unknown],
// -   unequal: true
// }
```

代码 本实例的源代码可以在本书配套资源的"deep-strict-equal/main.js"文件中找到。

第 5 章

Node.js 缓冲区
——高性能 I/O 处理的秘诀

设定缓冲区可以提升 I/O 处理的性能。

本章介绍使用 Node.js 的 Buffer（缓冲区）类来处理二进制数据。

5.1 了解 Buffer 类

早期的 JavaScript 语言没有用于读取或操作二进制数据流的机制，因为 JavaScript 最初被设计用于处理 HTML 文档，而文档主要是由字符串组成的。

随着 Web 的发展，Node.js 需要处理诸如数据库通信、操作图像和视频，以及上传文件等复杂业务。可以想象，如果仅使用字符串来完成上述任务会相当困难。在早期，Node.js 通过将每个字节编码为文本字符来处理二进制数据，这种方式既浪费资源，速度又缓慢，还不可靠，并且难以控制。

因此，Node.js 引入了 Buffer 类，用于在 TCP 流、文件系统操作和上下文中与 8 位字节流(octet streams) 进行交互。

在 ECMAScript 2015 中，JavaScript 的二进制数据处理有了质的改善。ECMAScript 2015 定义了一个 TypedArray（类型化数组），提供了一种更加高效的机制来访问和处理二进制数据。基于 TypedArray、Buffer 类，可以通过更优化和适合 Node.js 的方式来实现 Uint8Array API。

5.1.1　TypedArray 对象

TypedArray 对象用来描述基础二进制数据缓冲区中的类数组视图。它没有名为 TypedArray 的全局属性，也没有直接可见的 TypedArray 构造函数，而是有许多不同的全局属性，其值是某种元素类型的类型化数组构造函数，如下例所示。

```
// 创建 TypedArray 对象
const typedArray1 = new Int8Array(8);
typedArray1[0] = 32;

const typedArray2 = new Int8Array(typedArray1);
typedArray2[1] = 42;

console.log(typedArray1);
// 输出: Int8Array [32, 0, 0, 0, 0, 0, 0, 0]

console.log(typedArray2);
// 输出: Int8Array [32, 42, 0, 0, 0, 0, 0, 0]
```

表 5-1 总结了所有 TypedArray 对象的类型及值范围。

表 5-1　TypedArray 对象的类型及值范围

类型	值范围	字节数	等于的 C 语言类型
Int8Array	−128 ~ 127	1	int8_t
Uint8Array	0 ~ 255	1	uint8_t
Uint8ClampedArray	0 ~ 255	1	uint8_t
Int16Array	−32768 ~ 32767	2	int16_t
Uint16Array	0 ~ 65535	2	uint16_t
Int32Array	−2147483648 ~ 2147483647	4	int32_t
Uint32Array	0 ~ 4294967295	4	uint32_t
Float32Array	1.2×10^{-38} ~ 3.4×10^{38}	4	float
Float64Array	5.0×10^{-324} ~ 1.8×10^{308}	8	double
BigInt64Array	-2^{63} ~ $2^{63}-1$	8	int64_t
BigUint64Array	0 ~ $2^{64}-1$	8	uint64_t

5.1.2　Buffer 类

Buffer 类是基于 Uint8Array 的，因此其值是范围为 0~255 的整数数组。

以下是创建 Buffer 实例的一些示例：

```
// 创建一个长度为 10 的零填充缓冲区
const buf1 = Buffer.alloc(10);

// 创建一个长度为 10 的填充 0x1 的缓冲区
const buf2 = Buffer.alloc(10, 1);

// 创建一个长度为 10 的未初始化缓冲区
// 这比调用 Buffer.alloc()更快，但返回了缓冲区实例
// 有可能包含旧数据，可以通过 fill()或 write()来覆盖旧数据
const buf3 = Buffer.allocUnsafe(10);

// 创建包含[0x1, 0x2, 0x3]的缓冲区
const buf4 = Buffer.from([1, 2, 3]);

// 创建包含 UTF-8 字节的缓冲区[0x74, 0xc3, 0xa9, 0x73, 0x74]
const buf5 = Buffer.from('tést');

// 创建一个包含 Latin-1 字节的缓冲区[0x74, 0xe9, 0x73, 0x74]
const buf6 = Buffer.from('tést', 'latin1');
```

Buffer 可以被简单理解为是数组结构，因此，可以用常见的"for…of"语法来迭代缓冲区实例。以下是示例：

```
const buf = Buffer.from([1, 2, 3]);

for (const b of buf) {
  console.log(b);
}
// 输出:
//   1
//   2
//   3
```

5.2 创建缓冲区

在 Node.js 6.0.0 版本之前是通过 Buffer 类的构造函数来创建缓冲区（Buffer）实例的。以下是示例：

```
// 在 Node.js 6.0.0 版本之前创建 Buffer 实例
const buf1 = new Buffer() ;
const buf2 = new Buffer(10);
```

在上述例子中，用 new 关键字创建 Buffer 实例，它根据提供的参数返回不同的 Buffer 实例。其中，将数字作为第 1 个参数传递给 Buffer()，这样就创建了一个指定大小的新 Buffer 对象。在

Node.js 8.0.0 版本之前，为此类 Buffer 实例分配的内存未被初始化，并且可能包含敏感数据，因此随后必须使用 buf.fill(0) 或写入整个 Buffer 来初始化此类 Buffer 实例。

初始化缓存区其实有两种方式：①创建快速但未初始化的缓冲区；②创建速度更慢但更安全的缓冲区。但这两种方式并没有在 API 上明显地体现出来，因此可能会导致开发人员误用，从而引发不必要的安全问题。因此，初始化缓冲区的安全 API 与非安全 API 之间需要有更明确的区分。

5.2.1 初始化缓冲区的 API

为了使 Buffer 实例的创建更可靠且更不容易出错，Buffer() 构造函数已被弃用，由单独的 Buffer.from()、Buffer.alloc() 和 Buffer.allocUnsafe() 函数替换。新的 API 包含以下几种。

- Buffer.from(array)：返回一个新的 Buffer，其中包含提供 8 位字节的副本。
- Buffer.from(arrayBuffer [, byteOffset [, length]])：返回一个新的 Buffer，它与给定的 ArrayBuffer 共享已分配的内存。
- Buffer.from(buffer)：返回一个新的 Buffer，其中包含给定 Buffer 的内容副本。
- Buffer.from(string [, encoding])：返回一个新的 Buffer，其中包含给定字符串的副本。
- Buffer.alloc(size [, fill [, encoding]])：返回指定大小的新初始化 Buffer。此方法比 Buffer.allocUnsafe(size) 慢，但保证新创建的 Buffer 实例永远不包含可能敏感的旧数据。
- Buffer.allocUnsafe(size) 和 Buffer.allocUnsafeSlow(size)：分别返回指定大小的未初始化缓冲区。由于缓冲区未被初始化，因此在分配的内存段中可能包含敏感的旧数据。如果 size 小于或等于 Buffer.poolSize 的一半，则 Buffer.allocUnsafe() 返回的缓冲区实例可以从内部的共享内存池中分配。而使用 Buffer.allocUnsafeSlow() 返回的实例则不会从内部的共享内存池中分配。

5.2.2 理解数据的安全性

在使用 API 时要区分场景，不同 API 提供的数据安全性有所差异。以下是使用 Buffer 的 alloc() 方法和 allocUnsafe() 方法的例子。

```
// 创建一个长度为 10 的零填充缓冲区
const safeBuf = Buffer.alloc(10, 'waylau');

console.log(safeBuf.toString()); // waylauwayl

// 数据有可能包含旧数据
const unsafeBuf = Buffer.allocUnsafe(10); // ┐ Qbf

console.log(unsafeBuf.toString());
```

输出内容如下：

```
waylauwayl
  ┐Qbf
```

可以看到，allocUnsafe()方法分配到的缓存区里包含旧数据，而且旧数据是不确定的。有这种旧数据的原因是：在调用 Buffer.allocUnsafe()和 Buffer.allocUnsafeSlow()方法时，分配的内存段未被初始化（它不会被清零）。虽然这种设计使得内存分配的速度非常快，但在分配的内存段中可能包含敏感的旧数据。由于使用 Buffer.allocUnsafe()方法创建的缓冲区不会覆盖内存，因此会在读取缓冲区内存时泄漏旧数据。

虽然使用 Buffer.allocUnsafe()方法有明显的性能优势，但必须格外小心，以避免将安全漏洞引入应用程序。

如果想清理旧数据，则可以使用 fill()方法。示例如下：

```
// 数据有可能包含旧数据
const unsafeBuf = Buffer.allocUnsafe(10);

console.log(unsafeBuf.toString());

const unsafeBuf2 = Buffer.allocUnsafe(10);

// 用 0 填充清理旧数据
unsafeBuf2.fill(0);

console.log(unsafeBuf2.toString());
```

通过填充 0 的方式（fill(0)），可以成功清理由 allocUnsafe()方法分配的缓冲区中的旧数据。

> 安全和性能是天平的两端。要获取一定的安全，就要牺牲一定的性能。因此，开发人员在选择使用安全或非安全方法时，一定要基于自己的业务场景来考虑。

代码 本节例子的源代码可以在本书配套资源的 "buffer-demo/safe-and-unsafe.js" 文件中找到。

5.2.3　启用零填充

可以使用 "--zero-fill-buffers" 选项启动 Node.js，这样所有新分配的 Buffer 实例在创建时默认为零填充，包括 new Buffer(size)、Buffer.allocUnsafe()、Buffer.allocUnsafeSlow()和 new SlowBuffer(size)。

以下是启用零填充的示例：

```
node --zero-fill-buffers safe-and-unsafe
```

使用零填充虽然可以获得数据上的安全，但一定是以牺牲性能为代价的，因此建议仅在必要时使用"--zero-fill-buffers"选项。

5.2.4 指定字符编码

当字符串数据存储在 Buffer 实例中，或从 Buffer 实例中提取字符串数据时，可以指定字符编码。在下面例子中，在初始化缓冲区数据时使用的是 UTF-8 编码，而在提取缓冲区数据时将其转为十六进制字符和 Base64 编码。

```
// 以 UTF-8 编码初始化缓冲区数据
const buf = Buffer.from('Hello World!你好，世界！ ', 'utf8');

// 转为十六进制字符
console.log(buf.toString('hex'));
// 输出：48656c6c6f20576f726c6421e4bda0e5a5bdefbc8ce4b896e7958cefbc81

// 转为 Base64 编码
console.log(buf.toString('base64'));
// 输出：SGVsbG8gV29ybGQh5L2g5aW977yM5LiW55WM77yB
```

> 本节例子的源代码可以在本书配套资源的"buffer-demo/character-encodings.js"文件中找到。

Node.js 目前支持的字符编码包括以下。

- ascii：仅适用于 7 位 ASCII 数据。此编码速度很快，但长度有限制，最多只能表示 256 个符号。
- utf8：多字节编码的 Unicode 字符。UTF-8 编码被广泛应用在 Web 应用中。在涉及中文字符时，建议采用该编码。
- utf16le：2 或 4 个字节，little-endian 编码的 Unicode 字符。
- ucs2：UTF-16LE 的别名。
- base64：将二进制转换为字符，可用于在 HTTP 环境下传递较长的标识信息。
- latin1：将 Buffer 编码为单字节编码字符串。
- binary：latin1 的别名。
- hex：将一个字节编码为两个十六进制字符。

5.3 切分缓冲区

Node.js 提供了切分缓冲区的方法 buf.slice([start[, end]])。其参数含义如下：

- start<integer>：指定新缓冲区的起始索引。默认值是 0。
- end<integer>：指定缓冲区的结束索引（不包括）。默认值是 buf.length。

返回的新 Buffer 会引用原始内存中的数据，只是由起始索引和结束索引进行了偏移和切分而已。以下是示例：

```
const buf1 = Buffer.allocUnsafe(26);

for (let i = 0; i < 26; i++) {
  // 97 在 ASCII 中的值是 "a"
  buf1[i] = i + 97;
}

const buf2 = buf1.slice(0, 3);

console.log(buf2.toString('ascii', 0, buf2.length));
// 输出: abc

buf1[0] = 33; // 33 在 ASCII 中的值是 "!"

console.log(buf2.toString('ascii', 0, buf2.length));
// 输出: !bc
```

如果指定了大于 buf.length 的结束索引，则返回的结束索引的值等于 buf.length 的值。示例如下：

```
const buf = Buffer.from('buffer');

console.log(buf.slice(-6, -1).toString());
// 输出: buffe
// 等同于: buf.slice(0, 5)

console.log(buf.slice(-6, -2).toString());
// 输出: buff
// 等同于: buf.slice(0, 4)

console.log(buf.slice(-5, -2).toString());
// 输出: uff
// 等同于: buf.slice(1, 4)
```

修改新的 Buffer 片段会同时修改原始 Buffer 中的内存，因为两个对象被分配的内存是相同的。示例如下：

```
const oldBuf = Buffer.from('buffer');
const newBuf = oldBuf.slice(0, 3);

console.log(newBuf.toString()); // buf
```

```
// 修改后的 Buffer
newBuf[0] = 97;   // 97 在 ASCII 中的值是 "a"

console.log(oldBuf.toString()); // auffer
```

 本节例子的源代码可以在本书配套资源的 "buffer-demo/buffer-slice.js" 文件中找到。

5.4 链接缓冲区

Node.js 提供了链接缓冲区的方法 Buffer.concat(list[, totalLength])。其参数含义如下。

- list <Buffer[]> | <Uint8Array[]>：待链接的 Buffer 或 Uint8Array 实例的列表。
- totalLength <integer>：链接完成后 list 里 Buffer 实例的长度。

上述方法会返回新的 Buffer，该 Buffer 是由方法中 list 里所有 Buffer 实例链接起来的结果。如果 list 没有数据项或者 totalLength 为 0，则返回的 Buffer 的长度也是 0。

在上述链接方法中，totalLength 可以指定也可以不指定。如果不指定，则会从 list 中计算 Buffer 实例的长度。如果指定了，则即便 list 中链接之后的 Buffer 实例长度超过了 totalLength，最终返回的 Buffer 实例长度也只会是 totalLength 长度。由于计算 Buffer 实例的长度会有一定的性能损耗，所以建议只有在能够提前预知长度的情况下指定 totalLength。

以下是链接缓冲区的示例：

```
// 创建 3 个 Buffer 实例
const buf1 = Buffer.alloc(1);
const buf2 = Buffer.alloc(4);
const buf3 = Buffer.alloc(2);
const totalLength = buf1.length + buf2.length + buf3.length;

console.log(totalLength); // 7

// 链接 3 个 Buffer 实例
const bufA = Buffer.concat([buf1, buf2, buf3], totalLength);

console.log(bufA); // <Buffer 00 00 00 00 00 00 00>

console.log(bufA.length); // 7
```

 本节例子的源代码可以在本书配套资源的 "buffer-demo/buffer-concat.js" 文件中找到。

5.5 比较缓冲区

Node.js 提供了比较缓冲区的方法 Buffer.compare(buf1, buf2)。将 buf1 与 buf2 进行比较，通常是为了对 Buffer 实例的数组进行排序。以下是示例：

```
const buf1 = Buffer.from('1234');
const buf2 = Buffer.from('0123');
const arr = [buf1, buf2];

console.log(arr.sort(Buffer.compare));
// 输出: [ <Buffer 30 31 32 33>, <Buffer 31 32 33 34> ]
```

上述结果等同于：

```
const arr = [buf2, buf1];
```

比较还有另外一种用法——比较两个 Buffer 实例。以下是示例：

```
const buf1 = Buffer.from('1234');
const buf2 = Buffer.from('0123');

console.log(buf1.compare(buf2));
// 输出 1
```

将 buf1 与 buf2 进行比较，将返回一个数字，该数字指示 buf1 在排序时是排在 buf2 之前、之后，或两者相同。比较是基于每个缓冲区中的实际字节序列进行的。

- 如果 buf2 与 buf1 相同，则返回 0。
- 如果在排序时 buf2 应该在 buf1 之前，则返回 1。
- 如果在排序时 buf2 应该在 buf1 之后，则返回 −1。

> 代码 本节例子的源代码可以在本书配套资源的 "buffer-demo/buffer-compare.js" 文件中找到。

5.6 缓冲区编/解码

编写一个网络应用程序避免不了要使用编解码器。编/解码器的作用是转换原始字节数据与目标程序数据的格式，因为在网络中都是以字节码形式来传输数据的。编/解码器分为两类：解码器和编码器。

5.6.1 解码器和编码器

编码器和解码器都是用来转化字节序列与业务对象的,那么我们如何区分它们呢?

从消息角度看,编码器是将程序的消息格式转换为适合传输的字节流,而解码器是将传输的字节流转换为程序的消息格式。

从逻辑上看,编码器是从消息格式转化为字节流,是出站(outbound)操作;而解码器是将字节流转换为消息格式,是入站(inbound)操作。

5.6.2 缓冲区解码

Node.js 缓冲区解码都采用的是 "read" 方法。以下是常用的解码 API:

- buf.readBigInt64BE([offset])
- buf.readBigInt64LE([offset])
- buf.readBigUInt64BE([offset])
- buf.readBigUInt64LE([offset])
- buf.readDoubleBE([offset])
- buf.readDoubleLE([offset])
- buf.readFloatBE([offset])
- buf.readFloatLE([offset])
- buf.readInt8([offset])
- buf.readInt16BE([offset])
- buf.readInt16LE([offset])
- buf.readInt32BE([offset])
- buf.readInt32LE([offset])
- buf.readIntBE(offset, byteLength)
- buf.readIntLE(offset, byteLength)
- buf.readUInt8([offset])
- buf.readUInt16BE([offset])
- buf.readUInt16LE([offset])
- buf.readUInt32BE([offset])
- buf.readUInt32LE([offset])
- buf.readUIntBE(offset, byteLength)
- buf.readUIntLE(offset, byteLength)

上述 API 从名称就能看出其作用。以 buf.readInt8([offset])方法为例，该 API 是从缓冲区中读取 8 位整型数据。以下是一个示例：

```
const buf = Buffer.from([-1, 5]);

console.log(buf.readInt8(0));
// 输出: -1

console.log(buf.readInt8(1));
// 输出: 5

console.log(buf.readInt8(2));
// 抛出 ERR_OUT_OF_RANGE 异常
```

其中，offset 用于指示数据在缓冲区的索引位置。如果 offset 超过了缓冲区的长度，则会抛出"ERR_OUT_OF_RANGE"异常信息。

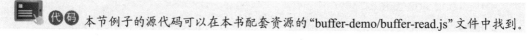

代码 本节例子的源代码可以在本书配套资源的"buffer-demo/buffer-read.js"文件中找到。

5.6.3 缓冲区编码

Node.js 缓冲区编码都采用的是"write"方法。以下是常用的编码 API：

- buf.write(string[, offset[, length]][, encoding])
- buf.writeBigInt64BE(value[, offset])
- buf.writeBigInt64LE(value[, offset])
- buf.writeBigUInt64BE(value[, offset])
- buf.writeBigUInt64LE(value[, offset])
- buf.writeDoubleBE(value[, offset])
- buf.writeDoubleLE(value[, offset])
- buf.writeFloatBE(value[, offset])
- buf.writeFloatLE(value[, offset])
- buf.writeInt8(value[, offset])
- buf.writeInt16BE(value[, offset])
- buf.writeInt16LE(value[, offset])
- buf.writeInt32BE(value[, offset])
- buf.writeInt32LE(value[, offset])
- buf.writeIntBE(value, offset, byteLength)
- buf.writeIntLE(value, offset, byteLength)

- buf.writeUInt8(value[, offset])
- buf.writeUInt16BE(value[, offset])
- buf.writeUInt16LE(value[, offset])
- buf.writeUInt32BE(value[, offset])
- buf.writeUInt32LE(value[, offset])
- buf.writeUIntBE(value, offset, byteLength)
- buf.writeUIntLE(value, offset, byteLength)

上述 API 从名称上就能看出其作用。以 buf.writeInt8(value[, offset])方法为例，该 API 是将 8 位整型数据写入缓冲区。以下是一个示例：

```
const buf = Buffer.allocUnsafe(2);

buf.writeInt8(2, 0);
buf.writeInt8(4, 1);

console.log(buf);
// 输出: <Buffer 02 04>
```

上述例子，最终在缓冲区中的数据为[02, 04]。

 本节例子的源代码可以在本书配套资源的"buffer-demo/buffer-write.js"文件中找到。

第 6 章
Node.js 事件处理

Node.js 之所以吸引人,一个非常大的原因是 Node.js 是异步事件驱动的。通过异步事件驱动机制,Node.js 应用拥有了高并发处理能力。

6.1 理解事件和回调

在 Node.js 应用中,事件无处不在。例如,net.Server 会在每次有新链接时触发事件,fs.ReadStream 会在打开文件时触发事件,stream 会在数据可读时触发事件。

在 Node.js 的事件机制中主要有 3 类角色:

- 事件(Event)。
- 事件发射器(Event Emitter)。
- 事件监听器(Event Listener)。

所有能触发事件的对象在 Node.js 中都是 EventEmitter 类的实例。这些对象有一个 eventEmitter.on()函数,用于将一个或多个函数绑定到命名事件上。事件的命名通常是驼峰式的字符串。

当 EventEmitter 对象触发一个事件时,所有绑定在该事件上的函数都会被同步调用。

以下是一个简单的 EventEmitter 实例,绑定了一个事件监听器。

```
const EventEmitter = require('events');

class MyEmitter extends EventEmitter {}
```

```
const myEmitter = new MyEmitter();

// 注册监听器
myEmitter.on('event', () => {
  console.log('触发事件');
});

// 触发事件
myEmitter.emit('event');
```

在上述例子中，eventEmitter.on()用于注册监听器，eventEmitter.emit()用于触发事件。eventEmitter.on()采用的是典型的异步编程模式，而且与回调函数密不可分，而回调函数就是后继传递风格的一种体现。后继传递风格，简单地说就是：把后继代码（也就是下一步要运行的代码）封装成函数，然后将其通过参数传递的方式传递给当前运行的函数。

所谓回调，就是"回头再调"的意思。在上述例子中，myEmitter 先注册了 event 事件，然后绑定了一个匿名的回调函数。该函数并不是马上执行，而是等到事件触发后再执行。

6.1.1 事件循环

虽然 Node.js 应用是单线程的，但 V8 引擎提供了异步执行回调的接口，通过这些接口可以处理高并发，所以 Node.js 应用的性能非常高。

Node.js 中几乎所有 API 都支持回调函数。

Node.js 中几乎所有的事件机制都是用设计模式中的观察者模式来实现的。

Node.js 单线程类似进入一个 while(true) 的事件循环，直到没有事件观察者才退出。每个异步事件都生成一个事件观察者。如果有事件发生，则调用该回调函数。

6.1.2 事件驱动

图 6-1 是事件驱动模型的示意图。

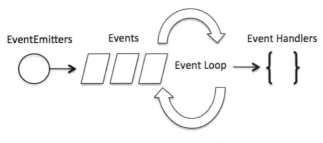

图 6-1　事件驱动模型的示意图

Node.js 使用事件驱动模型。服务器接收到请求后，会把请求交给后续的事件处理器处理，然后自己去处理下一个请求。当后继的事件处理器处理完成后，请求会被放回处理队列中。当请求到达队列开头时，请求处理完的结果被返给用户。

这种模型非常高效，且可扩展性非常强，因为服务器一直接收请求而不等待任何读写操作。

在事件驱动模型中会生成一个主循环来监听事件，在检测到事件时触发回调函数。

整个事件驱动的流程有点类似于观察者模式，事件相当于"主题"（Subject），而所有注册到这个事件上的处理函数相当于"观察者"（Observer）。

6.2 事件发射器

在 Node.js 中，事件发射器是定义在 events 模块的 EventEmitter 类中的。获取 EventEmitter 类的方式如下：

const EventEmitter =require('events');

当 EventEmitter 类实例新增监听器时，会触发 newListener 事件；当 EventEmitter 类实例移除已存在的监听器时，会触发 removeListener 事件。

6.2.1 将参数传给监听器

EventEmitter.emit()方法可以传递任意数量的参数给监听器函数。当监听器函数被调用时，this 关键词会被指向监听器所绑定的 EventEmitter 实例。以下是示例：

```
const EventEmitter = require('events');

class MyEmitter extends EventEmitter {}

const myEmitter = new MyEmitter();

myEmitter.on('event', function(a, b) {
  console.log(a, b, this, this === myEmitter);
  // 输出:
  // a b MyEmitter {
  //   _events: [Object: null prototype] { event: [Function] },
  //   _eventsCount: 1,
  //   _maxListeners: undefined
  // } true
});

myEmitter.emit('event', 'a', 'b');    //传递任意数量的参数
```

也可以用 ES 6 的 lambda 表达式作为监听器，但 this 关键词不会指向 EventEmitter 实例。以下是示例：

```
const EventEmitter = require('events');

class MyEmitter extends EventEmitter { }

const myEmitter = new MyEmitter();

myEmitter.on('event', (a, b) => {
    console.log(a, b, this);
    // 输出: a b {}
});

myEmitter.emit('event', 'a', 'b');
```

> 代码 本节例子的源代码可以在本书配套资源的 "events-demo/parameter-this.js" 和 "events-demo/parameter- lambda.js" 文件中找到。

6.2.2 异步与同步

EventEmitter 会按照监听器注册的顺序同步地调用所有监听器。所以，必须确保事件的排序正确，且避免竞态条件。可以使用 setImmediate() 或 process.nextTick() 切换到异步模式：

```
const EventEmitter = require('events');

class MyEmitter extends EventEmitter { }

const myEmitter = new MyEmitter();

myEmitter.on('event', (a, b) => {
    setImmediate(() => {
        console.log('异步进行');
    });
});
myEmitter.emit('event', 'a', 'b');
```

> 代码 本节例子的源代码可以在本书配套资源的 "events-demo/set-immediate.js" 文件中找到。

6.2.3 仅处理事件一次

在用 eventEmitter.on() 方法注册监听器时，监听器会在触发命名事件时被调用，见以下代码：

```
const myEmitter = new MyEmitter();
let m = 0;

myEmitter.on('event', () => {
  console.log(++m);
});

myEmitter.emit('event');
// 输出: 1

myEmitter.emit('event');
// 输出: 2
```

用 eventEmitter.once()方法可以注册最多可调用一次的监听器。当事件被触发时，监听器会被注销，然后再调用，见以下代码：

```
const EventEmitter = require('events');

class MyEmitter extends EventEmitter { }

const myEmitter = new MyEmitter();
let m = 0;

myEmitter.once('event', () => {
    console.log(++m);
});

myEmitter.emit('event');
// 打印: 1
myEmitter.emit('event');
// 不触发
```

 本节例子的源代码可以在本书配套资源的"events-demo/emitter-once.js"文件中找到。

6.3 事件类型

Node.js 的事件是通过类型进行区分的。

6.3.1 事件类型的定义

观察以下示例：

```
const EventEmitter = require('events');
```

```
class MyEmitter extends EventEmitter {}

const myEmitter = new MyEmitter();

// 注册监听器
myEmitter.on('event', () => {
  console.log('触发事件');
});

// 触发事件
myEmitter.emit('event');
```

事件的类型是用字符串表示的。在上述示例中，事件的类型是"event"。

事件类型可以定义为任意的字符串，但事件类型通常是由不包含空格的小写单词组成的。

由于定义事件类型具有灵活性，所以我们无法通过编程来判断事件发射器到底能够发射哪些类型的事件，因为事件发射器 API 没有内省机制，所以只能通过 API 文档来查看它能够发射的事件类型有哪些。

6.3.2　内置的事件类型

事件类型可以灵活定义，但有些事件是由 Node.js 本身定义的，比如前面章节所涉及的 newListener 事件和 removeListener 事件。EventEmitter 类实例在新增监听器时会触发 newListener 事件；在移除已存在的监听器时会触发 removeListener 事件。

还有一类特殊的事件——error 事件。

6.3.3　error 事件

当 EventEmitter 实例出错时会触发 error 事件。

如果没有为 error 事件注册监听器，则当 error 事件被触发时会抛出错误、打印堆栈跟踪，并退出 Node.js 进程。

```
const EventEmitter = require('events');

class MyEmitter extends EventEmitter { }

const myEmitter = new MyEmitter();

// 模拟触发 error 事件
myEmitter.emit('error', new Error('错误信息'));
// 抛出错误
```

执行上述程序，可以看到控制台抛出如下错误信息：

```
events.js:173
      throw er; // Unhandled 'error' event
      ^

Error: 错误信息
    at Object.<anonymous> (D:\workspaceGitosc\nodejs-book\samples\events-demo\error-event.js:8:25)
    at Module._compile (internal/modules/cjs/loader.js:759:30)
    at Object.Module._extensions..js (internal/modules/cjs/loader.js:770:10)
    at Module.load (internal/modules/cjs/loader.js:628:32)
    at Function.Module._load (internal/modules/cjs/loader.js:555:12)
    at Function.Module.runMain (internal/modules/cjs/loader.js:826:10)
    at internal/main/run_main_module.js:17:11
Emitted 'error' event at:
    at Object.<anonymous> (D:\workspaceGitosc\nodejs-book\samples\events-demo\error-event.js:8:11)
    at Module._compile (internal/modules/cjs/loader.js:759:30)
    [... lines matching original stack trace ...]
    at internal/main/run_main_module.js:17:11
```

如果没有对上述错误做进一步处理，则极易导致 Node.js 进程崩溃。为了防止进程崩溃，有以下两种解决方法。

1. 使用 domain 模块

早期 Node.js 的 domain 模块用于简化异步代码的异常处理，可以捕捉处理 try-catch 块无法捕捉处理的异常。引入 domain 模块的语法格式如下：

```
var domain =require("domain")
```

domain 模块会把多个不同的 I/O 操作作为一个组。在发生一个错误事件或抛出一个错误时 domain 对象会被通知，所以不会丢失上下文环境，也不会导致程序错误立即退出。

以下是一个 domain 的示例：

```
var domain = require('domain');
var connect = require('connect');

var app = connect();

//引入一个 domain 的中间件，将所有请求都包裹在一个独立的 domain 中
//用 domain 处理异常
app.use(function (req,res, next) {
  var d = domain.create();
```

```
//监听 domain 的错误事件
d.on('error', function (err) {
  logger.error(err);
  res.statusCode = 500;
  res.json({sucess:false, messag: '服务器异常'});
  d.dispose();
});

d.add(req);
d.add(res);
d.run(next);
});
app.get('/index', function (req, res) {
  //处理业务
});
```

需要注意的是，目前 domain 模块已经被废弃了，不建议在新项目中使用。

2. 为 error 事件注册监听器

应该始终为 error 事件注册监听器。

```
const EventEmitter = require('events');

class MyEmitter extends EventEmitter { }

const myEmitter = new MyEmitter();

// 为 error 事件注册监听器
myEmitter.on('error', (err) => {
    console.error('错误信息');
});

// 模拟触发 error 事件
myEmitter.emit('error', new Error('错误信息'));
```

 代码 本节例子的源代码可以在本书配套资源的"events-demo/error-event.js"文件中找到。

6.4 事件的操作

本节介绍 Node.js 事件的常用操作。

6.4.1 实例 5：设置最大监听器

在默认情况下，每个事件最多可以注册 10 个监听器。可以使用 emitter.setMaxListeners(n) 方法改变单个 EventEmitter 实例的限制值，也可以使用 EventEmitter.defaultMaxListeners 属性来改变所有 EventEmitter 实例的默认值。

> 设置 EventEmitter.defaultMaxListeners 属性要谨慎，因为该属性会影响所有 EventEmitter 实例，包括之前创建的。因此，推荐优先使用 emitter.setMaxListeners(n)方法，而不是 EventEmitter. defaultMaxListeners 属性。

虽然可以设置最大监听器，但这个限制不是硬性的。EventEmitter 实例可以添加超过限制的监听器，但只会向 stderr 输出跟踪警告，表明可能检测到了内存泄漏。对于单个 EventEmitter 实例，可以使用 emitter.getMaxListeners()和 emitter.setMaxListeners()方法暂时地消除警告：

```
emitter.setMaxListeners(emitter.getMaxListeners() + 1);

emitter.once('event', () => {
  // 做些操作
  emitter.setMaxListeners(Math.max(emitter.getMaxListeners() - 1, 0));
});
```

如果想显示此类警告的堆栈跟踪信息，则可以使用 "–trace-warnings" 命令行参数。

触发的警告可以通过 process.on('warning')进行检查，并具有附加的 emitter、type 和 count 属性，分别指向事件触发器实例、事件名称和附加的监听器数量。其中 name 属性被设置为 MaxListenersExceededWarning。

6.4.2 实例 6：获取已注册事件的名称

可以通过 emitter.eventNames()方法返回已注册事件的名称数组。数组中的值可以是字符串或 Symbol。以下是示例：

```
const EventEmitter = require('events');

class MyEmitter extends EventEmitter { }

const myEmitter = new MyEmitter();

myEmitter.on('foo', () => {});
```

```
myEmitter.on('bar', () => {});

const sym = Symbol('symbol');
myEmitter.on(sym, () => {});

console.log(myEmitter.eventNames());
```

上述程序在控制台输出的内容为：

['foo', 'bar', Symbol(symbol)]

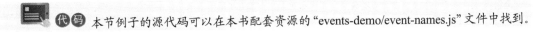
本节例子的源代码可以在本书配套资源的 "events-demo/event-names.js" 文件中找到。

6.4.3 实例 7：获取监听器数组的副本

可以通过 emitter.listeners（eventName）方法返回名为 eventName 的事件监听器数组的副本。以下是示例：

```
const EventEmitter = require('events');

class MyEmitter extends EventEmitter { }

const myEmitter = new MyEmitter();

myEmitter.on('foo', () => {});

console.log(myEmitter.listeners('foo'));
```

上述程序在控制台输出的内容为：

[[Function]]

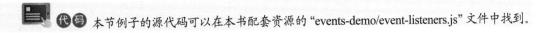
本节例子的源代码可以在本书配套资源的 "events-demo/event-listeners.js" 文件中找到。

6.4.4 实例 8：将事件监听器添加到监听器数组的开头

通过 emitter.on(eventName, listener)方法可以将监听器 listener 添加到监听器数组的末尾。通过 emitter.prependListener()方法可以将事件监听器添加到监听器数组的开头。以下是示例：

```
const EventEmitter = require('events');

class MyEmitter extends EventEmitter { }

const myEmitter = new MyEmitter();
```

```
myEmitter.on('foo', () => console.log('a'));
myEmitter.prependListener('foo', () => console.log('b'));
myEmitter.emit('foo');
```

在默认情况下，事件监听器会按照添加的顺序依次调用。由于 prependListener()方法让监听器提前到了数组的开头，因此该监听器会被优先执行。因此控制台输出的内容为：

```
b
a
```

在注册监听器时，不会检查该监听器是否已被注册过，因此多次调用并传入相同的 eventName 与 listener 会导致 listener 会被注册多次，这是合法的。

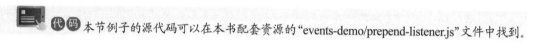

本节例子的源代码可以在本书配套资源的"events-demo/prepend-listener.js"文件中找到。

6.4.5 实例 9：移除监听器

通过 emitter.removeListener(eventName, listener)方法可以从名为"eventName"的事件监听器数组中移除指定的 listener。以下是示例：

```
const EventEmitter = require('events');

class MyEmitter extends EventEmitter { }

const myEmitter = new MyEmitter();

let listener1 = function () {
    console.log('监听器 listener1');
}

// 获取监听器的个数
let getListenerCount = function () {

    let count = myEmitter.listenerCount('foo');
    console.log("监听器监听个数为：" + count);
}

myEmitter.on('foo', listener1);

getListenerCount();
```

```
myEmitter.emit('foo');

// 移除监听器
myEmitter.removeListener('foo', listener1);

getListenerCount();
```

在上述示例中，通过 listenerCount()方法获取监听器的个数。通过对比采用 removeListener()方法前后的监听器个数可以看到，removeListener()方法已经移除了 foo 监听器。

以下是控制台的输出内容：

```
监听器监听个数为：1
监听器 listener1
监听器监听个数为：0
```

removeListener()方法最多只能从监听器数组中移除一个监听器。如果监听器被多次注册到指定 eventName 的监听器数组中，则必须多次调用 removeListener()方法。

如果要快捷删除某个 eventName 所具有的监听器，则可以使用 emitter.removeAllListeners([eventName])方法。以下是示例：

```
const EventEmitter = require('events');

class MyEmitter extends EventEmitter { }

const myEmitter = new MyEmitter();

let listener1 = function () {
    console.log('监听器 listener1');
}

// 获取监听器的个数
let getListenerCount = function () {

    let count = myEmitter.listenerCount('foo');
    console.log("监听器监听个数为：" + count);
}

// 注册多个监听器
myEmitter.on('foo', listener1);
myEmitter.on('foo', listener1);
myEmitter.on('foo', listener1);
```

```
getListenerCount();

// 移除所有监听器
myEmitter.removeAllListeners(['foo']);

getListenerCount();
```

在上述示例中，通过 listenerCount()方法获取监听器的个数。通过对比采用 removeListener()方法前后的监听器个数可以看到，removeListener()方法已经移除了 foo 监听器。

以下是控制台的输出内容：

```
监听器监听个数为：3
监听器监听个数为：0
```

 代码 本节例子的源代码可以在本书配套资源的 "events-demo/remove-listener.js" 文件中找到。

第 7 章
Node.js 文件处理

本章将介绍如何基于 Node.js 的 fs 模块实现文件处理操作。

7.1 了解 fs 模块

Node.js 的文件处理能力主要由 fs 模块提供。fs 模块提供了一组 API，通过模仿标准 UNIX（POSIX）函数的方式与文件系统进行交互。

使用 fs 模块的方式如下：

```
const fs =require('fs');
```

7.1.1 同步与异步操作文件

所有文件操作都具有同步和异步方式。

异步操作总是将完成回调作为其最后一个参数。传给完成回调的参数取决于具体方法，但第 1 个参数始终预留给异常。如果操作成功完成，则第 1 个参数为 null 或 undefined。

以下是一个异步操作文件时的异常处理示例：

```
const fs = require('fs');

fs.unlink('/tmp/hello', (err) => {
  if (err) throw err;
  console.log('已成功删除 /tmp/hello');
});
```

同步操作出现的异常会被立即抛出，可以使用 try-catch 块处理，也可以将异常继续向上抛出。

以下是一个同步操作文件的示例：

```
const fs = require('fs');

try {
  fs.unlinkSync('/tmp/hello');
  console.log('已成功删除 /tmp/hello');
} catch (err) {
  // 处理错误
}
```

使用异步方法无法保证顺序，因此以下操作容易出错，因为 fs.stat()操作可能在 fs.rename()操作之前完成。

```
fs.rename('/tmp/hello', '/tmp/world', (err) => {
  if (err) {
      throw err;
  }

  console.log('重命名完成');
});

fs.stat('/tmp/world', (err, stats) => {
  if (err) {
      throw err;
  }

  console.log(`文件属性: ${JSON.stringify(stats)}`);
});
```

要正确地排序这些操作，则需要将 fs.stat()操作移动到 fs.rename()操作的回调中：

```
fs.rename('/tmp/hello', '/tmp/world', (err) => {
  if (err) {
      throw err;
  }

    fs.stat('/tmp/world', (err, stats) => {
    if (err) {
        throw err;
    }

      console.log(`文件属性: ${JSON.stringify(stats)}`);
  });
});
```

在繁忙的进程中，强烈建议使用这些调用的异步方式，因为同步方式将阻塞整个进程直到它们完成（停止所有链接）。

大多数 fs 函数允许省略回调参数，在这种情况下，应使用一个会重新抛出错误的默认回调。如要获取原始调用点的跟踪，则需要设置环境变量 NODE_DEBUG：

```
$ cat script.js
function bad() {
  require('fs').readFile('/');
}
bad();

$ env NODE_DEBUG=fs node script.js
fs.js:88
        throw backtrace;
        ^
Error: EISDIR: illegal operation on a directory, read
<stack trace.>
```

不推荐在异步的 fs 函数上省略回调函数，因为这可能导致将来抛出错误。

7.1.2 文件描述符

在 POSIX（Portable OperaTIng System Interface of UNIX，UNIX 的便携式操作系统接口）系统上，对于每个进程，内核都维护着一张当前打开的文件和资源的表格。每个打开的文件都被分配了一个被称为"文件描述符"（File Descriptor）的简单数字标识符。在系统层，所有文件系统操作都使用这些文件描述符来标识并跟踪每个特定的文件。Windows 系统使用了一个类似的机制来跟踪资源。

为了简化用户的工作，Node.js 抽象出不同操作系统之间的差异，并为所有打开的文件分配了一个数字型的文件描述符。

fs.open() 方法用于分配新的文件描述符。一旦文件描述符被分配，则它会从文件读取数据、向文件写入数据，或请求关于文件的信息。以下是示例：

```
fs.open('/open/some/file.txt', 'r', (err, fd) => {
  if (err) {
      throw err;
  }
```

```
  fs.fstat(fd, (err, stat) => {
    if (err) {
        throw err;
    }

    // 始终关闭文件描述符
    fs.close(fd, (err) => {
      if (err) {
          throw err;
      }
    });
  });
});
```

大多数系统都限制了同时打开文件描述符的数量,因此在操作完成后即时关闭描述符非常重要。如果不这样做,则会导致内存泄漏,甚至导致应用程序崩溃。

7.2 处理文件路径

大多数 fs 操作接收的文件路径可以用字符串、Buffer 或 file 协议的 URL 对象表示。file 协议主要用于访问本地计算机中的文件,就如同在 Windows 资源管理器中打开文件。

file 协议基本的格式是 "file:///*文件路径*"。比如,要打开 F 盘 flash 文件夹中的 1.swf 文件,则在资源管理器或浏览器地址栏中输入 "file:///f:/flash/1.swf" 这样的 URL。

7.2.1 字符串形式的路径

字符串形式的路径会被解析为标识绝对或相对文件名的 UTF-8 字符序列。相对路径用于解析用 process.cwd() 指定的当前工作目录。

下面是在 POSIX 系统上使用绝对路径的示例:

```
const fs = require('fs');

fs.open('/open/some/file.txt', 'r', (err, fd) => {
  if (err) {
      throw err;
  }

  fs.close(fd, (err) => {
    if (err) {
        throw err;
```

    }
  });
});
```

下面是在 POSIX 系统上使用相对路径（相对于 process.cwd()）的示例：

```
const fs = require('fs');

fs.open('file.txt', 'r', (err, fd) => {
  if (err) {
      throw err;
  }

  fs.close(fd, (err) => {
    if (err) {
        throw err;
    }
  });
});
```

7.2.2 Buffer 形式的路径

Buffer 形式的路径只对某些 POSIX 系统有用。在这样的系统上，单个文件路径可以包含用多种字符编码的子序列。与字符串路径一样，Buffer 形式的路径可以是相对路径或绝对路径。

下面是在 POSIX 系统上使用绝对路径的示例：

```
fs.open(Buffer.from('/open/some/file.txt'), 'r', (err, fd) => {
  if (err) {
      throw err;
  }

  fs.close(fd, (err) => {
    if (err) {
        throw err;
    }
  });
});
```

在 Windows 上，Node.js 遵循驱动器工作目录的概念。如果使用没有反斜杠的驱动器路径，例如 fs.readdirSync('c:\\')，则可能返回与 fs.readdirSync('c:')不同的结果。
```

7.2.3 URL 对象的路径

对于大多数 fs 模块的函数，path 或 filename 参数可以传入遵循 WHATWG 规范的 URL 对象。Node.js 仅支持使用 file 协议的 URL 对象。

以下是使用 URL 对象的示例：

```
const fs = require('fs');
const fileUrl = new URL('file:///tmp/hello');

fs.readFileSync(fileUrl);
```

file 协议的 URL 始终是绝对路径。

遵循 WHATWG 规范的 URL 对象可能具有特定于平台的行为。比如在 Windows 上，带有主机名的 URL 会被转换为 UNC 路径，带有驱动器号的 URL 会被转换为本地绝对路径，而没有主机名和驱动器号的 URL 则会抛出错误。观察下面的示例：

```
// 在 Windows 上

// 带有主机名的 WHATWG 文件的 URL 会被转换为 UNC 路径
// file://hostname/p/a/t/h/file => \\hostname\p\a\t\h\file
fs.readFileSync(new URL('file://hostname/p/a/t/h/file'));

// 带有驱动器号的 WHATWG 文件的 URL 会被转换为绝对路径
// file:///C:/tmp/hello => C:\tmp\hello
fs.readFileSync(new URL('file:///C:/tmp/hello'));

// 没有主机名的 WHATWG 文件的 URL 必须包含驱动器号
fs.readFileSync(new URL('file:///notdriveletter/p/a/t/h/file'));
fs.readFileSync(new URL('file:///c/p/a/t/h/file'));
// TypeError [ERR_INVALID_FILE_URL_PATH]: File URL path must be absolute
```

如果是带有驱动器号的 URL，则必须在驱动器号后面加上 ":" 作为分隔符。如果使用其他分隔符，则会抛出错误。

在 Windows 以外的所有其他平台上，不支持带有主机名的 URL。在使用时将抛出错误：

```
// 在其他平台上

// 不支持带有主机名的 WHATWG 文件的 URL
// file://hostname/p/a/t/h/file => throw!
fs.readFileSync(new URL('file://hostname/p/a/t/h/file'));
```

```
// TypeError [ERR_INVALID_FILE_URL_PATH]: must be absolute

// WHATWG 文件的 URL 会被转换为绝对路径
// file:///tmp/hello => /tmp/hello
fs.readFileSync(new URL('file:///tmp/hello'));
```

包含编码后的斜杆字符（%2F）的 URL 在所有平台上都会抛出错误：

```
// 在 Windows 系统上
fs.readFileSync(new URL('file:///C:/p/a/t/h/%2F'));
fs.readFileSync(new URL('file:///C:/p/a/t/h/%2f'));
/* TypeError [ERR_INVALID_FILE_URL_PATH]: File URL path must not include encoded
\ or / characters */

// 在 POSIX 系统上
fs.readFileSync(new URL('file:///p/a/t/h/%2F'));
fs.readFileSync(new URL('file:///p/a/t/h/%2f'));
/* TypeError [ERR_INVALID_FILE_URL_PATH]: File URL path must not include encoded
/ characters */
```

在 Windows 上，包含编码后的反斜杆字符（%5C）的 URL 会抛出错误：

```
// 在 Windows 上
fs.readFileSync(new URL('file:///C:/path/%5C'));
fs.readFileSync(new URL('file:///C:/path/%5c'));
/* TypeError [ERR_INVALID_FILE_URL_PATH]: File URL path must not include encoded
\ or / characters */
```

7.3 打开文件

Node.js 提供了 fs.open(path[, flags[, mode]], callback)方法，用于异步打开文件。其参数说明如下。

- Path：文件的路径。
- flags <string> | <number>：所支持的文件系统标志。默认值是 r。
- mode <integer>：文件模式，其默认值是 0o666（可读写）。在 Windows 上，只能操作"写"权限。
- callback：回调函数。

如果想同步打开文件，则应使用 fs.openSync(path[, flags, mode])方法。

7.3.1 文件系统标志

文件系统标志选项在采用字符串时，可以使用以下标志。

- a：打开文件用于追加。如果文件不存在，则创建该文件。
- ax：与 a 相似，但如果路径已存在则失败。
- a+：打开文件用于读取和追加。如果文件不存在，则创建该文件。
- ax+：与 a+相似，但如果路径已存在则失败。
- as：以同步模式打开文件用于追加。如果文件不存在，则创建该文件。
- as+：以同步模式打开文件用于读取和追加。如果文件不存在，则创建该文件。
- r：打开文件用于读取。如果文件不存在，则出现异常。
- r+：打开文件用于读取和写入。如果文件不存在，则出现异常。
- rs+：以同步模式打开文件用于读取和写入。指示操作系统绕过本地的文件系统缓存。这对于在 NFS 挂载上打开文件非常有用，因为它允许跳过超时的本地缓存。它对 I/O 性能有非常重要的影响，因此，除非必要，否则不建议使用此标志。这不会将 fs.open()或 fsPromises.open()方法转换为同步的阻塞调用。如果需要同步的操作，则应使用 fs.openSync()之类的方法。
- w：打开文件用于写入。如果文件不存在则创建文件，如果文件已存在则截断文件。
- wx：与 w 相似，如果路径已存在则失败。
- w+：打开文件用于读取和写入。如果文件不存在则创建文件，如果文件已存在则截断文件。
- wx+：与 w+相似，如果路径已存在则失败。

文件系统标志也可以是一个数字。常用的常量定义在 fs.constants 中。在 Windows 上，文件系统标志会被适当地转换为等效的标志。例如，O_WRONLY 会被转换为 FILE_GENERIC_WRITE，O_EXCL|O_CREAT 会被转换为能被 CreateFileW 接收的 CREATE_NEW。

特有的"x"标志可以确保路径是新创建的。在 POSIX 系统上，即使路径是一个符号链接且指向了一个不存在的文件，它也会被视为已存在。该特有标志不一定适用于网络文件系统。

如果在 Linux 上以追加模式打开文件，则在写入时无法指定位置。内核会忽略位置参数，并始终将数据追加到文件的末尾。

如果要修改文件而不是覆盖文件，则标志模式应选为 r+模式，而不是默认的 w 模式。

某些标志的行为是特定于平台的。例如，在 macOS 和 Linux 上用 a+标志打开目录会返回一个错误；而在 Windows 和 FreeBSD 上执行同样的操作，会则返回一个文件描述符或 FileHandle。见下面的示例：

```
// 在 macOS 和 Linux 上
fs.open('<目录>', 'a+', (err, fd) => {
  // => [Error: EISDIR: illegal operation on a directory, open <目录>]
});

// 在 Windows 和 FreeBSD 上
```

```
fs.open('<目录>', 'a+', (err, fd) => {
  // => null, <fd>
});
```

在 Windows 上,用 w 标志打开现存的隐藏文件(通过 fs.open()、fs.writeFile() 或 fsPromises.open() 方法)会抛出 EPERM。现存的隐藏文件可以使用 r+ 标志打开用于写入。

调用 fs.ftruncate() 或 fsPromises.ftruncate() 方法可以重置文件的内容。

7.3.2 实例 10:打开文件的例子

以下是一个打开文件的例子:

```
const fs = require('fs');

fs.open('data.txt', 'r', (err, fd) => {
    if (err) {
        throw err;
    }

    fs.fstat(fd, (err, stat) => {
        if (err) {
            throw err;
        }

        // 始终关闭文件描述符!
        fs.close(fd, (err) => {
            if (err) {
                throw err;
            }
        });
    });
});
```

上述代码将打开当前目录下的 data.txt 文件。如果在当前目录下没有 data.txt 文件,则报如下异常:

```
D:\workspaceGitosc\nodejs-book\samples\fs-demo\fs-open.js:5
        throw err;
        ^

Error: ENOENT: no such file or directory, open
'D:\workspaceGitosc\nodejs-book\samples\fs-demo\data.txt'
```

如果在当前目录下存在 data.txt 文件,则程序将正常执行完成。

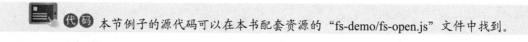 本节例子的源代码可以在本书配套资源的 "fs-demo/fs-open.js" 文件中找到。

7.4 读取文件

Node.js 为读取文件的内容提供了如下 API：

- fs.read(fd, buffer, offset, length, position, callback)
- fs.readSync(fd, buffer, offset, length, position)
- fs.readdir(path[, options], callback)
- fs.readdirSync(path[, options])
- fs.readFile(path[, options], callback)
- fs.readFileSync(path[, options])

这些 API 都包含异步方法，以及与之对应的同步方法。

7.4.1 实例 11：用 fs.read() 方法读取文件

fs.read(fd, buffer, offset, length, position, callback) 方法用于异步地从由 fd 指定的文件中读取数据。

观察下面的示例：

```
const fs = require('fs');

fs.open('data.txt', 'r', (err, fd) => {
    if (err) {
        throw err;
    }


    var buffer = Buffer.alloc(255);

    // 读取文件
    fs.read(fd, buffer, 0, 255, 0, (err, bytesRead, buffer) => {
        if (err) {
            throw err;
        }

        // 打印出 buffer 中存入的数据
        console.log(bytesRead, buffer.slice(0, bytesRead).toString());
```

```
    // 始终关闭文件描述符
    fs.close(fd, (err) => {
        if (err) {
            throw err;
        }
    });
  });
});
```

在上述例子中,用 fs.open()方法打开文件,接着用 fs.read()方法读取文件里面的内容,并将其转换为字符串打印到控制台。控制台输出内容如下:

128 江上吟——唐朝李白
兴酣落笔摇五岳,诗成笑傲凌沧洲。
功名富贵若长在,汉水亦应西北流。

与 fs.read(fd, buffer, offset, length, position, callback)方法对应的同步方法是 fs.readSync(fd, buffer, offset, length, position)。

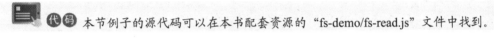 本节例子的源代码可以在本书配套资源的"fs-demo/fs-read.js"文件中找到。

7.4.2 实例 12:用 fs.readdir()方法读取文件

fs.readdir(path[, options], callback)方法用于异步地读取目录中的内容。

观察下面的示例:

```
const fs = require("fs");

console.log("查看当前目录下所有的文件");

fs.(".", (err, files) => {
    if (err) {
        throw err;
    }

    // 列出文件名称
    files.forEach(function (file) {
        console.log(file);
    });
});
```

在上述例子中,用 fs.readdir()方法获取当前目录所有的文件列表,并将文件名打印到控制台。控制台输出的内容如下:

查看当前目录下所有的文件

```
data.txt
fs-open.js
fs-read-dir.js
fs-read.js
```

与 fs.readdir(path[, options], callback)方法对应的同步方法是 fs.readdirSync(path[, options])。

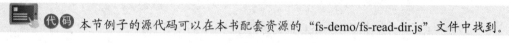本节例子的源代码可以在本书配套资源的 "fs-demo/fs-read-dir.js" 文件中找到。

7.4.3 实例 13：用 fs.readFile()方法读取文件

fs.readFile(path[, options], callback)方法用于异步地读取文件的全部内容。

观察下面的示例：

```
const fs = require('fs');

fs.readFile('data.txt', (err, data) => {
    if (err) {
        throw err;
    }

    console.log(data);
});
```

fs.readFile()方法回调会传入参数 err 和 data，其中 data 是文件的内容。

由于没有指定编码格式，所以控制台输出的是原始的 Buffer：

```
<Buffer e6 b1 9f e4 b8 8a e5 90 9f e2 80 94 e2 80 94 e5 94 90 e6 9c 9d 20 e6 9d 8e e7 99 bd 0d 0a e5 85 b4
e9 85 a3 e8 90 bd e7 ac 94 e6 91 87 e4 ba 94 e5 b2 ... 78 more bytes>
```

如果 options 是字符串，并且已经指定字符编码，像下面这样：

```
const fs = require('fs');

// 指定为 UTF-8
fs.readFile('data.txt', 'utf8', (err, data) => {
    if (err) {
        throw err;
    }

    console.log(data);
});
```

则会把字符串正常打印到控制台：

> 江上吟——唐朝李白
> 兴酣落笔摇五岳，诗成笑傲凌沧洲。
> 功名富贵若长在，汉水亦应西北流。

与 fs.read(fd, buffer, offset, length, position, callback)对应的异步方法是 fs.readSync(fd, buffer, offset, length, position)。

如果 path 是目录，则 fs.readFile()方法与 fs.readFileSync()方法的行为是特定于平台的。在 macOS、Linux 和 Windows 上，将返回错误；在 FreeBSD 上，将返回目录内容。

```
// 在 macOS、Linux 和 Windows 上
fs.readFile('<目录>', (err, data) => {
  // => [Error: EISDIR: illegal operation on a directory, read <目录>]
});

// 在 FreeBSD 上
fs.readFile('<目录>', (err, data) => {
  // => null, <data>
});
```

由于 fs.readFile()方法会缓冲整个文件，因此为了最小化内存成本，应尽可能通过 fs.createReadStream()方法进行流式传输。

 本节例子的源代码可以在本书配套资源的"fs-demo/fs-read-file.js"文件中找到。

7.5 写入文件

Node.js 为向文件中写入内容提供了如下 API：

- fs.write(fd, buffer[, offset[, length[, position]]], callback)
- fs.writeSync(fd, buffer[, offset[, length[, position]]])
- fs.write(fd, string[, position[, encoding]], callback)
- fs.writeSync(fd, string[, position[, encoding]])
- fs.writeFile(file, data[, options], callback)
- fs.writeFileSync(file, data[, options])

这些 API 都包含异步方法，以及与之对应的同步方法。

7.5.1 实例 14：将 Buffer 写入文件

fs.write(fd, buffer[, offset[, length[, position]]], callback)方法用于将 buffer 写入由 fd 指定的

文件。其中，

- offset：决定 buffer 中要被写入的部位。
- length：一个整数，指定要写入的字节数。
- position：指定文件开头的偏移量（数据应被写入的位置）。如果是 typeof position !== 'number'，则数据会被写入当前位置。
- 回调有 3 个参数——err、bytesWritten 和 buffer，其中 bytesWritten 用于指定 buffer 中被写入的字节数。

以下是 fs.write(fd, buffer[, offset[, length[, position]]], callback) 方法的示例：

```js
const fs = require('fs');

// 打开文件用于写入。如果文件不存在，则创建文件
fs.open('write-data.txt', 'w', (err, fd) => {
    if (err) {
        throw err;
    }

    let buffer = Buffer.from("《Node.js 企业级应用开发实战》");

    // 写入文件
    fs.write(fd, buffer, 0, buffer.length, 0, (err, bytesWritten, buffer) => {
        if (err) {
            throw err;
        }

        // 打印出 buffer 中存入的数据
        console.log(bytesWritten, buffer.slice(0, bytesWritten).toString());

        // 始终关闭文件描述符
        fs.close(fd, (err) => {
            if (err) {
                throw err;
            }
        });
    });
});
```

成功执行上述程序后，可以发现在当前目录下已经新建了一个"write-data.txt"文件。打开该文件可以看到如下内容：

《Node.js 企业级应用开发实战》

这说明程序中的 Buffer 数据已经成功写入文件。

在同一个文件上多次使用 fs.write()方法且不等待回调是不安全的。对于这种情况，建议使用 fs.createWriteStream()方法。

如果在 Linux 上以追加模式打开文件，则在写入时无法指定位置，内核会忽略位置参数，并始终将数据追加到文件的末尾。

与 fs.write(fd, buffer[, offset[, length[, position]]], callback)方法对应的同步方法是 fs.writeSync(fd, buffer[, offset[, length[, position]]])。

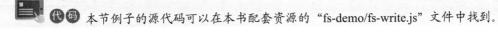 本节例子的源代码可以在本书配套资源的 "fs-demo/fs-write.js" 文件中找到。

7.5.2 实例 15：将字符串写入文件

如果事先知道待写入文件的数据是字符串格式的，则可以使用 fs.write(fd, string[, position[, encoding]], callback)方法。该方法用于将字符串写入由 fd 指定的文件。如果 string 不是一个字符串，则该值会被强制转换为字符串。

- Position：指定文件开头的偏移量（数据应被写入的位置）。如果是 typeof position !== 'number'，则数据会被写入当前的位置。
- Encoding：期望的字符。默认值是 "utf8"。
- 回调会接收到参数 err、written 和 string。其中 written 用于指定传入的字符串中被要求写入的字节数。被写入的字节数不一定与被写入的字符串字符数相同。

以下是 fs.write(fd, string[, position[, encoding]], callback)方法的示例：

```
const fs = require('fs');

// 打开文件用于写入。如果文件不存在则创建文件
fs.open('write-data.txt', 'w', (err, fd) => {
    if (err) {
        throw err;
    }


    let string = "《Node.js 企业级应用开发实战》";

    // 写入文件
    fs.write(fd, string, 0, 'utf8', (err, written, buffer) => {
        if (err) {
            throw err;
        }
```

```
        // 打印出存入的字节数
        console.log(written);

        // 始终关闭文件描述符
        fs.close(fd, (err) => {
            if (err) {
                throw err;
            }
        });
    });
});
```

在成功执行上述程序后,可以发现在当前目录下已经新建了一个"write-data.txt"文件。打开该文件可以看到如下内容:

《Node.js 企业级应用开发实战》

这说明程序中的字符串已经成功写入文件。

在同一个文件上多次使用 fs.write()方法且不等待回调是不安全的。对于这种情况,建议使用 fs.createWriteStream()方法。

如果在 Linux 上以追加模式打开文件,则在写入时无法指定位置。内核会忽略位置参数,并始终将数据追加到文件的末尾。

在 Windows 上,如果文件描述符链接到控制台(例如 fd == 1 或 stdout),则无论使用何种编码(包含非 ASCII 字符的字符串),在默认情况下都不会被正确地渲染。使用"chcp 65001"命令更改活动的代码页,可以将控制台配置为正确地渲染 UTF-8。

与 fs.write(fd, string[, position[, encoding]], callback)方法对应的同步方法是 fs.writeSync(fd, string[, position[, encoding]])。

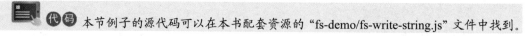本节例子的源代码可以在本书配套资源的"fs-demo/fs-write-string.js"文件中找到。

7.5.3 实例 16:将数据写入文件

fs.writeFile(file, data[, options], callback)方法用于将数据异步地写入一个文件中,如果文件已存在则覆盖该文件。

data 可以是字符串或 Buffer。

如果 data 是一个 Buffer,则 encoding 选项会被忽略;如果 options 是一个字符串,则 encoding 选项用于指定字符串的编码。

以下是 fs.writeFile(file, data[, options], callback)方法的示例：

```
const fs = require('fs');

let data = "《Node.js 企业级应用开发实战》";

// 将数据写入文件。如果文件不存在则创建文件
fs.writeFile('write-data.txt', data, 'utf-8', (err) => {
    if (err) {
        throw err;
    }
});
```

在成功执行上述程序后，可以发现在当前目录下已经新建了一个"write-data.txt"文件。打开该文件可以看到如下内容：

《Node.js 企业级应用开发实战》

这说明程序中的字符串已经成功写入文件。

在同一个文件上多次使用 fs.writeFile()方法且不等待回调是不安全的。对于这种情况，建议使用 fs.createWriteStream()方法。

与 fs.writeFile(file, data[, options], callback)方法对应的同步方法是 fs.writeFileSync(file, data[, options])。

 本节例子的源代码可以在本书配套资源的"fs-demo/fs-write-file.js"文件中找到。

第 8 章
Node.js HTTP 编程

HTTP 协议是伴随着万维网而产生的,用于将服务器中的内容通过超文本传输到本地浏览器。目前,主流的互联网应用都采用 HTTP 协议来发布 REST API,实现客户端与服务器的轻松互连。

本章将介绍如何基于 Node.js 来开发 HTTP 协议的应用。

8.1 创建 HTTP 服务器

在 Node.js 中,要使用 HTTP 服务器和客户端,需要使用 http 模块。用法如下:

```
const http =require('http');
```

Node.js 中的 HTTP 接口旨在全方位地支持传统协议的特性,特别是大的、块状的消息。接口永远不会缓冲整个请求或响应,用户能够流式传输数据。

8.1.1 实例 17:用 http.Server 创建服务器

HTTP 服务器主要由 http.Server 类提供功能。该类继承自 net.Server,因此它很多 net.Server 的方法和事件,比如以下示例中的 server.listen()方法:

```
const http = require('http');

const hostname = '127.0.0.1';
const port = 8080;

const server = http.createServer((req, res) => {
  res.statusCode = 200;
  res.setHeader('Content-Type', 'text/plain');
```

```
  res.end('Hello World\n');
});

server.listen(port, hostname, () => {
  console.log(`服务器运行在 http://${hostname}:${port}/`);
});
```

在上述代码中，

- http.createServer()方法：用于创建 HTTP 服务器。
- server.listen()方法：用于指定服务器启动时所要绑定的端口。
- res.end()方法：用于响应内容给客户端。当客户端访问服务器时，服务器会返回文本"Hello World"给客户端。

图 8-1 是在浏览器访问 http://127.0.0.1:8080 时返回的 Hello World 程序界面。

图 8-1　Hello World 程序

 本节例子的源代码可以在本书配套资源的 "http-demo/hello-world.js" 文件中找到。

8.1.2　理解 http.Server 事件的用法

相比 net.Server，http.Server 还具有以下事件。

1. checkContinue 事件

每次收到 "HTTP Expect: 100-continue" 请求时都会触发 checkContinue 事件。如果未监听此事件，则服务器将自动响应 "100 Continue"。

在处理此事件时，如果客户端继续发送请求主体，则调用 response.writeContinue()方法；如果客户端不继续发送请求主体，则生成适当的 HTTP 响应（例如 "400 Bad Request"）。

> 在触发和处理此事件时，不会触发 request 事件。

2. checkExpectation 事件

每次收到带有 "HTTP Expect" 请求头的请求时会触发该事件，其中的值不是 "100 continue"。如果未监听此事件，则服务器将根据需要自动响应 "417 Expectation Failed"。

在触发和处理此事件时不会触发 request 事件。

3. clientError 事件

如果客户端链接发出 error 事件,则会在 clientError 事件中转发该事件。此事件的侦听器负责关闭或销毁底层套接字。例如,人们可能希望通过自定义 HTTP 响应更优雅地关闭套接字,而不是突然切断链接。

默认使用 HTTP 的"400 Bad Request"关闭套接字,或者在 HPE_ HEADER_ OVERFLOW 错误的情况下尝试使用"431 Request Header Fields Too Large"关闭 HTTP。如果套接字不可写,则会被立即销毁。

以下是一个监听的示例:

```
const http = require('http');

const server = http.createServer((req, res) => {
  res.end();
});
server.on('clientError', (err, socket) => {
  socket.end('HTTP/1.1 400 Bad Request\r\n\r\n');
});
server.listen(8000);
```

当 clientError 事件发生时,由于没有请求或响应对象,所以必须将发送的所有 HTTP 响应(包括响应头和有效负载)直接写入 socket 对象。注意,必须确保响应是格式正确的 HTTP 响应消息。

4. close 事件

在服务器关闭时会触发 close 事件。

5. connect 事件

在每次客户端请求 HTTP CONNECT 方法时触发该事件。如果未监听此事件,则请求 HTTP CONNECT 方法的客户端将关闭其链接。

在触发此事件后,由于请求的套接字没有 data 事件监听器,因此它需要绑定 data 事件监听器才能处理发送到该套接字服务器的数据。

6. connection 事件

在建立新的 TCP 流时会触发此事件。socket 通常是 net.Socket 类型的对象。通常用户不需要处理和访问该事件。特别是当协议解析器没有附加到套接字时，套接字不会发出 readable 事件。也可以在 request.connection 上访问套接字。

用户也可以显式触发此事件，以链接注入 HTTP 的服务器。在这种情况下可以传递任何 Duplex 流。

如果在 connection 事件中调用 socket.setTimeout()方法，则当套接字已提供请求时（如果 server. keepAliveTimeout 非零），超时时间由 server.keepAliveTimeout 决定。

7. request 事件

每次有请求时都会触发该事件。请注意，在 HTTP Keep-Alive 链接下每个链接可能会有多个请求。

8. upgrade 事件

每次客户端请求 HTTP 升级时都触发该事件。监听此事件是可选的，客户端无法更改协议。

在触发此事件后，由于请求的套接字没有 data 事件监听器，因此它需要绑定 data 事件监听器才能处理发送到该套接字上的服务器的数据。

8.2 处理 HTTP 的常用操作

处理 HTTP 的常用操作包括 GET、POST、PUT、DELETE 等。在 Node.js 中，这些操作方法被定义在 http.request()方法的请求参数中：

```
const http = require('http');

const req = http.request({
  host: '127.0.0.1',
  port: 8080,
  method: 'POST' // POST 操作
}, (res) => {
  res.resume();
  res.on('end', () => {
      console.log('请求完成！');
  });
});
```

在上面代码中，method 的值是"POST"，意味着 http.request()方法将发送 POST 请求操作。method 的默认值是"GET"。

8.3 请求对象和响应对象

在 Node.js 中,HTTP 请求对象和响应对象被定义在 http.ClientRequest 和 http.ServerResponse 类中。

8.3.1 理解 http.ClientRequest 类

http.ClientRequest 对象是由 http.request()方法创建并返回的。它表示正在进行的请求,且其请求头已进入队列。请求头仍然可以使用 setHeader(name, value)、getHeader(name)或 removeHeader(name)来改变。实际的请求头将与第 1 个数据块一起发送,或者在调用 request.end()方法时发送。

以下是创建 http.ClientRequest 对象 req 的示例:

```
const http = require('http');

const req = http.request({
  host: '127.0.0.1',
  port: 8080,
  method: 'POST' // POST 操作
}, (res) => {
  res.resume();
  res.on('end', () => {
      console.info('请求完成!');
  });
});
```

要获得响应,则需要为请求对象添加 response 事件监听器。服务器接收到响应头后,会从请求对象触发 response 事件。在 response 事件执行时有一个参数,该参数是 http.IncomingMessage 的实例。

在 response 事件期间,可以添加监听器到响应对象,比如监听 data 事件。

如果没有添加 response 事件处理函数,则响应将会完全丢弃。如果添加了 response 事件处理函数,则必须消费完响应对象中的数据。每当有 readable 事件时,程序会调用 response.read() 方法,或添加 data 事件处理函数,或调用.resume()方法。在消费完数据之前不会触发 end 事件。此外,在读取数据之前响应对象会占用内存,最终可能会导致进程内存不足的错误。

Node.js 不检查 Content-Length 和已传输的主体的长度是否相等。

http.ClientRequest 继承自 Stream,并另外实现以下内容。

1. 终止请求

request.abort()方法用于将请求标记为终止。调用此方法将导致响应中剩余的数据被丢弃且套接字被销毁。

当请求被客户端中止时将触发 abort 事件。该事件仅在第一次调用 abort()方法时被触发。

2. connect 事件

当服务器用 CONNECT()方法响应请求时会发出 connect 事件。如果未侦听此事件，则接收 CONNECT()方法的客户端将关闭其链接。

下面示例演示了如何监听 connect 事件：

```
const http = require('http');
const net = require('net');
const url = require('url');

// 创建 HTTP 代理服务器
const proxy = http.createServer((req, res) => {
  res.writeHead(200, { 'Content-Type': 'text/plain' });
  res.end('okay');
});
proxy.on('connect', (req, cltSocket, head) => {
  // 链接到原始服务器
  const srvUrl = url.parse(`http://${req.url}`);
  const srvSocket = net.connect(srvUrl.port, srvUrl.hostname, () => {
    cltSocket.write('HTTP/1.1 200 Connection Established\r\n' +
                    'Proxy-agent: Node.js-Proxy\r\n' +
                    '\r\n');
    srvSocket.write(head);
    srvSocket.pipe(cltSocket);
    cltSocket.pipe(srvSocket);
  });
});

// 代理服务器在运行
proxy.listen(1337, '127.0.0.1', () => {

  // 创建一个到代理服务器的请求
  const options = {
    port: 1337,
    host: '127.0.0.1',
    method: 'CONNECT',
    path: 'www.google.com:80'
```

```
  };

  const req = http.request(options);
  req.end();

  req.on('connect', (res, socket, head) => {
    console.log('got connected!');

    // 创建请求
    socket.write('GET / HTTP/1.1\r\n' +
                 'Host: www.google.com:80\r\n' +
                 'Connection: close\r\n' +
                 '\r\n');
    socket.on('data', (chunk) => {
      console.log(chunk.toString());
    });
    socket.on('end', () => {
      proxy.close();
    });
  });
});
```

3. information 事件

在服务器发送 1xx 响应（不包括"101 Upgrade"）时发出 information 事件。该事件的侦听器将接收包含状态代码的对象。

以下是使用 information 事件的案例：

```
const http = require('http');

const options = {
  host: '127.0.0.1',
  port: 8080,
  path: '/length_request'
};

// 创建请求
const req = http.request(options);
req.end();

req.on('information', (info) => {
  console.log(`Got information prior to main response: ${info.statusCode}`);
});
```

"101 Upgrade"状态不会触发此事件，因为它与传统的 HTTP 请求/响应链断开了。例如，在

WebSocket 中 HTTP 被升级为 TLS 或 HTTP 2.0，也会是"101 Upgrade"状态。如果要接收到"101 Upgrade"的通知，则需要额外监听"upgrade"事件。

4. upgrade 事件

每次服务器响应升级请求时都会触发 upgrade 事件。如果未侦听此事件且响应状态代码为"101 Switching Protocols"，则接收升级标头的客户端将关闭其链接。

以下是使用 upgrade 事件的示例：

```javascript
const http = require('http');

// 创建一个 HTTP 服务器
const srv = http.createServer((req, res) => {
  res.writeHead(200, { 'Content-Type': 'text/plain' });
  res.end('okay');
});
srv.on('upgrade', (req, socket, head) => {
  socket.write('HTTP/1.1 101 Web Socket Protocol Handshake\r\n' +
               'Upgrade: WebSocket\r\n' +
               'Connection: Upgrade\r\n' +
               '\r\n');

  socket.pipe(socket);
});

//运行服务器
srv.listen(1337, '127.0.0.1', () => {

  // 请求参数
  const options = {
    port: 1337,
    host: '127.0.0.1',
    headers: {
      'Connection': 'Upgrade',
      'Upgrade': 'websocket'
    }
  };

  const req = http.request(options);
  req.end();

  req.on('upgrade', (res, socket, upgradeHead) => {
    console.log('got upgraded!');
    socket.end();
```

```
    process.exit(0);
  });
});
```

5. request.end()方法

request.end([data[, encoding]][, callback])方法用于发送请求。如果部分请求主体还未发送，则将它们刷新到流中。如果请求被分块，则发送终止符"0"。

- 如果指定了 data，则先调用 request.write(data, encoding)再调用 request.end(callback)。
- 如果指定了 callback，则在请求流完成时调用它。

6. request.setHeader()方法

request.setHeader(name, value)方法用于设置单个请求头的值。如果此请求头已存在于待发送的请求头中，则其值将被替换。可以使用字符串数组来发送具有相同名称的多个请求头。非字符串值将被原样保存。因此，request.getHeader()方法可能返回非字符串值。但是非字符串值将被转换为字符串以进行网络传输。

以下是使用该方法的示例：

```
request.setHeader('Content-Type', 'application/json');

request.setHeader('Cookie', ['type=ninja', 'language=javascript']);
```

7. request.write()方法

request.write(chunk[, encoding][, callback])方法用于发送一个请求主体的数据块。通过多次调用此方法，可以将请求主体发送到服务器。在这种情况下，建议在创建请求时使用"['Transfer-Encoding', 'chunked']"请求头。其中：

- encoding 参数是可选的，仅当 chunk 是字符串时才可用。默认值为"utf8"。
- callback 参数是可选的，仅当数据块非空时才可调用。

如果将整个数据成功刷新到内核缓冲区中，则返回 true。如果全部或部分数据在用户内存中排队，则返回 false。当缓冲区再次空闲时会触发 drain 事件。

在使用空字符串或 buffer 调用 write 函数时，则什么也不做，等待更多输入。

8.3.2 理解 http.ServerResponse 类

http.ServerResponse 对象由 HTTP 服务器在其内部创建，而不是由用户创建。它作为第 2 个参数传给 request 事件。

ServerResponse 继承自 Stream，并实现了以下内容。

1. close 事件

该事件用于表示底层链接已终止。

2. finish 事件

在响应发送后触发。更具体地说,当响应头和主体的最后一部分已被交给操作系统通过网络进行传输时,触发该事件。但这并不意味着客户端已收到任何信息。

3. response.addTrailers()方法

response.addTrailers()方法用于将 HTTP 尾部响应头(一种在消息末尾的响应头)添加到响应中。

只有在使用分块编码进行响应时才会发出尾部响应头;如果不是(例如,请求是 HTTP/1.0),则它们将被静默丢弃。

iler 响应头才能发出尾部响应头,并在其值中包含响应头字段列表。例如:
response.writeHead(200, { 'Content-Type': 'text/plain',
　　　　　　　　　　　'Trailer': 'Content-MD5' });
response.write(fileData);
response.addTrailers({ 'Content-MD5': '7895bf4b8828b55ceaf47747b4bca667' });
response.end();

如果在设置响应头字段名称或值时包含了无效字符,则会抛出 TypeError。

4. response.end()方法

response.end([data][, encoding][, callback])方法用于向服务器发出信号,表示已发送所有响应标头和正文。必须在每个响应上调用 response.end()方法。

如果指定了 data,则相当于先调用 response.write(data, encoding)方法再调用 response.end()方法。

如果指定了 callback,则在响应流完成时调用它。

5. response.getHeader()方法

response.getHeader()方法用于读出已排队但未发送到客户端的响应头。需要注意的是,该方法的参数名称不区分大小写。返回值的类型取决于提供给 response.setHeader()方法的参数。

以下是使用示例:

```
response.setHeader('Content-Type', 'text/html');
response.setHeader('Content-Length', Buffer.byteLength(body));
response.setHeader('Set-Cookie', ['type=ninja', 'language=javascript']);

const contentType = response.getHeader('content-type');// contentType 是 "text/html"

const contentLength = response.getHeader('Content-Length');// contentLength 的类型为数值

const setCookie = response.getHeader('set-cookie');// setCookie 的类型为字符串数组
```

6. response.getHeaderNames()方法

该方法返回一个数组，其中包含当前传出的响应头的唯一名称。所有响应头名称都应是小写的。

以下是使用示例：

```
response.setHeader('Foo', 'bar');
response.setHeader('Set-Cookie', ['foo=bar', 'bar=baz']);

const headerNames = response.getHeaderNames();// headerNames === ['foo', 'set-cookie']
```

7. response.getHeaders()方法

该方法用于返回当前传出的响应头的"浅拷贝"。由于是使用"浅拷贝"，所以可以更改数组的值而无须额外调用各种与响应头相关的 http 模块方法。返回对象的键是响应头名称，值是各自的响应头值。所有响应头名称都是小写的。

response.getHeaders()方法返回的对象不是从 JavaScript Object 原型继承的。这意味着，典型的 Object 方法（如 obj.toString()、obj.hasOwnProperty()等）都没有被定义并且不起作用。

以下是使用示例：

```
response.setHeader('Foo', 'bar');
response.setHeader('Set-Cookie', ['foo=bar', 'bar=baz']);

const headers = response.getHeaders();
// headers === { foo: 'bar', 'set-cookie': ['foo=bar', 'bar=baz'] }
```

8. response.setTimeout()方法

response.setTimeout()方法用于将套接字的超时值设置为 msecs。

如果提供了回调函数，则会将其作为监听器添加到响应对象的 timeout 事件中。

如果没有 timeout 监听器添加到请求、响应或服务器，则套接字在超时时将被销毁。如果有回调处理函数分配给请求、响应或服务器的 timeout 事件，则必须显式处理超时的套接字。

9. response.socket 属性

该属性用于指向底层的套接字。以下是使用示例：

```
const http = require('http');
const server = http.createServer((req, res) => {
  const ip = res.socket.remoteAddress;
  const port = res.socket.remotePort;
  res.end(`你的 IP 地址是 ${ip}，端口是 ${port}`);
}).listen(3000);
```

通常用户不需要访问该对象的属性，因为协议解析器是附加到套接字的，所以套接字不会触发 readable 事件。在调用 response.end()方法后，此属性为空。也可以通过 response.connection 来访问 socket 属性。

10. response.write()方法

如果调用 response.write()方法并且尚未调用 response.writeHead()方法，则将切换到隐式响应头模式并刷新隐式响应头。此时会发送一块响应主体。可以多次调用该方法以提供连续的响应主体片段。

> 在 http 模块中，当请求是 HEAD 请求时会省略响应主体。同样，204 和 304 响应也会省略消息主体。

chunk 可以是字符串或 Buffer。如果 chunk 是一个字符串，则第 2 个参数指定如何将其编码为字节流。当刷新此数据块时将调用回调函数。

- 在第 1 次调用 response.write()方法时，会将缓冲的响应头信息和主体的第 1 个数据块发送给客户端。
- 在第 2 次调用 response.write()方法时，Node.js 假定数据将被流式传输，并分别发送新数据（即响应被缓冲到主体的第 1 个数据块中）。
- 如果将整个数据成功刷新到内核缓冲区中，则返回 true。如果全部或部分数据在用户内存中排队，则返回 false。当缓冲区再次空闲时会触发 drain 事件。

8.4 REST 概述

以 HTTP 为主的网络通信应用非常广泛，REST 是基于 HTTP 的一种非常流行的架构风格。REST 风格（RESTful）的 API 具有平台无关性、语言无关性等特点，因此在互联网应用、Cloud

Native 架构中经常将 REST 作为主要的通信风格。那么，是否所有使用 HTTP 的 API 都算是 REST 呢？

8.4.1 REST 的定义

一说到 REST，很多人的第一反应是——它是前端请求后端的一种通信方式，甚至有人将 REST 和 RPC 混为一谈，认为两者都是基于 HTTP 的。实际上，很少有人能详细讲述 REST 所提出的各个约束、风格特点及如何搭建 REST 服务。

REST（Representational State Transfer，表述性状态转移）描述了一个架构样式的网络系统，如 Web 应用程序。它首次出现在 2000 年 Roy Fielding 的博士论文 *Architectural Styles and the Design of Network-based Software Architectures* 中。Roy Fielding 是 HTTP 规范的主要编写者之一，也是 Apache HTTP 服务器项目的共同创立者。这篇文章一经发表就引起了极大的反响。很多公司或组织都宣称自己的应用服务实现了 REST API。但该论文实际上只是描述了一种架构风格，并未对具体的实现做出规范，所以在各大厂商中不免存在浑水摸鱼或误用和滥用 REST 者。在这种背景下，Roy Fielding 不得不再次发文澄清，坦言了他的失望，并对 SocialSite REST API 提出了批评。同时他还指出，除非应用状态引擎是由超文本驱动的，否则它就不是 REST 或 REST API。据此，他给出了 REST API 应该具备的条件：

（1）REST API 不应该依赖任何通信协议，尽管要成功映射到某个协议可能会依赖元数据的可用性、所选的方法等。

（2）REST API 不应该包含对通信协议的任何改动，除非是为了补充标准协议中未规定的部分。

（3）REST API 应该将大部分的描述工作放在定义表示资源和驱动应用状态的媒体类型上。

（4）REST API 绝不应该定义一个固定的资源名或层次结构（客户端和服务器之间的明显耦合）。

（5）REST API 永远不应该有那些会影响客户端的"类型化"资源。

（6）REST API 不应该要求有先验知识（Prior Knowledge），初始 URI 和适合目标用户的一组标准化的媒体类型除外（即它能被任何潜在使用该 API 的客户端理解）。

8.4.2 REST 的设计原则

REST 并非标准，而是一种开发 Web 应用的架构风格，可以将其理解为一种设计模式。REST 基于 HTTP、URI 及 XML 这些现有且广泛流行的协议和标准。伴随着 REST 的应用，HTTP 协议得到了更加正确地使用。

REST 是指一组架构的约束条件和原则。满足这些约束条件和原则的应用程序或设计就是

REST 风格。相较于基于 SOAP 和 WSDL 的 Web 服务，REST 风格提供了更为简洁的实现方案。REST Web 服务（RESTful Web Services）是松耦合的，特别适用于创建在互联网上传播的轻量级的 Web 服务 API。REST 应用程序是以"资源表述的转移"（the Transfer of Representations of Resources）为中心来做请求和响应的。数据和功能均被视为资源，并使用统一的资源标识符（URI）来访问资源。

网页中的链接就是典型的 URI。该资源由文档表述，并通过一组简单的、定义明确的操作来执行。例如，一个 REST 资源可能是一个城市当前的天气情况。该资源的表述可能是一个 XML 文档、图像文件或 HTML 页面。客户端可以检索特定表述，通过更新其数据来修改资源，或者完全删除该资源。

目前，越来越多的 Web 服务开始采用 REST 风格来设计和实现，比较知名的 REST 服务包括 Google 的 AJAX 搜索 API、Amazon 的 Simple Storage Service（Amazon S3）等。基于 REST 风格的 Web 服务需遵循以下的基本设计原则，这会使 RESTful 应用程序更加简单、轻量，开发速度也更快。

（1）通过 URI 来标识资源。系统中的每一个对象或资源都可以通过唯一的 URI 来进行寻址，URI 的结构应该简单、可预测且易于理解，例如定义目录结构式的 URI。

（2）接口统一。以遵循 RFC-2616 1 所定义的协议方式显式地使用 HTTP 方法，创建、检索、更新和删除（Create、Retrieve、Update、Delete，CRUD）操作与 HTTP 方法的一对一映射。

（3）若要在服务器上创建资源，应该使用 POST 方法。

（4）若要检索某个资源，应该使用 GET 方法。

（5）若要更新或添加资源，应该使用 PUT 方法。

（6）若要删除某个资源，应该使用 DELETE 方法。

（7）资源多重表述。URI 所访问的每个资源都可以使用不同的形式来表示（如 XML 或 JSON），具体的表现形式取决于访问资源的客户端，客户端与服务提供者使用一种内容协商机制（请求头与 MIME 类型）来选择合适的数据格式，最小化彼此之间的数据耦合。在 REST 的世界中，资源即状态，而互联网就是一个巨大的状态机，每个网页都是它的一个状态；URI 是状态的表述；REST 风格的应用程序则是从一个状态迁移到另一个状态的状态转移过程。早期的互联网只有静态页面，通过超链接在静态网页之间跳转浏览模式就是一种典型的状态转移过程，即早期的互联网就是天然的 REST 风格。

（8）无状态。对服务器端的请求应该是无状态的，完整、独立的请求不要求服务器在处理请求时检索任何类型的应用程序上下文或状态。无状态约束使服务器的变化对客户端是不可见的，因为在两次连续的请求中，客户端并不依赖同一台服务器。一个客户端从某台服务器上收到一份包含链接的文档，当它要做一些处理时这台服务器宕机了（可能是硬盘坏掉而被拿去修理，也可能是软件需要升级重启），如果这个客户端访问了从这台服务器接收的链接，那它不会察觉到后端的服务器已经改变了。通过超链接实现有状态交互，即请求消息是自包含的（每次交互都包含完整的信息），由多种技术实现不同请求间状态信息的传输，如 URI、Cookies 和隐藏表单字段等，状态可以嵌入应答消息中。这样一来，状态在接下来的交互中仍然有效。

REST 风格应用程序可以实现交互，但它却天然具有服务器无状态的特征。在状态迁移过程中，服务器不需要记录任何 Session，所有的状态都通过 URI 的形式记录在客户端。更准确地说，这里的无状态服务器是指服务器不保存会话状态（Session）；而资源本身则是天然的状态，通常是需要被保存的。这里的无状态服务器均指无会话状态服务器。

8.5 成熟度模型

正如前文所述，正确、完整地使用 REST 是困难的，关键在于 Roy Fielding 所定义的 REST 只是一种架构风格，并不是规范，所以也就缺少可以直接参考的依据。好在 Leonard Richardson 改进了这方面的不足，他提出了 REST 的成熟度模型（Richardson Maturity Model），将 REST 的实现划分为不同的等级。图 8-2 展示了 REST 的成熟度模型。

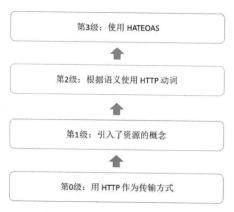

图 8-2　REST 的成熟度模型

8.5.1　第 0 级：用 HTTP 作为传输方式

在第 0 级中，Web 服务只是用 HTTP 作为传输方式，实际上只是远程方法调用（RPC）的一种具体形式。SOAP 和 XML-RPC 都属于此级别。

比如，在一个医院挂号系统中，医院会先通过某个 URI 来暴露出该挂号服务端点（Service Endpoint）。然后患者会向该 URL 发送一个文档作为请求，文档中包含请求的所有细节。

```
POST /appointmentService HTTP/1.1
[省略了其他头的信息...]

<openSlotRequest date = "2010-01-04" doctor = "mjones"/>
```

然后服务器会传回一个包含了患者所需信息的文档：

```
HTTP/1.1 200 OK
[省略了其他头的信息...]

<openSlotList>
<slot start = "1400" end = "1450">
<doctor id = "mjones"/>
</slot>
<slot start = "1600" end = "1650">
<doctor id = "mjones"/>
</slot>
</openSlotList>
```

在这个例子中我们使用了 XML，但是内容实际上可以是任何格式，比如 JSON、YAML、键值对，或者其他自定义的格式。

有了这些信息后，下一步就是创建一个预约。可以通过向某个端点（Endpoint）发送一个文档来完成：

```
POST /appointmentService HTTP/1.1
[省略了其他头的信息...]

<appointmentRequest>
<slot doctor = "mjones" start = "1400" end = "1450"/>
<patient id = "jsmith"/>
</appointmentRequest>
```

如果一切正常，则开发者会收到一个预约成功的响应：

```
HTTP/1.1 200 OK
[省略了其他头的信息...]

<appointment>
<slot doctor = "mjones" start = "1400" end = "1450"/>
<patient id = "jsmith"/>
</appointment>
```

如果发生了问题（比如有人先预约上了），则开发者会在响应体中收到某种错误信息：

```
HTTP/1.1 200 OK
[省略了其他头的信息...]
```

```
<appointmentRequestFailure>
<slot doctor = "mjones" start = "1400" end = "1450"/>
<patient id = "jsmith"/>
<reason>Slot not available</reason>
</appointmentRequestFailure>
```

到目前为止,这是一个非常直观的基于 RPC 风格的系统。它是简单的,因为只有 Plain Old XML(POX)在这个过程中被传输。如果你使用 SOAP 或者 XML-RPC,则原理也基本相同,唯一的不同是——XML 消息会被包含在了某种特定的格式中。

8.5.2　第 1 级:引入了资源的概念

在第 1 级中,Web 服务引入了资源的概念,每个资源都有对应的标识符和表达。所以,不是将所有的请求发送到单个服务端点(Service Endpoint),而是和单独的资源进行交互。

因此在我们的首个请求中让指定医生有一个对应的资源:

```
POST /doctors/mjones HTTP/1.1
[省略了其他头的信息...]

<openSlotRequest date = "2010-01-04"/>
```

响应会包含一些基本信息,其中包括各个时间段的就诊时间信息。这些信息可以被单独处理:

```
HTTP/1.1 200 OK
[省略了其他头的信息...]

<openSlotList>
<slot id = "1234" doctor = "mjones" start = "1400" end = "1450"/>
<slot id = "5678" doctor = "mjones" start = "1600" end = "1650"/>
</openSlotList>
```

有了这些资源后,创建一个预约就是向某个特定的就诊时间发送请求:

```
POST /slots/1234 HTTP/1.1
[省略了其他头的信息...]

<appointmentRequest>
<patient id = "jsmith"/>
</appointmentRequest>
```

如果一切顺利,则会收到和前面类似的响应:

```
HTTP/1.1 200 OK
[省略了其他头的信息...]
```

```
<appointment>
<slot id = "1234" doctor = "mjones" start = "1400" end = "1450"/>
<patient id = "jsmith"/>
</appointment>
```

8.5.3 第 2 级：根据语义使用 HTTP 动词

在第 2 级中，Web 服务使用不同的 HTTP 方法来进行不同的操作，并且使用 HTTP 状态码来表示不同的结果。例如，GET 方法用来获取资源，DELETE 方法用来删除资源。

在医院挂号系统中，获取医生的就诊时间信息需要使用 GET 方法：

```
GET /doctors/mjones/slots?date=20100104&status=open HTTP/1.1
Host: royalhope.nhs.uk
```

响应和之前使用 POST 发送请求时一致：

```
HTTP/1.1 200 OK
[省略了其他头的信息...]

<openSlotList>
<slot id = "1234" doctor = "mjones" start = "1400" end = "1450"/>
<slot id = "5678" doctor = "mjones" start = "1600" end = "1650"/>
</openSlotList>
```

像上面那样使用 GET 方法来发送一个请求是至关重要的。HTTP 将 GET 方法定义为一个安全的操作，它并不会对任何事物的状态造成影响。这也就允许我们用不同的顺序若干次调用 GET 方法，每次都能够获得相同的结果。一个重要的结论是，GET 方法允许路由中的参与者使用缓存机制,该机制是让目前的 Web 运转得如此良好的关键因素之一。HTTP 包含许多方法来支持缓存，这些方法可以在通信过程中被所有的参与者使用。通过遵守 HTTP 的规则，我们可以很好地利用该缓存。

为了创建一个预约，我们需要使用一个能够改变状态的请求方式。这里使用和前面相同的一个 POST 请求：

```
POST /slots/1234 HTTP/1.1
[省略了其他头的信息...]

<appointmentRequest>
<patient id = "jsmith"/>
</appointmentRequest>
```

如果一切顺利，则服务会返回一个 201 响应来表明新增了一个资源。这与第 1 级的 POST 响应完全不同，第 2 级中的操作响应都有统一的返回状态码。

```
HTTP/1.1 201 Created
Location: slots/1234/appointment
[省略了其他头的信息...]

<appointment>
<slot id = "1234" doctor = "mjones" start = "1400" end = "1450"/>
<patient id = "jsmith"/>
</appointment>
```

在 201 响应中包含了一个 Location 属性，它是一个 URI。将来客户端可以通过 GET 请求获得该资源的状态。以上的响应还包含该资源的信息，从而省去了一个获取该资源的请求。

在出现问题时，第 2 级和第 1 级还有一个不同之处。比如某人预约了该时段：

```
HTTP/1.1 409 Conflict
[various headers]

<openSlotList>
<slot id = "5678" doctor = "mjones" start = "1600" end = "1650"/>
</openSlotList>
```

在上述代码中，409 表明该资源已经被更新了。相比使用 200 作为响应码再附带一个错误信息，在第 2 级中我们会明确响应码的含义，以及其对应的响应信息。

8.5.4 第 3 级：使用 HATEOAS

在第 3 级中，Web 服务使用 HATEOAS。HATEOAS 是 Hypertext As The Engine Of Application State 的缩写，是指在资源的表达中包含了链接信息，客户端可以根据链接信息来发现可以执行的动作。

从上述 REST 成熟度模型中可以看到，使用 HATEOAS 的 REST 服务是成熟度最高的，也是 Roy Fielding 所推荐的"超文本驱动"做法。对于不使用 HATEOAS 的 REST 服务，客户端和服务器之间是紧密耦合的。客户端需要根据服务器提供的相关文档来了解所暴露的资源和对应的操作。当服务器发生变化（如修改了资源的 URI）时，客户端也需要进行相应的修改。而在使用 HATEOAS 的 REST 服务中，客户端可以通过服务器提供的资源的表达来智能地发现可以执行的操作。当服务器发生变化后，客户端并不需要做出修改，因为资源的 URI 和其他信息都是被动态发现的。

下面是一个 HATEOAS 的例子：

```
{
  "id": 711,
  "manufacturer": "bmw",
  "model": "X5",
```

```json
  "seats": 5,
  "drivers": [
    {
      "id": "23",
      "name": "Way Lau",
      "links": [
        {
          "rel": "self",
          "href": "/api/v1/drivers/23"
        }
      ]
    }
  ]
}
```

回到我们的医院挂号系统案例中，还是使用在第 2 级中使用过的 GET 方法进行首个请求：

```
GET /doctors/mjones/slots?date=20100104&status=open HTTP/1.1
Host: royalhope.nhs.uk
```

但是在响应中添加了一个新元素：

```
HTTP/1.1 200 OK
[省略了其他头的信息...]

<openSlotList>
<slot id = "1234" doctor = "mjones" start = "1400" end = "1450">
<link rel = "/linkrels/slot/book"
           uri = "/slots/1234"/>
</slot>
<slot id = "5678" doctor = "mjones" start = "1600" end = "1650">
<link rel = "/linkrels/slot/book"
           uri = "/slots/5678"/>
</slot>
</openSlotList>
```

每个就诊时间信息现在都包含一个 URI，用来告诉我们如何创建一个预约。

超媒体控制（Hypermedia Control）的关键在于：它告诉我们下一步能够做什么，以及相应资源的 URI。比如，我们可以事先知道去哪个地址发送预约请求，因为响应中的超媒体控制直接在响应体中告诉了我们该如何做。

预约的 POST 请求和第 2 级中的类似：

```
POST /slots/1234 HTTP/1.1
[省略了其他头的信息...]
```

```xml
<appointmentRequest>
<patient id = "jsmith"/>
</appointmentRequest>
```

在响应中包含了一系列的超媒体控制，用来告诉我们后面可以进行什么操作：

```
HTTP/1.1 201 Created
Location: http://royalhope.nhs.uk/slots/1234/appointment
[省略了其他头的信息...]

<appointment>
<slot id = "1234" doctor = "mjones" start = "1400" end = "1450"/>
<patient id = "jsmith"/>
<link rel = "/linkrels/appointment/cancel"
        uri = "/slots/1234/appointment"/>
<link rel = "/linkrels/appointment/addTest"
        uri = "/slots/1234/appointment/tests"/>
<link rel = "self"
        uri = "/slots/1234/appointment"/>
<link rel = "/linkrels/appointment/changeTime"
        uri = "/doctors/mjones/slots?date=20100104@status=open"/>
<link rel = "/linkrels/appointment/updateContactInfo"
        uri = "/patients/jsmith/contactInfo"/>
<link rel = "/linkrels/help"
        uri = "/help/appointment"/>
</appointment>
```

超媒体控制的一个显著优点是：它能够在保证客户端不受影响的条件下，改变服务器返回的 URI 方案。只要客户端查询"addTest"这个 URI，后端开发团队就可以根据需要随意修改与之对应的 URI（只有最初的入口 URI 不能被修改）。

超媒体控制的另一个优点是：它能够帮助客户端开发人员进行探索。其中的链接告诉了客户端开发人员接下来可能需要执行的操作。它并不会告诉所有的信息，但至少提供了一个思考的起点，可以引导开发人员去协议文档中查看相应的 URI。

它也让服务器端的团队可以通过向响应中添加新的链接来增加功能。比如客户端开发人员发现了一个之前未知的链接，那他们就可以知道这个链接是服务器端提供的新的功能。

8.6 实例 18：构建 REST 服务的例子

本节将基于 Node.js 来实现一个简单的"用户管理"应用。该应用将通过 REST API 来实现用户的新增、修改和删除。

在前面章节介绍过，REST API 与 HTTP 操作之间有一定的映射关系。在本例子中，将使用 POST 来新增用户，用 PUT 来修改用户，用 DELETE 来删除用户。

应用的主结构如下：

```js
const http = require('http');

const hostname = '127.0.0.1';
const port = 8080;

const server = http.createServer((req, res) => {

  req.setEncoding('utf8');
  req.on('data', function (chunk) {
    console.log(req.method + user);

    // 判断不同的方法类型
    switch (req.method) {
      case 'POST':
        // ...
        break;
      case 'PUT':
        // ...
        break;
      case 'DELETE':
        // ...
        break;
    }

  });

});

server.listen(port, hostname, () => {
  console.log(`服务器运行在 http://${hostname}:${port}/`);
});
```

8.6.1 新增用户

为了保存新增的用户，在程序中使用 Array()方法将用户存储在内存中。

```js
let users = new Array();
```

当用户发送 POST 请求时，则在 users 数组中新增一个元素。代码如下：

```javascript
let users = new Array();
let user;

const server = http.createServer((req, res) => {

  req.setEncoding('utf8');
  req.on('data', function (chunk) {
    user = chunk;
    console.log(req.method + user);

    // 判断不同的方法类型
    switch (req.method) {
      case 'POST':
        users.push(user);
        console.log(users);
        break;
      case 'PUT':
        // ...
        break;
      case 'DELETE':
        // ...
        break;
    }
  });
});
```

在本例中，为求简单，用户的信息只有用户名称。

8.6.2 修改用户

修改用户是指，将 users 中的用户替换为指定的用户。由于本例子中只有用户名称一个信息，因此只是简单地将 users 的用户名称替换为传入的用户名称。

代码如下：

```javascript
let users = new Array();
let user;

const server = http.createServer((req, res) => {

  req.setEncoding('utf8');
```

```
    req.on('data', function (chunk) {
      user = chunk;
      console.log(req.method + user);

      // 判断不同的方法类型
      switch (req.method) {
        case 'POST':
          users.push(user);
          console.log(users);
          break;
        case 'PUT':
          for (let i = 0; i < users.length; i++) {
            if (user == users[i]) {
              users.splice(i, 1, user);
              break;
            }
          }
          console.log(users);
          break;
        case 'DELETE':
          // ...
          break;
      }

    });

});
```

正如上面的代码所示,当用户发起 PUT 请求时,会用传入的 user 替换掉 users 中相同用户名称的元素。

8.6.3 删除用户

删除用户是指将 users 中指定的用户删除。

代码如下:

```
let users = new Array();
let user;

const server = http.createServer((req, res) => {

  req.setEncoding('utf8');
  req.on('data', function (chunk) {
    user = chunk;
```

```
    console.log(req.method + user);

    // 判断不同的方法类型
    switch (req.method) {
      case 'POST':
        users.push(user);
        console.log(users);
        break;
      case 'PUT':
        for (let i = 0; i < users.length; i++) {
          if (user == users[i]) {
            users.splice(i, 1, user);
            break;
          }
        }
        console.log(users);
        break;
      case 'DELETE':
        or (let i = 0; i < users.length; i++) {
          if (user == users[i]) {
            users.splice(i, 1);
            break;
          }
        }
        break;
    }
  });
});
```

8.6.4 响应请求

响应请求是指，服务器在处理完成用户的请求后，将信息返给用户的过程。

在本例子，我们将内存中所有的用户信息作为响应请求的内容。

代码如下：

```
let users = new Array();
let user;

const server = http.createServer((req, res) => {

  req.setEncoding('utf8');
```

```
req.on('data', function (chunk) {
  user = chunk;
  console.log(req.method + user);

  // 判断不同的方法类型
  switch (req.method) {
    case 'POST':
      users.push(user);
      console.log(users);
      break;
    case 'PUT':
      for (let i = 0; i < users.length; i++) {
        if (user == users[i]) {
          users.splice(i, 1, user);
          break;
        }
      }
      console.log(users);
      break;
    case 'DELETE':
      or (let i = 0; i < users.length; i++) {
        if (user == users[i]) {
          users.splice(i, 1);
          break;
        }
      }
      break;
  }

  // 响应请求
  res.statusCode = 200;
  res.setHeader('Content-Type', 'text/plain');
  res.end(JSON.stringify(users));
});

});
```

8.6.5 运行应用

通过以下命令启动服务器：

$ node rest-service

在启动成功后，可以通过 REST 客户端来进行 REST API 测试。在本例子中，使用是

RESTClient（一款 Firefox 插件）。

1. 测试创建用户 API

在 RESTClient 中，选择 POST 请求方法，并填入"waylau"作为用户的请求内容，并单击"发送"按钮。在发送成功后，可以看到如图 8-3 所示的内容。

图 8-3　用 POST 请求创建用户

可以看到，已返回添加的用户信息，如图 8-4 所示。可以添加多个用户以进行测试。

2. 测试修改用户 API

在 RESTClient 中，选择 PUT 请求方法，并填入"waylau"作为用户的请求内容，然后单击"发送"按钮。在发送成功后，可以看到如图 8-5 所示的响应内容。

虽然最终的响应结果看上去并无变化，实际上"waylau"的值已经被替换过了。

3. 测试删除用户 API

在 RESTClient 中，选择 DELETE 请求方法，并填入"waylau"作为用户的请求内容，然后单击"发送"按钮。在发送成功后，可以看到如图 8-6 所示的响应内容。

从最终的响应结果中可以看到"waylau"的信息被删除了。

> 代码　本节例子的源代码可以在本书配套资源的"http-demo/rest-service.js"文件中找到。

图 8-4　用 POST 请求创建并返回多个用户

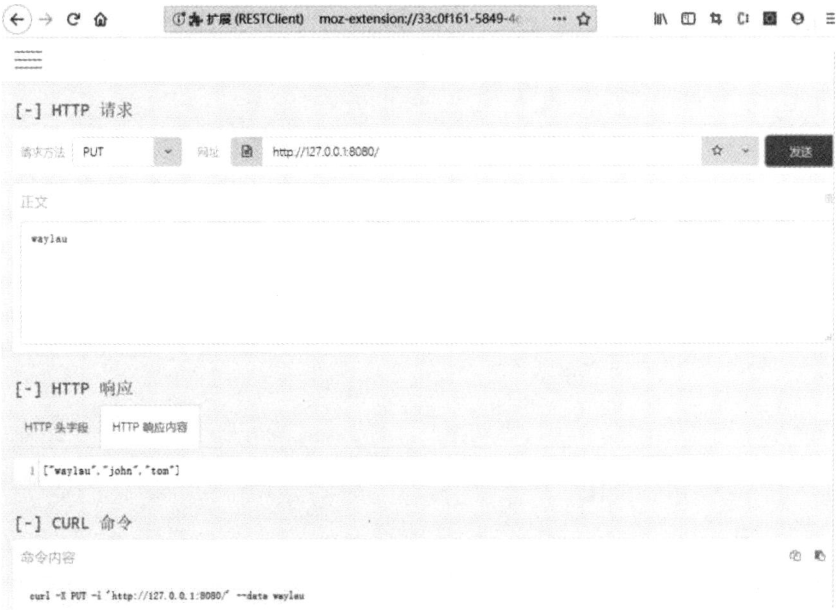

图 8-5　用 PUT 请求修改用户

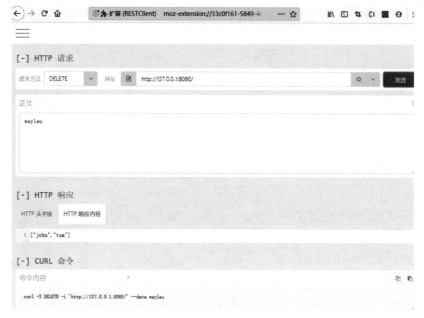

图 8-6　用 DELETE 请求删除用户

第 3 篇
Express——Web 服务器

第 9 章　Express 基础

第 10 章　Express 路由——页面的导航员

第 11 章　Express 错误处理器

第 9 章
Express 基础

通过前面几章的学习，读者应该基本会使用 Node.js 来构建一些简单的 Web 应用示例。但实际上这些示例离真实的项目还有很大差距，归根结底是由于这些都是基于原生的 Node.js 的 API。这些 API 都太偏向底层，要实现真实的项目还需要做很多工作。

中间件是为了简化真实项目的开发而准备的。中间件的应用是非常广泛的，比如有 Web 服务器中间件、消息中间件、ESB（企业服务总线）中间件、日志中间件、数据库中间件等。借助中间件可以快速实现项目的业务功能，而无须关心中间件底层的技术细节。

本章介绍 Node.js 项目中常用的 Web 中间件——Express。

9.1 安装 Express

Express 具有一系列强大特性，可以帮助用户创建各种 Web 应用。同时，Express 也是一款功能非常强大的 HTTP 工具。

使用 Express 可以快速地搭建一个具有完整功能的网站。其核心特性包括：

- 可以设置中间件来响应 HTTP 请求。
- 可以定义路由表，用于执行不同的 HTTP 请求动作。
- 可以通过向模板传递参数来动态渲染 HTML 页面。

接下来介绍如何安装 Express。

1. 初始化应用目录

初始化一个名为"express-demo"的应用：

```
$ mkdir express-demo
$ cd express-demo
```

2. 初始化应用的结构

通过 "npm init" 命令来初始化该应用的结构：

```
$ npm init

This utility will walk you through creating a package.json file.
It only covers the most common items, and tries to guess sensible defaults.

See `npm help json` for definitive documentation on these fields
and exactly what they do.

Use `npm install <pkg>` afterwards to install a package and
save it as a dependency in the package.json file.

Press ^C at any time to quit.
package name: (express-demo)
version: (1.0.0)
description:
entry point: (index.js)
test command:
git repository:
keywords:
author: waylau.com
license: (ISC)
About to write to D:\workspaceGithub\mean-book-samples\samples\express-demo\package.json:

{
  "name": "express-demo",
  "version": "1.0.0",
  "description": "",
  "main": "index.js",
  "scripts": {
    "test": "echo \"Error: no test specified\" && exit 1"
  },
  "author": "waylau.com",
  "license": "ISC"
}


Is this OK? (yes) yes
```

3. 在应用中安装 Express

通过 "npm install" 命令来安装 Express：

```
$ npm install express --save

npm notice created a lockfile as package-lock.json. You should commit this file.
npm WARN express-demo@1.0.0 No description
npm WARN express-demo@1.0.0 No repository field.

+ express@4.17.1
added 50 packages from 37 contributors in 4.655s
```

9.2 实例 19：编写 "Hello World" 应用

在安装完成 Express 后就可以通过 Express 来编写 Web 应用了。以下是 "Hello World" 应用的代码：

```
const express = require('express');
const app = express();
const port = 8080;

app.get('/', (req, res) => res.send('Hello World!'));

app.listen(port, () => console.log(`Server listening on port ${port}!`));
```

该示例非常简单，当服务器启动之后，会占用 8080 端口。当用户访问应用的 "/" 路径时，会响应 "Hello World!" 给客户端。

9.3 实例 20：运行 "Hello World" 应用

执行以下命令以启动服务器：

```
$ node index.js

Server listening on port 8080!
```

在服务器启动后，通过浏览器访问 http://localhost:8080，可以看到如图 9-1 所示的界面。

图 9-1 "Hello World!"界面

本节例子的源代码可以在本书配套资源的 "express-demo" 文件中找到。

第 10 章
Express 路由
——页面的导航员

在 Web 服务器中,路由用于在不同的页面间进行导航。

10.1 路由方法

路由方法是从某个 HTTP 方法派生的,并附加到 express 类的实例。

以下代码是为应用根目录的 GET 和 POST 方法定义的路由示例。

```
// 发送 GET 请求到应用的根目录
app.get('/', (req, res) => res.send('GET request to the homepage!'));

// 发送 POST 请求到应用的根目录
app.post('/', (req, res) => res.send('POST request to the homepage!'));
```

Express 支持与所有 HTTP 请求方法相对应的方法,包括 get、post、put、delete 等。下面是 Express 提供的路由方法的完整列表:

- checkout
- copy
- delete
- get
- head

- lock
- merge
- mkactivity
- mkcol
- move
- m-search
- notify
- options
- patch
- post
- purge
- put
- report
- search
- subscribe
- trace
- unlock
- unsubscribe
- all

路由方法 all 较为特殊，该方法用于在路由上为所有 HTTP 请求方法加载中间件函数。例如，无论是使用 get、post、put、delete 方法，还是 http 模块支持的任何其他 HTTP 请求方法，都会对路由 "/secret" 的请求执行以下处理程序。

```
app.all('/secret', function (req, res, next) {
  console.log('Accessing the secret section ...')
  next()
})
```

10.2 路由路径

路由路径与请求方法相结合，便可以定义进行请求的端点。路由路径可以是字符串、字符串模式或正则表达式。

字符 "?""+""*" 和 "()" 会按照正则表达式进行处理。连字符 "-" 和点 "." 则不会按照正则表达式进行处理。

如果需要在路径字符串中使用字符"$"，则需要将其包含在"(["和"])"内。例如，对"/data/$book"的请求，其路径字符串将是"/data/([\$])book"。Express 使用 Path-To-RegExp 库来匹配路由路径。

10.2.1　实例 21：基于字符串的路由路径

以下是基于字符串的路由路径的一些示例。

- 以下是路由路径对根路由"/"请求的处理。

```
app.get('/', function (req, res) {
  res.send('root')
})
```

- 以下是路由路径对"/about"请求的处理。

```
app.get('/about', function (req, res) {
  res.send('about')
})
```

- 以下是路由路径对"/random.text"请求的处理。

```
app.get('/random.text', function (req, res) {
  res.send('random.text')
})
```

10.2.2　实例 22：基于字符串模式的路由路径

以下是基于字符串模式的路由路径的一些示例。

- 以下是路由路径匹配 acd 和 abcd 时的处理。

```
app.get('/ab?cd', function (req, res) {
  res.send('ab?cd')
})
```

- 以下是路由路径匹配 abcd、abbcd、abbbcd 时的处理。

```
app.get('/ab+cd', function (req, res) {
  res.send('ab+cd')
})
```

- 以下是路由路径匹配 abcd、abxcd、abRANDOMcd、dab123cd 时的处理。

```
app.get('/ab*cd', function (req, res) {
  res.send('ab*cd')
})
```

- 以下是路由路径匹配 abe、abcde 时的处理。

```
app.get('/ab(cd)?e', function (req, res) {
  res.send('ab(cd)?e')
})
```

10.2.3 实例 23：基于正则表达式的路由路径

以下是基于正则表达式的路由路径示例。

- 以下路由路径将匹配其中包含"a"的任何内容。

```
app.get(/a/, function (req, res) {
  res.send('/a/')
})
```

- 以下路由路径将匹配 butterfly 和 dragonfly，但不会匹配 butterflyman 和 dragonflyman 等。

```
app.get(/.*fly$/, function (req, res) {
  res.send('/.*fly$/')
})
```

10.3 路由参数

路由参数是一种在 URL 中传递参数的方式，用于捕获在 URL 中指定的值。捕获的值将填充在 req.params 对象中。

观察下面的请求：

```
Route path: /users/:userId/books/:bookId
Request URL: http://localhost:3000/users/34/books/8989
req.params: { "userId": "34", "bookId": "8989" }
```

要使用路由参数定义路由，只需在路由路径中指定路由参数，如下所示。

```
app.get('/users/:userId/books/:bookId', function (req, res) {
  res.send(req.params)
})
```

如果要更好地控制路由参数，则应在括号"()"中附加正则表达式：

```
Route path: /user/:userId(\d+)
Request URL: http://localhost:3000/user/42
req.params: {"userId": "42"}
```

10.4 路由处理器

路由处理器可以提供多个回调函数,其行为类似于用中间件的方式来处理请求。唯一的例外是:这些回调可能会调用 "next('route')" 来绕过剩余的路由回调。如果没有理由继续当前路由,则可以使用此机制对路由添加前置条件将控制权传递给后续路由。

路由处理程序可以是函数、函数数组或两者的组合形式,见以下示例。

10.4.1 实例24:单个回调函数

单个回调函数可以处理路由,例如:

```
app.get('/example/a', function (req, res) {
  res.send('Hello from A!')
})
```

10.4.2 实例25:多个回调函数

多个回调函数也可以处理路由(确保指定下一个对象),例如:

```
app.get('/example/b', function (req, res, next) {
  console.log('the response will be sent by the next function ...')
  next()
}, function (req, res) {
  res.send('Hello from B!')
})
```

10.4.3 实例26:一组回调函数

一组回调函数也可以处理路由,例如:

```
var cb0 = function (req, res, next) {
  console.log('CB0')
  next()
}

var cb1 = function (req, res, next) {
  console.log('CB1')
  next()
}

var cb2 = function (req, res) {
  res.send('Hello from C!')
```

```
}
app.get('/example/c', [cb0, cb1, cb2])
```

10.4.4 实例 27：独立函数和函数数组的组合

独立函数和函数数组的组合也可以处理路由，例如：

```
var cb0 = function (req, res, next) {
  console.log('CB0')
  next()
}

var cb1 = function (req, res, next) {
  console.log('CB1')
  next()
}

app.get('/example/d', [cb0, cb1], function (req, res, next) {
  console.log('the response will be sent by the next function ...')
  next()
}, function (req, res) {
  res.send('Hello from D!')
})
```

10.5 响应方法

以下响应对象中的方法可以向客户端发送响应，并终止请求-响应周期。如果没有从路由处理程序调用这些方法，则客户端请求将保持挂起状态。

- res.download()：提示下载文件。
- res.end()：结束响应过程。
- res.json()：发送 JSON 响应。
- res.jsonp()：使用 JSONP 支持发送 JSON 响应。
- res.redirect()：重定向请求。
- res.render()：渲染视图模板。
- res.send()：发送各种类型的回复。
- res.sendFile()：以 8 位字节流的形式发送文件。
- res.sendStatus()：设置响应状态代码，并将其字符串表示形式作为响应主体发送。

10.6 实例 28：基于 Express 构建 REST API

在 8.6 节中，我们通过 Node.js 的 http 模块实现了一个简单的"用户管理"应用。本节将演示如何基于 Express 来更加简洁地实现 REST API。

为了能顺利解析 JSON 格式的数据，需要引入以下模块：

```
const express = require('express');
const app = express();
const port = 8080;
const bodyParser = require('body-parser');//从 req.body 中获取值
app.use(bodyParser.json());
```

同时，我们在内存中定义了一个 Array 来模拟用户信息的存储：

```
// 存储用户信息
let users = new Array();
```

可以通过不同的 HTTP 操作来识别不同的对于用户的操作。我们使用 POST 请求新增用户，用 PUT 请求修改用户，用 DELETE 请求删除用户，用 GET 请求获取所有用户的信息。代码如下：

```
// 存储用户信息
let users = new Array();

app.get('/', (req, res) => res.json(users).end());

app.post('/', (req, res) => {
    let user = req.body.name;

    users.push(user);

    res.json(users).end();
});

app.put('/', (req, res) => {
    let user = req.body.name;

    for (let i = 0; i < users.length; i++) {
        if (user == users[i]) {
            users.splice(i, 1, user);
            break;
        }
    }
```

```
        }
        res.json(users).end();
});

app.delete('/', (req, res) => {
    let user = req.body.name;

    for (let i = 0; i < users.length; i++) {
        if (user == users[i]) {
            users.splice(i, 1);
            break;
        }
    }

    res.json(users).end();
});
```

本应用的完整代码如下:

```
const express = require('express');
const app = express();
const port = 8080;
const bodyParser = require('body-parser');//从 req.body 中获取值
app.use(bodyParser.json());


// 存储用户信息
let users = new Array();

app.get('/', (req, res) => res.json(users).end());

app.post('/', (req, res) => {
    let user = req.body.name;

    users.push(user);

    res.json(users).end();
});

app.put('/', (req, res) => {
    let user = req.body.name;

    for (let i = 0; i < users.length; i++) {
```

```
            if (user == users[i]) {
                users.splice(i, 1, user);
                break;
            }
        }

        res.json(users).end();
});
app.delete('/', (req, res) => {
    let user = req.body.name;

    for (let i = 0; i < users.length; i++) {
        if (user == users[i]) {
            users.splice(i, 1);
            break;
        }
    }

    res.json(users).end();
});
app.listen(port, () => console.log(`Server listening on port ${port}!`));
```

> 代码 本节例子的源代码可以在本书配套资源的 "express-rest" 文件夹中找到。

10.7 测试 Express 的 REST API

运行实例 28，并在 REST 客户端中调试 REST API。

10.7.1 测试用于创建用户的 API

在 RESTClient 中，选择 POST 请求方法，并填入 "{"name": "waylau"}" 作为用户的请求内容，然后单击 "发送" 按钮。在发送成功后，可以看到已返回所添加的用户信息。也可以添加多个用户以进行测试，如图 10-1 所示。

10.7.2 测试用于删除用户的 API

在 RESTClient 中，选择 DELETE 请求方法，并填入 "{"name":"tom"}" 作为用户的请求内容，然后单击 "发送" 按钮。在发送成功后，可以看到如图 10-2 所示的响应内容。

图 10-1　用 POST 请求创建用户

图 10-2　用 DELETE 请求删除用户

从最终的响应结果可以看到，"tom"的信息被删除了。

10.7.3　测试用于修改用户的 API

在 RESTClient 中，选择 PUT 请求方法，并填入"{"name": "john"}"作为用户的请求内容，然后单击"发送"按钮。在发送成功后，可以看到如图 10-3 所示的响应内容。

图 10-3 用 PUT 请求修改用户

虽然最终的响应结果看上去并无变化,但实际上"john"的值已经被替换过了。

10.7.4 测试用于查询用户的 API

在 RESTClient 中选择 GET 请求方法,并单击"发送"按钮。在发送成功后可以看到如图 10-4 所示的响应内容。

图 10-4 响应内容

最终将内存中的所有用户信息都返给了客户端。

第 11 章
Express 错误处理器

本章将介绍 Express 对于错误的处理。错误处理是指,Express 捕获并处理在同步和异步处理时发生的错误。Express 默认提供错误处理器,因此开发者无须编写自己的错误处理程序即可使用。

11.1 捕获错误

在程序运行过程中有可能会发生错误,而对于错误的处理至关重要。Express 可以捕获运行时的错误,处理也比较简单。

1. 捕获错误的示例

以下示例展示了在 Express 中捕获并处理错误的过程:

```
app.get('/', function (req, res) {
  throw new Error('BROKEN') // Express 会自己捕获这个错误
})
```

2. 异步函数的错误处理

对于由路由处理器和中间件调用异步函数返回的错误,则必须将它们传递给 next()函数,这样 Express 才能捕获并处理它们。例如:

```
app.get('/', function (req, res, next) {
  fs.readFile('/file-does-not-exist', function (err, data) {
    if (err) {
      next(err) // 传递错误给 Express
    } else {
```

```
    res.send(data)
  }
})
})
```

除字符串"route"外,如果将其他内容传递给 next()函数,则 Express 将当前请求视为错误,并跳过任何剩余的非错误处理路由和中间件函数。

如果序列中的回调不提供数据,只提供错误,则可以将上述代码简化为:

```
app.get('/', [
  function (req, res, next) {
    fs.writeFile('/inaccessible-path', 'data', next)
  },
  function (req, res) {
    res.send('OK')
  }
])
```

在上面的示例中,next 作为 fs.writeFile()函数的回调提供,在调用时可能有错误也可能没有错误。如果没有错误,则执行第 2 个处理程序,否则 Express 会捕获并处理错误。

3. 使用 try-catch 块处理错误

必须捕获在由路由处理器或中间件调用的异步代码中发生的错误,并将它们传递给 Express 进行处理。例如:

```
app.get('/', function (req, res, next) {
  setTimeout(function () {
    try {
      throw new Error('BROKEN')
    } catch (err) {
      next(err)
    }
  }, 100)
})
```

上面的示例中,使用 try-catch 块来捕获异步代码中的错误并将它们传递给 Express。如果省略 try-catch 块,则 Express 不会捕获错误,因为它不是同步处理程序代码中的一部分。

4. 使用 promise 处理错误

使用 promise 可以避免 try-catch 块的开销。例如:

```
app.get('/', function (req, res, next) {
  Promise.resolve().then(function () {
    throw new Error('BROKEN')
```

```
}).catch(next) // 传递错误给 Express
})
```

promise 会自动捕获同步错误和拒绝的 promise，因此可以简单地将 next 作为最终的 catch 处理程序。Express 会捕获错误，因为 catch 处理程序会将错误作为第 1 个参数。

5. 使用处理程序链的方法处理错误

还可以使用处理程序链的方法来进一步减少异步代码。例如：

```
app.get('/', [
  function (req, res, next) {
    fs.readFile('/maybe-valid-file', 'utf-8', function (err, data) {
      res.locals.data = data
      next(err)
    })
  },
  function (req, res) {
    res.locals.data = res.locals.data.split(',')[1]
    res.send(res.locals.data)
  }
])
```

上面的示例中有一些来自 readFile()方法调用的简单语句。如果 readFile()方法导致错误，则会将错误传给 Express 错误处理器，或者快速返给链中下一个错误处理器进行处理。

无论使用哪种方法，如果要调用 Express 错误处理器并使应用始终可用，则必须确保 Express 错误处理器收到错误。

11.2 默认错误处理器

Express 错误处理器用来处理应用程序中可能遇到的错误。Express 错误处理器分为内置的默认错误处理器和自定义的错误处理器。Express 内置了许多默认错误处理器。

如果将错误传递给next()函数，并且没有在自定义错误处理器中处理它，则它将由内置默认错误处理器处理。错误将通过堆栈跟踪写入客户端。堆栈跟踪不包含在生产环境中。

如果在开始编写响应后调用next()函数并出现错误（例如在将响应流式传输到客户端时遇到错误），则 Express 默认错误处理器将关闭链接并使请求失败。

因此，开发者在添加自定义错误处理器时，必须在发送前在 header 中添加默认的 Express 错误处理器。示例如下：

```
function errorHandler (err, req, res, next) {
  if (res.headersSent) {
    return next(err)
  }
  res.status(500)
  res.render('error', { error: err })
}
```

请注意，如果因代码中的错误而多次调用 next()函数，则会触发默认错误处理器，即使自定义错误处理器中间件已就绪也会如此。

11.3 自定义错误处理器

自定义错误处理器中间件函数的方法，与定义其他中间件函数的方法基本相同，除错误处理函数外还有 4 个参数（err、req、res、next），而不是 3 个，见下方代码：

```
app.use(function (err, req, res, next) {
  console.error(err.stack)
  res.status(500).send('Something broke!')
})
```

1. 定义错误处理中间件函数

可以在其他 app.use()函数和路由调用之后定义错误处理中间件函数，例如：

```
var bodyParser = require('body-parser')
var methodOverride = require('method-override')

app.use(bodyParser.urlencoded({
  extended: true
}))
app.use(bodyParser.json())
app.use(methodOverride())
app.use(function (err, req, res, next) {
  // logic
})
```

中间件函数内的响应可以是任何格式的，例如 HTML 错误页面、简单消息或 JSON 字符串。

2. 定义多个错误处理中间件函数

也可以定义多个错误处理中间件函数，就像使用常规中间件函数一样。在以下实例中定义了多个错误处理器：

```
var bodyParser = require('body-parser')
var methodOverride = require('method-override')

app.use(bodyParser.urlencoded({
  extended: true
}))
app.use(bodyParser.json())
app.use(methodOverride())
app.use(logErrors)              //错误处理器 1
app.use(clientErrorHandler)     //错误处理器 2
app.use(errorHandler)           //错误处理器 3
```

在上述示例中,可以通用 logErrors 错误处理器将请求和错误信息写入 stderr,例如:

```
function logErrors (err, req, res, next) {
  console.error(err.stack)
  next(err)
}
```

在上述示例中,clientErrorHandler 错误处理器会将错误明确地传递给下一个错误处理器。需要注意的是,在错误处理函数中,如果不调用 next,则开发者需要结束响应,否则这些请求将被"挂起"且不符合垃圾回收的条件。以下是 clientErrorHandler 错误处理器的代码:

```
function clientErrorHandler (err, req, res, next) {
  if (req.xhr) {
    res.status(500).send({ error: 'Something failed!' })
  } else {
    next(err)
  }
}
```

errorHandler 错误处理器用于捕获所有的错误:

```
function errorHandler (err, req, res, next) {
  res.status(500)
  res.render('error', { error: err })
}
```

如果是具有多个回调函数的路由处理程序,则可以使用 route 参数跳转到下一个路由处理程序,例如:

```
app.get('/a_route_behind_paywall',
  function checkIfPaidSubscriber (req, res, next) {
    if (!req.user.hasPaid) {
      // 继续处理请求
      next('route')
    } else {
```

```
            next()
        }
    }, function getPaidContent (req, res, next) {
        PaidContent.find(function (err, doc) {
            if (err) return next(err)
            res.json(doc)
        })
    })
```

上述代码在运行时将跳过 getPaidContent 处理程序，但其余的处理程序会继续执行。

第 4 篇
MongoDB 篇——NoSQL 数据库

第 12 章　MongoDB 基础

第 13 章　MongoDB 常用操作

第 14 章　实例 31：使用 Node.js 操作 MongoDB

第 15 章　mongodb 模块的综合应用

第 12 章
MongoDB 基础

MongoDB 是强大的非关系型数据库（NoSQL）。

12.1 MongoDB 简介

MongoDB Server 是用 C++ 编写的、开源的、面向文档的数据库（Document Database），它的特点是：高性能、高可用，可以实现自动化扩展，存储数据非常方便。

- MongoDB 将数据存储为一个文档，数据结构由 field-value（字段-值）对组成。
- MongoDB 文档类似于 JSON 对象，字段的值可以包含其他文档、数组及文档数组。

MongoDB 的文档结构如图 12-1 所示。

使用文档的优点是：

- 文档（即对象）在许多编程语言里对应于原生数据类型。
- 使用嵌套文档和数组可以减少频繁的链接操作。
- 动态模式支持可变的数据模式，不要求每个文档都具有完全相同的结构。它对很多异构数据场景的支持都非常好。

```
{
  name: "sue",              ← field: value
  age: 26,                  ← field: value
  status: "A",              ← field: value
  groups: [ "news", "sports" ]  ← field: value
}
```

图 12-1　MongoDB 的文档结构

MongoDB 的主要功能特性如下。

1. 高性能

MongoDB 提供了高性能的数据持久化，尤其是：

- 对于嵌入式数据模型的支持，减少了数据库系统的 I/O 操作。
- 支持索引，用于快速查询。其索引对象可以是嵌入文档或数组的 key。

2. 丰富的查询语言

MongoDB 支持丰富的查询语言，包括读取和写入等操作（CRUD）、数据聚合，以及文本搜索和地理空间查询。

3. 高可用

MongoDB 的复制设备称为 replica set，是一组用来保存相同数据集合的 MongoDB 服务器，它提供了自动故障转移和数据冗余功能。

4. 横向扩展

横向扩展是 MongoDB 提供的核心功能，包含以下内容：

- 将数据分片到一组计算机集群上。
- tag aware sharding（标签意识分片）允许将数据传给特定的碎片，比如在分片时考虑碎片的地理分布。

5. 支持多种存储引擎

MongoDB 支持多种存储引擎，例如：

- WiredTiger Storage Engine。
- MMAPv1 Storage Engine。

此外，MongoDB 提供了插件式存储引擎的 API，允许第三方开发 MongoDB 的存储引擎。

12.2 安装 MongoDB

从 MongoDB 官网可以免费下载最新版本的 MongoDB 服务器。

下面演示的是在 Windows 系统中的安装方法。

（1）根据操作系统的位数下载 32 位或 64 位的 .msi 文件，然后按提示安装即可。在安装过程中，可通过单击"Custom"来设置安装目录。本例安装在"D:"目录下。

（2）配置服务，如图 12-2 所示。

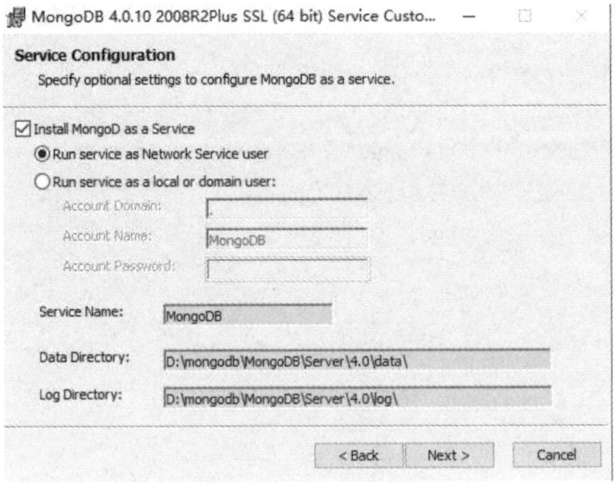

图 12-2　配置服务

12.3　启动 MongoDB 服务

在安装 MongoDB 成功后，MongoDB 服务就被安装到 Windows 系统中了，可以通过 Windows 服务管理来对 MongoDB 服务进行管理，比如可以启动、关闭、重启 MongoDB 服务，也可以将其设置为随 Windows 操作系统自动启动。

图 12-3 展示了 MongoDB 服务的管理界面。

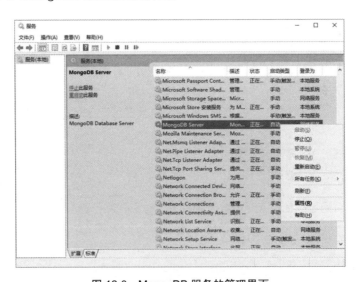

图 12-3　MongoDB 服务的管理界面

12.4 链接 MongoDB 服务器

在 MongoDB 服务成功启动后，就可以通过 MongoDB 客户端来链接 MongoDB 服务器了。

切换到 MongoDB 的安装目录的 bin 目录下，执行 mongo.exe 文件：

```
$ mongo.exe

MongoDB shell version v4.0.10
connecting to: mongodb://127.0.0.1:27017/?gssapiServiceName=mongodb
Implicit session: session { "id" : UUID("50fec0cc-3825-4b83-9b66-d1665d44c285") }
MongoDB server version: 4.0.10
Welcome to the MongoDB shell.
For interactive help, type "help".
For more comprehensive documentation, see
        http://docs.mongodb.org/
Questions? Try the support group
        http://groups.google.com/group/mongodb-user
Server has startup warnings:
2019-06-13T06:32:12.213-0700 I CONTROL  [initandlisten]
2019-06-13T06:32:12.213-0700 I CONTROL  [initandlisten] ** WARNING: Access control is not enabled for the database.
2019-06-13T06:32:12.213-0700 I CONTROL  [initandlisten] ** Read and write access to data and configuration is unrestricted.
2019-06-13T06:32:12.213-0700 I CONTROL  [initandlisten]
---
Enable MongoDB's free cloud-based monitoring service, which will then receive and display
metrics about your deployment (disk utilization, CPU, operation statistics, etc).

The monitoring data will be available on a MongoDB website with a unique URL accessible to you
and anyone you share the URL with. MongoDB may use this information to make product
improvements and to suggest MongoDB products and deployment options to you.

To enable free monitoring, run the following command: db.enableFreeMonitoring()
To permanently disable this reminder, run the following command: db.disableFreeMonitoring()
---

>
```

mongo.exe 文件是 MongoDB 自带的客户端工具，用来对 MongoDB 进行 CURD 操作。

第 13 章
MongoDB 的常用操作

本章介绍 MongoDB 的常用操作。

13.1 显示已有的数据库

在安装完 MongoDB 后,可以通过自带的 mongo.exe 对 MongoDB 进行基本操作。

使用"show dbs"命令可以显示已有的数据库:

```
> show dbs
admin      0.000GB
config     0.000GB
local      0.000GB
```

使用"db"命令可以显示当前使用的数据库:

```
> db
test
```

在 MongoDB 服务器搭建完成之后,默认会有一个 test 数据库。

13.2 创建、使用数据库

"use"命令有两个作用:①切换到指定的数据库;②在数据库不存在时创建数据库。

因此,可以通过以下命令来创建并使用数据库:

```
> use nodejsBook
```

```
switched to db nodejsBook
```

13.3 插入文档

插入文档（Document）可以分为两种：①插入单个文档；②插入多个文档。MongoDB 中的文档类似于 MySQL 中表中的数据。

13.3.1 实例 29：插入单个文档

db.collection.insertOne()方法用于插入单个文档到集合(Collection)中。"集合"在 MongoDB 中的概念类似于 MySQL 中"表"的概念。

以下是插入一本书的信息的例子：

```
db.book.insertOne(
    { title: "分布式系统常用技术及案例分析", price: 99, press: "电子工业出版社", author: { age: 32, name: "柳伟卫" } }
)
```

在上述例子中，"book"就是一个集合。如果该集合不存在，则自动创建一个名为"book"的集合。

以下是执行插入命令后控制台输出的内容：

```
> db.book.insertOne(
...     { title: "分布式系统常用技术及案例分析", price: 99, press: "电子工业出版社", author: { age: 32, name: "柳伟卫" } }
... )
{
    "acknowledged" : true,
    "insertedId" : ObjectId("5d0788c1da0dce67ba3b279d")
}
```

其中，如果没有指定文档中的"_id"字段，则 MongoDB 会自动给该字段赋值，其类型是 ObjectId。

要查询上述插入的文档信息，可以使用 db.collection.find()方法，具体如下：

```
> db.book.find( { title: "分布式系统常用技术及案例分析" } )

{ "_id" : ObjectId("5d0788c1da0dce67ba3b279d"), "title" : "分布式系统常用技术及案例分析", "price" : 99, "press" : "电子工业出版社", "author" : { "age" : 32, "name" : "柳伟卫" } }
>
```

13.3.2　实例 30：插入多个文档

db.collection.insertMany()方法用于插入多个文档到集合中。

以下是插入多本书信息的例子：

```
db.book.insertMany([
    { title: "Spring Boot 企业级应用开发实战", price: 98, press: "北京大学出版社", author: { age: 32, name: "柳伟卫" } },
    { title: "Spring Cloud 微服务架构开发实战", price: 79, press: "北京大学出版社", author: { age: 32, name: "柳伟卫" } },
    { title: "Spring 5 案例大全", price: 119, press: "北京大学出版社", author: { age: 32, name: "柳伟卫" } }]
)
```

以下是执行插入命令后控制台输出的内容：

```
> db.book.insertMany([
...     { title: "Spring Boot 企业级应用开发实战", price: 98, press: "北京大学出版社", author: { age: 32, name: "柳伟卫" } },
...     { title: "Spring Cloud 微服务架构开发实战", price: 79, press: "北京大学出版社", author: { age: 32, name: "柳伟卫" } },
...     { title: "Spring 5 案例大全", price: 119, press: "北京大学出版社", author: { age: 32, name: "柳伟卫" } }]
... )
{
    "acknowledged" : true,
    "insertedIds" : [
            ObjectId("5d078bd1da0dce67ba3b279e"),
            ObjectId("5d078bd1da0dce67ba3b279f"),
            ObjectId("5d078bd1da0dce67ba3b27a0")
    ]
}
```

如果文档中的"_id"字段没有被指定，则 MongoDB 会自动给该字段赋值，其类型是 ObjectId。

要查询上述插入的文档信息，可以使用 db.collection.find()方法，具体如下：

```
> db.book.find( {} )
{ "_id" : ObjectId("5d0788c1da0dce67ba3b279d"), "title" : "分布式系统常用技术及案例分析", "price" : 99, "press" : "电子工业出版社", "author" : { "age" : 32, "name" : "柳伟卫" } }
{ "_id" : ObjectId("5d078bd1da0dce67ba3b279e"), "title" : "Spring Boot 企业级应用开发实战", "price" : 98, "press" : "北京大学出版社", "author" : { "age" : 32, "name" : "柳伟卫" } }
{ "_id" : ObjectId("5d078bd1da0dce67ba3b279f"), "title" : "Spring Cloud 微服务架构开发实战", "price" : 79, "press" : "北京大学出版社", "author" : { "age" : 32, "name" : "柳伟卫" } }
```

{ "_id" : ObjectId("5d078bd1da0dce67ba3b27a0"), "title" : "Spring 5 案例大全", "price" : 119, "press" : "北京大学出版社", "author" : { "age" : 32, "name" : 柳伟卫 } }

13.4 查询文档

在 13.3 节中已经演示了使用 db.collection.find()方法来查询文档，除此之外还有更多查询方式。

13.4.1 嵌套文档查询

以下是一个嵌套文档的查询示例，用于查询指定作者的图书：

> db.book.find({author: { age: 32, name: "柳伟卫" }})

{ "_id" : ObjectId("5d0788c1da0dce67ba3b279d"), "title" : "分布式系统常用技术及案例分析", "price" : 99, "press" : "电子工业出版社", "author" : { "age" : 32, "name" : 柳伟卫 } }
{ "_id" : ObjectId("5d078bd1da0dce67ba3b279e"), "title" : "Spring Boot 企业级应用开发实战", "price" : 98, "press" : "北京大学出版社", "author" : { "age" : 32, "name" : 柳伟卫 } }
{ "_id" : ObjectId("5d078bd1da0dce67ba3b279f"), "title" : "Spring Cloud 微服务架构开发实战", "price" : 79, "press" : "北京大学出版社", "author" : { "age" : 32, "name" : 柳伟卫 } }
{ "_id" : ObjectId("5d078bd1da0dce67ba3b27a0"), "title" : "Spring 5 案例大全", "price" : 119, "press" : "北京大学出版社", "author" : { "age" : 32, "name" : 柳伟卫 } }

上述查询将从所有文档中查询出 author 字段等于"{ age: 32, name："柳伟卫" }"的文档。

需要注意的是，整个嵌套文档要与数据中的字段完全匹配，包括字段的顺序。例如，以下查询将与集合中的任何文档都不匹配：

> db.book.find({author: {name: "柳伟卫", age: 32}})

13.4.2 嵌套字段查询

要在嵌入/嵌套文档中的字段上指定查询条件，请使用点表示法。点表示法是用英文"."分隔对象和属性的表达方式。以下示例查询作者姓名为"柳伟卫"的所有文档：

> db.book.find({"author.name": "柳伟卫"})

{ "_id" : ObjectId("5d0788c1da0dce67ba3b279d"), "title" : "分布式系统常用技术及案例分析", "price" : 99, "press" : "电子工业出版社", "author" : { "age" : 32, "name" : 柳伟卫 } }
{ "_id" : ObjectId("5d078bd1da0dce67ba3b279e"), "title" : "Spring Boot 企业级应用开发实战", "price" : 98, "press" : "北京大学出版社", "author" : { "age" : 32, "name" : 柳伟卫 } }
{ "_id" : ObjectId("5d078bd1da0dce67ba3b279f"), "title" : "Spring Cloud 微服务架构开发实战", "price" : 79, "press" : "北京大学出版社", "author" : { "age" : 32, "name" : 柳伟卫 } }

{ "_id" : ObjectId("5d078bd1da0dce67ba3b27a0"), "title" : "Spring 5 案例大全", "price" : 119, "press" : "北京大学出版社", "author" : { "age" : 32, "name" : "柳伟卫" } }

13.4.3　使用查询运算符

查询过滤器文档可以使用查询运算符。以下示例在 price 字段中使用了小于运算符（$lt）：

> db.book.find({"price":　{$lt: 100} })

{ "_id" : ObjectId("5d0788c1da0dce67ba3b279d"), "title" : "分布式系统常用技术及案例分析", "price" : 99, "press" : "电子工业出版社", "author" : { "age" : 32, "name" : "柳伟卫" } }
{ "_id" : ObjectId("5d078bd1da0dce67ba3b279e"), "title" : "Spring Boot 企业级应用开发实战", "price" : 98, "press" : "北京大学出版社", "author" : { "age" : 32, "name" : "柳伟卫" } }
　{ "_id" : ObjectId("5d078bd1da0dce67ba3b279f"), "title" : "Spring Cloud 微服务架构开发实战", "price" : 79, "press" : "北京大学出版社", "author" : { "age" : 32, "name" : "柳伟卫" } }

上述示例将查询出单价小于 100 元的所有图书。

13.4.4　多条件查询

多个查询条件可以结合使用。以下示例查询单价小于 100 元且作者是"柳伟卫"的所有图书：

> db.book.find({"price":　{$lt: 100}, "author.name": "柳伟卫"})

{ "_id" : ObjectId("5d0788c1da0dce67ba3b279d"), "title" : "分布式系统常用技术及案例分析", "price" : 99, "press" : "电子工业出版社", "author" : { "age" : 32, "name" : "柳伟卫" } }
{ "_id" : ObjectId("5d078bd1da0dce67ba3b279e"), "title" : "Spring Boot 企业级应用开发实战", "price" : 98, "press" : "北京大学出版社", "author" : { "age" : 32, "name" : "柳伟卫" } }
　{ "_id" : ObjectId("5d078bd1da0dce67ba3b279f"), "title" : "Spring Cloud 微服务架构开发实战", "price" : 79, "press" : "北京大学出版社", "author" : { "age" : 32, "name" : "柳伟卫" } }

13.5　修改文档

修改文档有以下 3 种方式：

- db.collection.updateOne()
- db.collection.updateMany()
- db.collection.replaceOne()

下面演示这 3 种方式。

13.5.1 修改单个文档

db.collection.updateOne()方法用来修改单个文档,其中可以用"$set"操作符修改字段的值。以下是一个示例:

```
>  db.book.updateOne(
...     {"author.name": "柳伟卫"},
...     {$set: {"author.name": "Way Lau" } } )

{ "acknowledged" : true, "matchedCount" : 1, "modifiedCount" : 1 }
```

上述命令会将作者名"柳伟卫"修改为"Way Lau"。由于是修改单个文档,所以即便作者为"柳伟卫"的图书有多本,也只会修改查询到的第 1 本。

通过以下命令来验证修改的内容:

```
> db.book.find( {} )

{ "_id" : ObjectId("5d0788c1da0dce67ba3b279d"), "title" : "分布式系统常用技术及案例分析", "price" : 99, "press" : "电子工业出版社", "author" : { "age" : 32, "name" : "Way Lau" } }
{ "_id" : ObjectId("5d078bd1da0dce67ba3b279e"), "title" : "Spring Boot 企业级应用开发实战", "price" : 98, "press" : "北京大学出版社", "author" : { "age" : 32, "name" : "柳伟卫" } }
{ "_id" : ObjectId("5d078bd1da0dce67ba3b279f"), "title" : "Spring Cloud 微服务架构开发实战", "price" : 79, "press" : "北京大学出版社", "author" : { "age" : 32, "name" : "柳伟卫" } }
{ "_id" : ObjectId("5d078bd1da0dce67ba3b27a0"), "title" : "Spring 5 案例大全", "price" : 119, "press" : "北京大学出版社", "author" : { "age" : 32, "name" : "柳伟卫" } }
```

13.5.2 修改多个文档

db.collection.updateMany()方法用来修改多个文档。以下是一个示例:

```
> db.book.updateMany(
... {"author.name": "柳伟卫"},
... {$set: {"author.name": "Way Lau" } } )

{ "acknowledged" : true, "matchedCount" : 3, "modifiedCount" : 3 }
```

上述命令会将所有文档中的作者名"柳伟卫"修改为"Way Lau"。

通过以下命令来验证修改的内容:

```
> db.book.find( {} )} )

{ "_id" : ObjectId("5d0788c1da0dce67ba3b279d"), "title" : "分布式系统常用技术及案例分析", "price" : 99, "press" : "电子工业出版社", "author" : { "age" : 32, "name" : "Way Lau" } }
```

```
{ "_id" : ObjectId("5d078bd1da0dce67ba3b279e"), "title" : "Spring Boot 企业级应用开发实战", "price" : 98,
"press" : "北京大学出版社", "author" : { "age" : 32, "name" : "Way Lau" } }
{ "_id" : ObjectId("5d078bd1da0dce67ba3b279f"), "title" : "Spring Cloud 微服务架构开发实战", "price" : 79,
"press" : "北京大学出版社", "author" : { "age" : 32, "name" : "Way Lau" } }
{ "_id" : ObjectId("5d078bd1da0dce67ba3b27a0"), "title" : "Spring 5 案例大全", "price" : 119, "press" : "北京大
学出版社", "author" : { "age" : 32, "name" : "Way Lau" } }
```

13.5.3 替换单个文档

用 db.collection.replaceOne()方法可以替换除上面例子中除"_id"字段外的整个文档：

```
> db.book.replaceOne(
... {"author.name": "Way Lau"},
... { title: "Cloud Native 分布式架构原理与实践", price: 79, press: "北京大学出版社", author: { age: 32, name: "柳伟卫" } }
... )
{ "acknowledged" : true, "matchedCount" : 1, "modifiedCount" : 1 }
```

上述命令会将 author.name 字段所在的文档替换为一个 title 为"Cloud Native 分布式架构原理与实践"的新文档。由于替换操作是针对单个文档的，所以即便作者为"Way Lau"的图书有多本，也只会替换查询到的第 1 本。

通过以下命令来验证修改的内容：

```
> db.book.find( {} )
{ "_id" : ObjectId("5d0788c1da0dce67ba3b279d"), "title" : "Cloud Native 分布式架构原理与实践", "price" : 79,
"press" : " 北京大学出版社", "author" : { "age" : 32, "name" : "柳伟卫" } }
{ "_id" : ObjectId("5d078bd1da0dce67ba3b279e"), "title" : "Spring Boot 企业级应用开发实战", "price" : 98,
"press" : "北京大学出版社", "author" : { "age" : 32, "name" : "Way Lau" } }
{ "_id" : ObjectId("5d078bd1da0dce67ba3b279f"), "title" : "Spring Cloud 微服务架构开发实战", "price" : 79,
"press" : "北京大学出版社", "author" : { "age" : 32, "name" : "Way Lau" } }
{ "_id" : ObjectId("5d078bd1da0dce67ba3b27a0"), "title" : "Spring 5 案例大全", "price" : 119, "press" : "北京大
学出版社", "author" : { "age" : 32, "name" : "Way Lau" } }
```

13.6 删除文档

删除文档有以下两种方式：

- db.collection.deleteOne()
- db.collection.deleteMany()

下面演示这两种方式。

13.6.1 删除单个文档

db.collection.deleteOne()方法用来删除单个文档。以下是一个示例：

> db.book.deleteOne({"author.name": "柳伟卫"})

{ "acknowledged" : true, "deletedCount" : 1 }

上述命令会删除作者为"柳伟卫"的文档。由于是删除单个文档，所以即便作者为"柳伟卫"的图书有多本，也只会删除查询到的第 1 本。

通过以下命令来验证修改的内容：

> db.book.find({})

{ "_id" : ObjectId("5d078bd1da0dce67ba3b279e"), "title" : "Spring Boot 企业级应用开发实战", "price" : 98, "press" : "北京大学出版社", "author" : { "age" : 32, "name" : "Way Lau" } }
{ "_id" : ObjectId("5d078bd1da0dce67ba3b279f"), "title" : "Spring Cloud 微服务架构开发实战", "price" : 79, "press" : "北京大学出版社", "author" : { "age" : 32, "name" : "Way Lau" } }
{ "_id" : ObjectId("5d078bd1da0dce67ba3b27a0"), "title" : "Spring 5 案例大全", "price" : 119, "press" : "北京大学出版社", "author" : { "age" : 32, "name" : "Way Lau" } }

13.6.2 删除多个文档

db.collection.deleteMany()方法用来删除多个文档。以下是一个示例：

> db.book.deleteMany({"author.name": "Way Lau"})

{ "acknowledged" : true, "deletedCount" : 3 }

上述命令会删除所有作者为"Way Lau"的文档。

通过以下命令来验证修改的内容：

> db.book.find({})

第 14 章

实例 31：使用 Node.js 操作 MongoDB

要使用 Node.js 操作 MongoDB，需要安装 mongodb 模块。本章将介绍如何通过 mongodb 模块来操作 MongoDB。

14.1 安装 mongodb 模块

为了演示如何使用 Node.js 操作 MongoDB，首先初始化一个名为"mongodb-demo"的应用，代码如下：

```
$ mkdir mongodb-demo
$ cd mongodb-demo
```

接着，通过"npm init"命令来初始化该应用：

```
$ npm init

This utility will walk you through creating a package.json file.
It only covers the most common items, and tries to guess sensible defaults.

See `npm help json` for definitive documentation on these fields
and exactly what they do.

Use `npm install <pkg>` afterwards to install a package and
save it as a dependency in the package.json file.
```

```
Press ^C at any time to quit.
package name: (mongodb-demo)
version: (1.0.0)
description:
entry point: (index.js)
test command:
git repository:
keywords:
author: waylau.com
license: (ISC)
About to write to D:\workspaceGithub\mean-book-samples\samples\mongodb-demo\package.json:

{
  "name": "mongodb-demo",
  "version": "1.0.0",
  "description": "",
  "main": "index.js",
  "scripts": {
    "test": "echo \"Error: no test specified\" && exit 1"
  },
  "author": "waylau.com",
  "license": "ISC"
}

Is this OK? (yes) yes
```

mongodb 模块是一个开源的，用 JavaScript 编写的 MongoDB 驱动程序，用来操作 MongoDB。可以像安装其他模块那样来安装 mongodb 模块，命令如下：

```
$ npm install mongodb --save

npm notice created a lockfile as package-lock.json. You should commit this file.
npm WARN mongodb-demo@1.0.0 No description
npm WARN mongodb-demo@1.0.0 No repository field.

+ mongodb@3.3.1
added 6 packages from 4 contributors in 1.784s
```

14.2　访问 MongoDB

在安装完 mongodb 模块之后，就可以通过 mongodb 模块来访问 MongoDB 了。

以下是一个操作 MongoDB 的简单示例，操作的是名为"nodejsBook"的数据库：

```
const MongoClient = require('mongodb').MongoClient;

// 链接 URL
const url = 'mongodb://localhost:27017';

// 数据库名称
const dbName = 'nodejsBook';

// 创建 MongoClient 客户端
const client = new MongoClient(url);

// 使用链接方法链接到服务器
client.connect(function (err) {
    if (err) {
        console.error('error end: ' + err.stack);
        return;
    }

    console.log("成功链接到服务器");

    const db = client.db(dbName);

    client.close();
});
```

其中：

- MongoClient 是用于创建链接的客户端。
- client.connect()方法用于建立链接。
- client.db()方法用于获取数据库实例。
- lient.close()方法用于关闭链接。

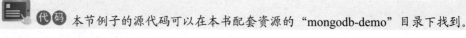 本节例子的源代码可以在本书配套资源的"mongodb-demo"目录下找到。

14.3 运行应用

执行以下命令来运行应用。在运行应用之前，请确保 MongoDB 服务器已启动。

```
$ node index.js
```

在应用启动后,可以在控制台看到如下信息:

```
$ node index.js

(node:4548) DeprecationWarning: current URL string parser is deprecated, and will be removed in a future version. To use the new parser, pass option { useNewUrlParser: true } to MongoClient.connect.
成功链接到服务器
```

第 15 章

mongodb 模块的综合应用

本章将介绍 mongodb 模块的综合应用。

15.1 实例 32：建立连接

在 14.2 节中我们已经初步了解了创建 MongoDB 链接的方式：

```
const MongoClient = require('mongodb').MongoClient;

// 链接 URL
const url = 'mongodb://localhost:27017';

// 数据库名称
const dbName = 'nodejsBook';

// 创建 MongoClient 客户端
const client = new MongoClient(url);

// 使用链接方法来链接到服务器
client.connect(function (err) {
    if (err) {
        console.error('error end: ' + err.stack);
        return;
    }

    console.log("成功链接到服务器");

    const db = client.db(dbName);
```

```
    // 省略对 db 的操作逻辑

    client.close();
});
```

我们获取了 MongoDB 的数据库实例 db，接下来可以使用 db 进行进一步的操作。

15.2 实例 33：插入文档

以下是插入多个文档的示例：

```
// 插入文档
const insertDocuments = function (db, callback) {
    // 获取集合
    const book = db.collection('book');

    // 插入文档
    book.insertMany([
        { title: "Spring Boot 企业级应用开发实战", price: 98, press: "北京大学出版社", author: { age: 32, name: "柳伟卫" } },
        { title: "Spring Cloud 微服务架构开发实战", price: 79, press: "北京大学出版社", author: { age: 32, name: "柳伟卫" } },
        { title: "Spring 5 案例大全", price: 119, press: "北京大学出版社", author: { age: 32, name: "柳伟卫" } }],
        function (err, result) {
            console.log("已经插入文档，响应结果是：");
            console.log(result);
            callback(result);
        });
}
```

运行应用，可以在控制台看到如下输出内容：

```
$ node index

(node:7188) DeprecationWarning: current URL string parser is deprecated, and will be removed in a future version. To use the new parser, pass option { useNewUrlParser: true } to MongoClient.connect.
成功链接到服务器
已经插入文档，响应结果是:
{
  result: { ok: 1, n: 3 },
  ops: [
    {
      title: 'Spring Boot 企业级应用开发实战',
      price: 98,
```

```
      press: '北京大学出版社',
      author: [Object],
      _id: 5d08db85112c291c14cd401b
    },
    {
      title: 'Spring Cloud 微服务架构开发实战',
      price: 79,
      press: '北京大学出版社',
      author: [Object],
      _id: 5d08db85112c291c14cd401c
    },
    {
      title: 'Spring 5 案例大全',
      price: 119,
      press: '北京大学出版社',
      author: [Object],
      _id: 5d08db85112c291c14cd401d
    }
  ],
  insertedCount: 3,
  insertedIds: {
    '0': 5d08db85112c291c14cd401b,
    '1': 5d08db85112c291c14cd401c,
    '2': 5d08db85112c291c14cd401d
  }
}
```

15.3 实例34：查找文档

以下是查询全部文档的示例：

```
// 查找全部文档
const findDocuments = function (db, callback) {
    // 获取集合
    const book = db.collection('book');

    // 查询文档
    book.find({}).toArray(function (err, result) {
        console.log("查询所有文档，结果如下：");
        console.log(result)
        callback(result);
    });
}
```

运行应用，可以在控制台看到如下输出内容：

```
$ node index

(node:4432) DeprecationWarning: current URL string parser is deprecated, and will be removed in a future
version. To use the new parser, pass option { useNewUrlParser: true } to MongoClient.connect.
成功链接到服务器
查询所有文档，结果如下：
[
  {
    _id: 5d08db85112c291c14cd401b,
    title: 'Spring Boot 企业级应用开发实战',
    price: 98,
    press: '北京大学出版社',
    author: { age: 32, name: '柳伟卫' }
  },
  {
    _id: 5d08db85112c291c14cd401c,
    title: 'Spring Cloud 微服务架构开发实战',
    price: 79,
    press: '北京大学出版社',
    author: { age: 32, name: '柳伟卫' }
  },
  {
    _id: 5d08db85112c291c14cd401d,
    title: 'Spring 5 案例大全',
    price: 119,
    press: '北京大学出版社',
    author: { age: 32, name: '柳伟卫' }
  }
]
```

在查询条件中也可以加入过滤条件。比如，下面的例子是查询指定作者的文档：

```
// 根据作者查找文档
const findDocumentsByAuthorName = function (db, authorName, callback) {
    // 获取集合
    const book = db.collection('book');

    // 查询文档
    book.find({ "author.name": authorName }).toArray(function (err, result) {
        console.log("根据作者查找文档，结果如下：");
        console.log(result)
        callback(result);
    });
}
```

在主应用中，可以按如下方式来调用上述方法：

```
// 根据作者查找文档
findDocumentsByAuthorName(db, "柳伟卫", function () {
    client.close();
});
```

运行应用，可以在控制台看到如下输出内容：

```
$ node index

(node:13224) DeprecationWarning: current URL string parser is deprecated, and will be removed in a future version. To use the new parser, pass option { useNewUrlParser: true } to MongoClient.connect.
成功链接到服务器
根据作者查找文档，结果如下：
[
  {
    _id: 5d08db85112c291c14cd401b,
    title: 'Spring Boot 企业级应用开发实战',
    price: 98,
    press: '北京大学出版社',
    author: { age: 32, name: '柳伟卫' }
  },
  {
    _id: 5d08db85112c291c14cd401c,
    title: 'Spring Cloud 微服务架构开发实战',
    price: 79,
    press: '北京大学出版社',
    author: { age: 32, name: '柳伟卫' }
  },
  {
    _id: 5d08db85112c291c14cd401d,
    title: 'Spring 5 案例大全',
    price: 119,
    press: '北京大学出版社',
    author: { age: 32, name: '柳伟卫' }
  }
]
```

15.4 修改文档

在修改文档时，可以修改单个文档，也可以修改多个文档。

15.4.1 实例35：修改单个文档

以下是修改单个文档的示例：

```js
// 修改单个文档
const updateDocument = function (db, callback) {
    // 获取集合
    const book = db.collection('book');

    // 修改文档
    book.updateOne(
        { "author.name": "柳伟卫" },
        { $set: { "author.name": "Way Lau" } }, function (err, result) {
            console.log("修改单个文档，结果如下：");
            console.log(result)
            callback(result);
        });
}
```

运行应用，可以在控制台看到如下输出内容：

```
$ node index

(node:13068) DeprecationWarning: current URL string parser is deprecated, and will be removed in a future version. To use the new parser, pass option { useNewUrlParser: true } to MongoClient.connect.
成功链接到服务器
修改单个文档，结果如下：
CommandResult {
  result: { n: 1, nModified: 1, ok: 1 },
  connection: Connection {
    _events: [Object: null prototype] {
      error: [Function],
      close: [Function],
      timeout: [Function],
      parseError: [Function],
      message: [Function]
    },
    _eventsCount: 5,
    _maxListeners: undefined,
    id: 0,
    options: {
      host: 'localhost',
      port: 27017,
      size: 5,
      minSize: 0,
```

```
    connectionTimeout: 30000,
    socketTimeout: 360000,
    keepAlive: true,
    keepAliveInitialDelay: 300000,
    noDelay: true,
    ssl: false,
    checkServerIdentity: true,
    ca: null,
    crl: null,
    cert: null,
    key: null,
    passPhrase: null,
    rejectUnauthorized: false,
    promoteLongs: true,
    promoteValues: true,
    promoteBuffers: false,
    reconnect: true,
    reconnectInterval: 1000,
    reconnectTries: 30,
    domainsEnabled: false,
    disconnectHandler: [Store],
    cursorFactory: [Function],
    emitError: true,
    monitorCommands: false,
    socketOptions: {},
    promiseLibrary: [Function: Promise],
    clientInfo: [Object],
    read_preference_tags: null,
    readPreference: [ReadPreference],
    dbName: 'admin',
    servers: [Array],
    server_options: [Object],
    db_options: [Object],
    rs_options: [Object],
    mongos_options: [Object],
    socketTimeoutMS: 360000,
    connectTimeoutMS: 30000,
    bson: BSON {}
  },
  logger: Logger { className: 'Connection' },
  bson: BSON {},
  tag: undefined,
  maxBsonMessageSize: 67108864,
  port: 27017,
  host: 'localhost',
```

```
socketTimeout: 360000,
keepAlive: true,
keepAliveInitialDelay: 300000,
connectionTimeout: 30000,
responseOptions: { promoteLongs: true, promoteValues: true, promoteBuffers: false },
flushing: false,
queue: [],
writeStream: null,
destroyed: false,
hashedName: '29bafad3b32b11dc7ce934204952515ea5984b3c',
workItems: [],
socket: Socket {
  connecting: false,
  _hadError: false,
  _parent: null,
  _host: 'localhost',
  _readableState: [ReadableState],
  readable: true,
  _events: [Object],
  _eventsCount: 5,
  _maxListeners: undefined,
  _writableState: [WritableState],
  writable: true,
  allowHalfOpen: false,
  _sockname: null,
  _pendingData: null,
  _pendingEncoding: '',
  server: null,
  _server: null,
  timeout: 360000,
  [Symbol(asyncId)]: 12,
  [Symbol(kHandle)]: [TCP],
  [Symbol(lastWriteQueueSize)]: 0,
  [Symbol(timeout)]: Timeout {
    _idleTimeout: 360000,
    _idlePrev: [TimersList],
    _idleNext: [TimersList],
    _idleStart: 1287,
    _onTimeout: [Function: bound ],
    _timerArgs: undefined,
    _repeat: null,
    _destroyed: false,
    [Symbol(refed)]: false,
    [Symbol(asyncId)]: 21,
    [Symbol(triggerId)]: 12
```

```
    },
    [Symbol(kBytesRead)]: 0,
    [Symbol(kBytesWritten)]: 0
  },
  buffer: null,
  sizeOfMessage: 0,
  bytesRead: 0,
  stubBuffer: null,
  ismaster: {
    ismaster: true,
    maxBsonObjectSize: 16777216,
    maxMessageSizeBytes: 48000000,
    maxWriteBatchSize: 100000,
    localTime: 2019-06-18T13:12:45.514Z,
    logicalSessionTimeoutMinutes: 30,
    minWireVersion: 0,
    maxWireVersion: 7,
    readOnly: false,
    ok: 1
  },
  lastIsMasterMS: 18
},
message: BinMsg {
  parsed: true,
  raw: <Buffer 3c 00 00 00 55 00 00 00 01 00 00 00 dd 07 00 00 00 00 00 00 27 00 00 00 10 6e 00 01 00 00 00 10 6e 4d 6f 64 69 66 69 65 64 00 01 00 00 00 01 6f 6b ... 10 more bytes>,
  data: <Buffer 00 00 00 00 00 27 00 00 00 10 6e 00 01 00 00 00 10 6e 4d 6f 64 69 66 69 65 64 00 01 00 00 00 01 6f 6b 00 00 00 00 00 00 00 f0 3f 00>,
  bson: BSON {},
  opts: { promoteLongs: true, promoteValues: true, promoteBuffers: false },
  length: 60,
  requestId: 85,
  responseTo: 1,
  opCode: 2013,
  fromCompressed: undefined,
  responseFlags: 0,
  checksumPresent: false,
  moreToCome: false,
  exhaustAllowed: false,
  promoteLongs: true,
  promoteValues: true,
  promoteBuffers: false,
  documents: [ [Object] ],
  index: 44,
  hashedName: '29bafad3b32b11dc7ce934204952515ea5984b3c'
```

},
  modifiedCount: 1,
  upsertedId: null,
  upsertedCount: 0,
  matchedCount: 1
}

15.4.2 实例 36：修改多个文档

也可以修改多个文档，以下是操作示例：

```
// 修改多个文档
const updateDocuments = function (db, callback) {
    // 获取集合
    const book = db.collection('book');

    // 修改文档
    book.updateMany(
        { "author.name": "柳伟卫" },
        { $set: { "author.name": "Way Lau" } }, function (err, result) {
            console.log("修改多个文档，结果如下：");
            console.log(result)
            callback(result);
        });
}
```

运行应用，可以在控制台看到如下输出内容：

$ node index

(node:7108) DeprecationWarning: current URL string parser is deprecated, and will be removed in a future version. To use the new parser, pass option { useNewUrlParser: true } to MongoClient.connect.
成功链接到服务器
修改多个文档，结果如下：
CommandResult {
  result: { n: 2, nModified: 2, ok: 1 },

    // 省略非核心内容

},
  modifiedCount: 2,
  upsertedId: null,
  upsertedCount: 0,
  matchedCount: 2
}

受限于篇幅,以上输出内容只保留了核心部分。

15.5 删除文档

可以删除单个文档,也可以删除多个文档。

15.5.1 实例 37:删除单个文档

以下是删除单个文档的示例:

```
// 删除单个文档
const removeDocument = function (db, callback) {
    // 获取集合
    const book = db.collection('book');

    // 删除文档
    book.deleteOne({ "author.name": "Way Lau" }, function (err, result) {
        console.log("删除单个文档,结果如下:");
        console.log(result)
        callback(result);
    });
}
```

运行应用,可以在控制台看到如下输出内容:

```
$ node index

(node:6216) DeprecationWarning: current URL string parser is deprecated, and will be removed in a future version. To use the new parser, pass option { useNewUrlParser: true } to MongoClient.connect.
成功链接到服务器
删除单个文档,结果如下:
CommandResult {
  result: { n: 1, ok: 1 },

    // 省略非核心内容

},
  deletedCount: 1
}
```

受限于篇幅,以上输出内容只保留了核心部分。

15.5.2 实例 38：删除多个文档

以下是删除多个文档的示例：

```
// 删除多个文档
const removeDocuments = function (db, callback) {
    // 获取集合
    const book = db.collection('book');

    // 删除文档
    book.deleteMany({ "author.name": "Way Lau" }, function (err, result) {
        console.log("删除多个文档，结果如下：");
        console.log(result)
        callback(result);
    });
}
```

运行应用，可以在控制台看到如下输出内容：

```
$ node index

(node:6216) DeprecationWarning: current URL string parser is deprecated, and will be removed in a future version. To use the new parser, pass option { useNewUrlParser: true } to MongoClient.connect.
成功链接到服务器
删除多个文档，结果如下：
CommandResult {
  result: { n: 2, ok: 1 },

    // 省略非核心内容

  },
  deletedCount: 2
}
```

受限于篇幅，以上输出内容只保留了核心部分。

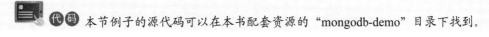 本节例子的源代码可以在本书配套资源的 "mongodb-demo" 目录下找到。

第 5 篇
Angular——前端应用开发平台

第 16 章　Angular 基础

第 17 章　Angular 模块——大型前端应用管理之道

第 18 章　Angular 组件——独立的开发单元

第 19 章　Angular 模板和数据绑定

第 20 章　Angular 指令——组件行为改变器

第 21 章　Angular 服务与依赖注入

第 22 章　Angular 路由

第 23 章　Angular 响应式编程

第 24 章　Angular HTTP 客户端

第 16 章 Angular 基础

企业级应用中少不了 UI 编程。UI 就是一个应用的"脸面"。用户都是"看脸"的，所以一款应用能否被用户接受，首先就是看这个应用的 UI 做得是否美观。

本章讲解常见的 UI 编程框架——Angular。

16.1 常见的 UI 编程框架

Angular 的产生与当前前端开发方式的巨变有着必然联系。

16.1.1 Angular 与 jQuery 的不同

传统的 Web 前端开发主要以 jQuery 为核心技术栈。jQuery 主要用来操作 DOM（Document Object Model，文档对象模型），其重要特点是消除了各浏览器之间的差异，提供了丰富的 DOM API，并简化了 DOM 的操作，比如 DOM 文档的转换、事件处理、动画和 AJAX 交互等。

1. Angular 的优势

Angular 是一个完整的框架，试图解决现代 Web 应用开发各个方面的问题。Angular 有着诸多特性，其核心功能包括 MVC 模式、模块化、自动化双向数据绑定、语义化标签、服务、依赖注入等。而这些概念即便对后端开发人员来说也不陌生。比如，Java 开发人员肯定知道 MVC 模式、模块化、服务、依赖注入等。

最重要的是，使用 Angular 可以通过一种完全不同的方法来构建用户界面，可以用声明的方式指定视图的模型驱动的变化；而 jQuery 常常需要编写以 DOM 为中心的代码，随着项目的增长（无论是在规模还是在交互性方面),代码会变得越来越难控制。所以,Angular 更适合用来开发现代的大型企业级应用。

2. 举例说明

下面通过一个简单的例子来比较 Angular 与 jQuery 的不同。

假设我们需要实现如下的菜单列表。

```
<ul class="menus" >
<li><a href="#/sm1">Submenu 1</a></li>
<li><a href="#/sm2">Submenu 2</a></li>
<li><a href="#/sm3">Submenu 3</a></li>
</ul>
```

如果使用 jQuery,我们会这样实现:

```
<ul class="menus" >
</ul>
$(".menus").each(function (menu) {
 $(".menus").append('<li><a href="'+ menu.url+'">'+ menu.name +'</a></li>');
})
```

可以看到,在上述遍历过程中需要操作 DOM 元素。在 JavaScript 中编写 HTML 代码是一件困难的事,因为 HTML 中包含尖括号、属性、双引号、单引号和方法等,在 JavaScript 中需要对这些特殊符号进行转义,代码会变得冗长、易出错,且难以识别。

下面是一个极端的例子,代码极难阅读和理解。

```
var str = "<a href=# name=link5 class="menu1 id=link1" + "onmouseover=MM_showMenu
(window.mm_menu_0604091621_0,-10,20,null,\'link5\');"+ "sel1.style.display=\'none
\';sel2.style.display=\'none\';sel3.style.display='none\';"+"
onmouseout=MM_startTimeout();>Free Services</a> ";
document.write(str);
```

如果使用 Angular,则整段代码会变得非常简洁,且利于理解。

```
<ul class="menus">
<li *ngFor="let menu of menus">
<a href="{{menu.url}}">{{menu.name}}</a>
</li>
</ul>
```

16.1.2　Angular 与 React、Vue.js 优势对比

在当前的主流 Web 框架中，Angular、React、Vue.js 是备受瞩目的 3 个框架。

1. 从市场占有率来看

Angular 与 React 的历史更长，而 Vue.js 是后起之秀，所以 Angular 与 React 都比 Vue.js 的市场占有率更高。但需要注意的是，Vue.js 的用户增长速度很快，有迎头赶上之势。

2. 从支持度来看

Angular 与 React 的背后是大名鼎鼎的 Google 公司和 Facebook 公司，而 Vue.js 属于个人项目。所以，无论是对开发团队还是技术社区而言，Angular 与 React 都更有优势。使用 Vue.js 的风险相对较高，毕竟这类项目在很大程度上依赖维护者是否能够继续维护下去。好在目前大型互联网公司都在与 Vue.js 展开合作，这在一定程度上会让 Vue.js 走得更远。

3. 从开发体验来看

Vue.js 由 JavaScript 语言编写，主要用于开发渐进式的 Web 应用，用户使用起来会比较简单，易于入门。以下是一个 Vue.js 应用示例：

```
<div id="app">
 {{ message }}
</div>
var app = new Vue({
 el: '#app',
 data: {
  message: 'Hello Vue!'
 }
})
```

React 同样由 JavaScript 语言编写，采用组件化的方式来开发可重用的用户 UI。React 的 HTML 元素是嵌在 JavaScript 代码中的，这在一定程度上有助于聚焦关注点，但不是所有的开发者都能接受这种 JavaScript 与 HTML "混杂"的方式。以下是一个 React 应用示例：

```
class HelloMessage extends React.Component {
 render() {
  return (
   <div>
    Hello {this.props.name}
   </div>
  );
 }
}
```

```
ReactDOM.render(
<HelloMessage name="Taylor" />,
 mountNode
);
```

Angular 有着良好的模板与脚本相分离的代码组织方式，可以方便地管理和维护大型系统。Angular 完全基于新的 TypeScript 语言开发，拥有更强的类型体系，代码更健壮，也便于后端开发人员掌握。

16.1.3　Angular、React、Vue.js 三者怎么选

综上可知，Angular、React、Vue.js 都是非常优秀的框架，有着不同的受众。选择什么样的框架，要根据实际项目来选择。总的来说：

- 入门难度顺序是 Vue.js＜React＜Angular。
- 功能强大程度是 Vue.js＜React＜Angular。

建议如下：

- 如果你只是想快速实现一个小型项目，那么选择 Vue.js 无疑是最经济的。
- 如果你想要建设大型的应用，或者准备长期进行维护，那么建议选择 Angular。Angular 可以让你从一开始就采用规范的方式来开发，并能降低出错的可能性。

16.2　Angular 的安装

开发 Angular 应用，需要准备必要的环境。我们已经具备了 Node.js 和 npm，还需要再安装 Angular CLI。

Angular CLI 是一个命令行界面工具，它可以创建项目、添加文件及执行一大堆开发任务，比如测试、打包和发布 Angular 应用。

可通过 npm 采用全局安装的方式来安装 Angular CLI，具体命令如下：

```
$ npm install –g @angular/cli
```

如果看到控制台中输出如下内容，则说明 Angular CLI 已经安装成功。

```
$ npm install –g @angular/cli

C:\Users\User\AppData\Roaming\npm\ng ->
C:\Users\User\AppData\Roaming\npm\node_modules\@angular\cli\bin\ng
```

```
> @angular/cli@8.3.0 postinstall C:\Users\User\AppData\Roaming\npm\node_modules\@angular\cli
> node ./bin/postinstall/script.js

+ @angular/cli@8.3.0
added 240 packages from 185 contributors in 28.951s
```

16.3 Angular CLI 的常用操作

本节将介绍在实际项目中经常会用到的 Angular CLI 命令。

16.3.1 获取帮助

"ng –h"命令等同于"ng –help",用于查看所有命令。执行该命令可以看到 Angular CLI 所有的命令:

```
$ ng -h
Available Commands:
  add Adds support for an external library to your project.
  analytics Configures the gathering of Angular CLI usage metrics. See
https://v8.angular.io/cli/usage-analytics-gathering.
  build (b) Compiles an Angular app into an output directory named dist/ at the given output path. Must be
executed from within a workspace directory.
  deploy (d) Invokes the deploy builder for a specified project or for the default project in the workspace.
  config Retrieves or sets Angular configuration values in the angular.json file for the workspace.
  doc (d) Opens the official Angular documentation (angular.io) in a browser, and searches for a given
keyword.
  e2e (e) Builds and serves an Angular app, then runs end-to-end tests using Protractor.
  generate (g) Generates and/or modifies files based on a schematic.
  help Lists available commands and their short descriptions.
  lint (l) Runs linting tools on Angular app code in a given project folder.
  new (n) Creates a new workspace and an initial Angular app.
  run Runs an Architect target with an optional custom builder configuration defined in your project.
  serve (s) Builds and serves your app, rebuilding on file changes.
  test (t) Runs unit tests in a project.
  update Updates your application and its dependencies. See https://update.angular.io/
  version (v) Outputs Angular CLI version.
  xi18n Extracts i18n messages from source code.

For more detailed help run "ng [command name] --help"
```

16.3.2 创建应用

以下示例创建一个名为"user-management"的 Angular 应用：

```
$ ng new user-management
```

16.3.3 创建组件

以下示例创建一个名为"UsersComponent"的组件：

```
$ ng generate component users
```

16.3.4 创建服务

以下示例创建一个名为"UserService"的服务：

```
$ ng generate service user
```

16.3.5 启动应用

要启动应用，则执行以下命令：

```
$ ng serve --open
```

此时，应用就会自动在浏览器中打开，地址为 http://localhost:4200。

16.3.6 添加依赖

如果需要在应用中添加依赖，则执行以下命令：

```
$ ng add @ngx-translate/core
$ ng add @ngx-translate/http-loader
```

16.3.7 升级依赖

目前，Angular 社区非常活跃，版本经常更新。升级 Angular 的版本，只需执行以下命令：

```
$ ng update
```

如果想升级整个应用的依赖，则执行以下命令：

```
$ ng update --all
```

16.3.8 自动化测试

Angular 支持自动化测试。Angular 的测试主要基于 Jasmine 和 Karma 库实现。只需执行以下命令：

```
$ ng test
```

如果要生成覆盖率报告，则执行以下命令：

```
$ ng test --code-coverage
```

16.3.9　下载依赖

只有 Angular 源码不足以将 Angular 启动起来，还需要安装 Angular 应用所需要的依赖到本地。

在应用目录下执行以下命令：

```
$ npm install
```

16.3.10　编译

编译执行以下命令，Angular 应用将被编译为可以执行的文件（HTML、JS），并放到 dist 目录中。

```
$ ng build
```

16.4　Angular 架构概览

Angular 是一个用 HTML 和 TypeScript 构建的客户端应用的平台与框架。TypeScript 是 JavaScript 的子集。Angular 本身是使用 TypeScript 写成的。它将核心功能和可选功能作为一组 TypeScript 库进行实现，可以把它导入应用中。图 16-1 是 Angular 官方给出的架构图。

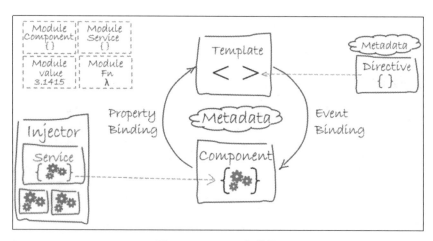

图 16-1　Angular 架构图

Angular 的基本构造模块是 NgModule，它为组件提供了编译的上下文环境。NgModule 把相关的代码收集到一些功能集中。Angular 应用就是由一组 NgModule 定义出来的。应用至少会有一个用于引导的根模块，通常还会有很多特性模块。

利用组件可以定义视图。视图是一组可见的屏幕元素，Angular 将根据程序逻辑和数据来选择和修改它们。每个应用都至少有一个根组件。

利用组件可以使用服务。服务会提供那些与视图不直接相关的功能。服务提供商可以被作为依赖注入组件中，这能让代码更加模块化、可复用，而且高效。

组件和服务都是简单的类，这些类使用装饰器来标出它们的类型，并提供元数据以告知 Angular 应该如何使用它们。

组件类的元数据将组件类和一个用来定义视图的模板关联起来。模板把普通的 HTML 文件和指令与绑定标记（Markup）组合起来，这样 Angular 就可以在呈现 HTML 文件之前先修改这些 HTML 文件。

服务的元数据提供了一些信息，Angular 要利用这些信息来让组件可以通过依赖注入（Dependency Injection，DI）使用该服务。

应用的组件通常会定义很多视图，并进行分级组织。Angular 提供了 Router 服务来帮助用户定义视图之间的导航路径。路由器提供了先进的浏览器内导航功能。

16.4.1 模块

Angular 定义了 NgModule。NgModule 为一个组件集声明了编译的上下文环境，它专注于实现某个应用领域、某个工作流或一组紧密相关的能力。NgModule 可以将其组件和一组相关代码（如服务）关联起来，形成功能单元。

每个 Angular 应用都有一个根模块，通常名为"AppModule"。根模块提供了用来启动应用的引导机制。一个应用通常包含很多功能模块。

NgModule 可以从其他 NgModule 中导入功能,也可以导出它们自己的功能供其他 NgModule 使用。比如，要在应用中使用路由器（Router）服务，则要导入 Router 这个 NgModule。

把代码组织成一些清晰的功能模块，可以帮助管理复杂应用的开发工作并实现可复用性设计。另外，这项技术还能让你获得惰性加载（即按需加载模块）的优点，以减小启动时需要加载的代码量。

有关模块的详细内容将在第 17 章中详细探讨。

16.4.2 组件

每个 Angular 应用至少有一个组件，即根组件，它负责把组件树和页面中的 DOM 链接起来。每个组件都会定义一个类，其中包含应用的数据和逻辑，并与一个 HTML 模板相关联（该模板定义了一个供在目标环境中显示的视图）。

@Component 装饰器表明紧随它的那个类是一个组件，并提供模板和该组件专属的元数据。

有关组件的详细内容将在第 18 章中详细探讨。

16.4.3 模板、指令和数据绑定

模板会把 HTML 和 Angular 的标记（markup）组合起来，可以在 HTML 元素显示出来之前修改 HTML 元素。模板中的指令会提供程序逻辑，而绑定标记会把应用中的数据和 DOM 链接在一起。

事件绑定让应用可以通过更新应用的数据来响应目标环境中的用户输入。

属性绑定会将从应用数据中计算出来的值插入 HTML 文档中。

在视图显示出来之前，Angular 会先根据应用数据和逻辑来运行模板中的指令并解析绑定表达式，以修改 HTML 元素和 DOM。Angular 支持双向数据绑定，这意味着，DOM 中发生的变化（比如用户的选择）同样会反映到程序数据中。

在模板中也可以用管道来转换要显示的值以增强用户体验。比如，可以使用管道来显示适合用户所在地区的日期和货币格式。Angular 为一些通用的转换提供了预定义管道，用户也可以定义自己的管道。

有关模板、指令和数据绑定的详细内容将在第 19 章和第 20 章中详细探讨。

16.4.4 服务与依赖注入

对于与特定视图无关并希望跨组件共享的数据或逻辑，可以创建服务类。服务类的定义通常紧跟在"@Injectable"装饰器之后。该装饰器提供的元数据可以让服务作为依赖注入客户组件中。

依赖注入（DI）可以保持组件类的精简和高效。有了 DI，组件就不用从服务器获取数据、验证用户输入，或直接把日志写到控制台，而是把这些任务委托给服务。

有关服务与依赖注入的详细内容将在第 21 章中详细探讨。

16.4.5 路由

Angular 的 Router 模块提供了一个服务，用于定义在应用的各个不同状态和视图层次结构之

间导航时要使用的路径。它的工作模型基于人们熟知的浏览器导航约定：

- 在地址栏中输入 URL，浏览器就会导航到相应的页面。
- 在页面中单击链接，浏览器就会导航到一个新页面。
- 单击浏览器中的"前进"和"后退"按钮，浏览器就会导航到浏览历史中的前一个或后一个页面。

不过路由器会把类似 URL 的路径映射到视图，而不是页面。当用户执行一个动作时（比如单击链接），本应该在浏览器中加载一个新页面，但是路由器拦截了浏览器的这个行为，并显示或隐藏一个视图层次结构。

如果路由器认为当前的应用状态需要某些特定的功能，但定义此功能的模块尚未加载，则路由器就会惰性加载此模块。

路由器会根据应用中的导航规则和数据状态来拦截 URL。在用户单击按钮、选择下拉框或收到其他任何来源的输入后，将导航到一个新视图。路由器会在浏览器的历史日志中记录这个动作，所以"前进"和"后退"按钮也能正常工作。

要定义导航规则，就要把导航路径和组件关联起来。路径使用类似 URL 的语法来和程序数据整合在一起，就像模板语法会把视图和程序数据整合起来一样。然后可以用程序逻辑来决定要显示或隐藏哪些视图，或者根据制定的访问规则对用户的输入做出响应。

有关路由的详细内容将在第 22 章中详细探讨。

16.5 实例 39：创建第 1 个 Angular 应用

下面将创建第 1 个 Angular 应用"angular-demo"。借助 Angular CLI 工具，我们甚至不需要编写一行代码就能实现一个完整可用的 Angular 应用。

16.5.1 使用 Angular CLI 初始化应用

打开终端窗口。执行以下命令来生成一个新项目及默认的应用代码。

```
$ ng new angular-demo
```

其中，angular-demo 是指定的应用的名称。

详细的生成过程如下：

```
$ ng new angular-demo
? Would you like to add Angular routing? Yes
? Which stylesheet format would you like to use? CSS
```

```
CREATE angular-demo/angular.json (3641 bytes)
CREATE angular-demo/package.json (1286 bytes)
CREATE angular-demo/README.md (1028 bytes)
CREATE angular-demo/tsconfig.json (543 bytes)
CREATE angular-demo/tslint.json (1988 bytes)
CREATE angular-demo/.editorconfig (246 bytes)
CREATE angular-demo/.gitignore (631 bytes)
CREATE angular-demo/browserslist (429 bytes)
CREATE angular-demo/karma.conf.js (1024 bytes)
CREATE angular-demo/tsconfig.app.json (270 bytes)
CREATE angular-demo/tsconfig.spec.json (270 bytes)
CREATE angular-demo/src/favicon.ico (948 bytes)
CREATE angular-demo/src/index.html (297 bytes)
CREATE angular-demo/src/main.ts (372 bytes)
CREATE angular-demo/src/polyfills.ts (2838 bytes)
CREATE angular-demo/src/styles.css (80 bytes)
CREATE angular-demo/src/test.ts (642 bytes)
CREATE angular-demo/src/assets/.gitkeep (0 bytes)
CREATE angular-demo/src/environments/environment.prod.ts (51 bytes)
CREATE angular-demo/src/environments/environment.ts (662 bytes)
CREATE angular-demo/src/app/app-routing.module.ts (246 bytes)
CREATE angular-demo/src/app/app.module.ts (393 bytes)
CREATE angular-demo/src/app/app.component.html (25499 bytes)
CREATE angular-demo/src/app/app.component.spec.ts (1116 bytes)
CREATE angular-demo/src/app/app.component.ts (216 bytes)
CREATE angular-demo/src/app/app.component.css (0 bytes)
CREATE angular-demo/e2e/protractor.conf.js (810 bytes)
CREATE angular-demo/e2e/tsconfig.json (214 bytes)
CREATE angular-demo/e2e/src/app.e2e-spec.ts (645 bytes)
CREATE angular-demo/e2e/src/app.po.ts (262 bytes)
(node:8116) MaxListenersExceededWarning: Possible EventEmitter memory leak detected. 11 drain
listeners added to [TLSSocket]. Use emitter.setMaxListeners() to increase limit

> core-js@2.6.9 postinstall
D:\workspaceGithub\mean-book-samples\samples\angular-demo\node_modules\babel-runtime\node_m
odules\core-js
> node scripts/postinstall || echo "ignore"


> core-js@3.2.1 postinstall
D:\workspaceGithub\mean-book-samples\samples\angular-demo\node_modules\core-js
> node scripts/postinstall || echo "ignore"
```

```
> core-js@2.6.9 postinstall
D:\workspaceGithub\mean-book-samples\samples\angular-demo\node_modules\karma\node_modules\
core-js
> node scripts/postinstall || echo "ignore"


> @angular/cli@8.3.0 postinstall
D:\workspaceGithub\mean-book-samples\samples\angular-demo\node_modules\@angular\cli
> node ./bin/postinstall/script.js

npm WARN optional SKIPPING OPTIONAL DEPENDENCY: fsevents@1.2.9
(node_modules\webpack-dev-server\node_modules\fsevents):
npm WARN notsup SKIPPING OPTIONAL DEPENDENCY: Unsupported platform for fsevents@1.2.9:
wanted {"os":"darwin","arch":"any"} (current: {"os":"win32","arch":"x64"})
npm WARN optional SKIPPING OPTIONAL DEPENDENCY: fsevents@1.2.9
(node_modules\watchpack\node_modules\fsevents):
npm WARN notsup SKIPPING OPTIONAL DEPENDENCY: Unsupported platform for fsevents@1.2.9:
wanted {"os":"darwin","arch":"any"} (current: {"os":"win32","arch":"x64"})
npm WARN optional SKIPPING OPTIONAL DEPENDENCY: fsevents@1.2.9
(node_modules\karma\node_modules\fsevents):
npm WARN notsup SKIPPING OPTIONAL DEPENDENCY: Unsupported platform for fsevents@1.2.9:
wanted {"os":"darwin","arch":"any"} (current: {"os":"win32","arch":"x64"})
npm WARN optional SKIPPING OPTIONAL DEPENDENCY: fsevents@1.2.9
(node_modules\@angular\compiler-cli\node_modules\fsevents):
npm WARN notsup SKIPPING OPTIONAL DEPENDENCY: Unsupported platform for fsevents@1.2.9:
wanted {"os":"darwin","arch":"any"} (current: {"os":"win32","arch":"x64"})
npm WARN optional SKIPPING OPTIONAL DEPENDENCY: fsevents@2.0.7 (node_modules\fsevents):
npm WARN notsup SKIPPING OPTIONAL DEPENDENCY: Unsupported platform for fsevents@2.0.7:
wanted {"os":"darwin","arch":"any"} (current: {"os":"win32","arch":"x64"})

added 1177 packages from 1050 contributors in 177.371s
    Directory is already under version control. Skipping initialization of git.
```

最终，在指定的目录下会生成一个名为"angular-demo"的工程目录。

16.5.2 运行 Angular 应用

执行以下命令来运行应用。

```
$ cd angular-demo
$ ng serve --open
```

其中，

- "ng serve"命令会启动开发服务器、监听文件变化，并在修改这些文件时重新构建此应用。

- 使用"-open"(或"-o")参数可以自动打开浏览器并访问 http://localhost:4200。运行效果如图 16-2 所示。

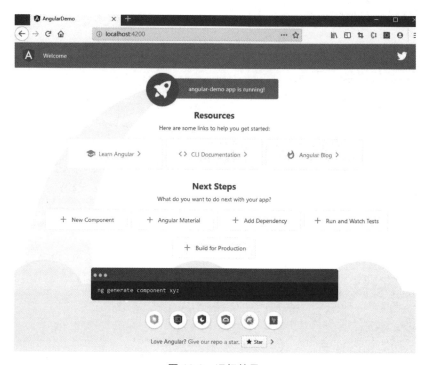

图 16-2　运行效果

16.5.3　了解 src 文件夹

应用的代码都位于 src 文件夹中。所有的 Angular 组件、模板、样式、图片,以及用户的应用所需的任何内容都在这里。除这个文件夹外的文件都是为构建应用提供支持用的。

src 目录的结构如下：

```
src
│   favicon.ico
│   index.html
│   main.ts
│   polyfills.ts
│   styles.css
│   test.ts
│
├─app
│       app-routing.module.ts
│       app.component.css
```

```
|       app.component.html
|       app.component.spec.ts
|       app.component.ts
|       app.module.ts
|
├─assets
|       .gitkeep
|
└─environments
        environment.prod.ts
        environment.ts
```

其中，各文件的用途见表 16-1。

表 16-1　src 目录中各文件的用途说明

文件	用途
app/app.component.{ts,html,css,spec.ts}	使用 HTML 模板、CSS 样式和单元测试定义 AppComponent 组件。它是根组件。随着应用的成长，它会成为一棵组件树的根节点
app/app.module.ts	定义 AppModule 模块。该模块是根模块，描述了如何组装 Angular 应用
assets/*	在这个文件夹下可以存放图片等文件。在构建应用时，这里的文件都会被复制到发布包中
environments/*	这个文件夹中包括为各个目标环境准备的文件，它们包含一些应用中要用到的配置变量。这些文件会在构建应用时被替换。比如，你可能在生产环境下使用不同的 API 端点地址，或者使用不同的统计 Token 参数，甚至使用一些模拟服务。所有这些，Angular CLI 都替你考虑到了
favicon.ico	每个网站都希望自己在书签栏中能好看一点。请把它换成你自己的图标
index.html	这是别人访问你的网站时看到的主页面的 HTML 文件。在大多数情况下，你都不用编辑它。在构建应用时，Angular CLI 会自动把所有 .js 和 .css 文件添加进去，所以你不必在这里手动添加任何 <script> 标签
	这是应用的主要入口点。使用 JIT 编译器编译本应用，并启动应用的根模块使其运行在浏览器中。你还可以使用 AOT 编译器，而不用修改任何……传入"-aot"参数即可
styles.css	……不过，那些会影响整个应用的样式……
test.ts	这是单元测试的主要入口点。它有一些你不熟悉的自定义配置，不过你并不需要编辑这里的任何东西

16.5.4　了解根目录

src 文件夹是项目的根文件夹之一。其他文件是用来帮助用户构建、测试、维护、文档化和发布

应用的。它们存在于根目录下,和 src 文件夹平级。具体结构如下:

```
D:.
│  .editorconfig
│  .gitignore
│  angular.json
│  browserslist
│  karma.conf.js
│  package.json
│  README.md
│  tsconfig.json
│  tsconfig.app.json
│  tsconfig.spec.json
│  tslint.json
│
├─e2e
│  │  protractor.conf.js
│  │  tsconfig.e2e.json
│  │
│  └─src
│         app.e2e-spec.ts
│         app.po.ts
│
├─node_modules
│  │  ...
│  │
│  └─...
```

其中,各文件的用途见表 10-2。

表 10-2 根目录中各文件的用途说明

文件	用途
e2e/*	在 e2e/ 下是端到端(end to end)测试。它们之所以不在 src/ 下是因为,端到端测试实际上和应用是相互独立的,它只适用于测试应用而已。这也是为什么它会拥有自己的 tsconfig.json
node_modules/*	Node.js 创建了这个文件夹,并且把 package.json 中列举的所有第三方模块都放在其中
.editorconfig	给编辑器看的一个简单配置文件,它用来确保参与项目的每个人都具有基本的编辑器配置
.gitignore	Git 的配置文件,用来确保某些自动生成的文件不会被提交到源码控制系统中
angular.json	Angular CLI 的配置文件。在这个文件中,你可以设置一系列默认值,还可以配置项目编译时要包含的那些文件
browserslist	一个配置文件,用来在不同的前端工具之间共享目标浏览器
karma.conf.js	给 Karma 的单元测试配置,在运行 "ng test" 时会用到它
package.json	npm 的配置文件,其中列出了项目用到的第三方依赖包。还可以在这里添加自己的自定义脚本

续表

文件	用途
README.md	项目的基础文档，预先写入了 Angular CLI 命令的信息。别忘了用项目文档改进它，以便每个查看此仓库的人都能据此构建出你的应用
tsconfig.json	TypeScript 编译器的配置，IDE 会借助它来给你提供更好的帮助
tsconfig.{app|spec}.json	TypeScript 编译器的配置文件。tsconfig.app.json 是为 Angular 应用准备的，而 tsconfig.spec.json 是为单元测试准备的
tslint.json	额外的 Linting 配置。当运行"ng lint"时，它会供带有 Codelyzer 的 TSLint 使用。检查工具（Linting）可以帮你保持代码风格统一

 本实例的源代码可以在本书配套资源的"angular-demo"目录下找到。

第 17 章

Angular 模块
——大型前端应用管理之道

Angular 支持模块化开发。通过模块化，能让每个模块专注于特定的业务领域。同时，模块也是"可复用软件组件"的基本单元。模块化是大型前端应用管理之道。

17.1 模块概述

Angular 模块（NgModule）是通过@NgModule 装饰器进行装饰的类。在 Angular 中，带有@NgModule 标注的类就是 NgModule。

NgModule 描述了如何编译组件的模板，以及如何在运行时创建注入器。@NgModule 会标出该模块自己的组件、指令和管道，并通过 exports 属性公开其中的一部分，以便外部组件使用它们。

NgModule 还能把一些服务提供商添加到应用的依赖注入器中。

17.1.1 什么是模块化

模块是组织应用和使用外部库扩展应用的最佳途径。Angular 通过分模块开发的方式来实现模块化。

Angular 提供的所有的库都是以 NgModule 形式提供的，换言之，这些库是可复用的模块，比如 FormsModule、HttpClientModule 和 RouterModule 等模块。当然，很多第三方软件库也是以 NgModule 形式提供的，比如：Material Design、NG-ZORRO、Ionic、AngularFire2 等。

第 17 章 Angular 模块——大型前端应用管理之道

Angular 模块包含组件、指令和管道，这三者被 Angular 一起打包成内聚的功能块（模块）。这样每个模块就能聚焦于一个特定的业务领域或工作流程。

模块还可以把服务加入应用中。这些服务可能是内部开发的，或者来自外部（比如 Angular 的路由和 HTTP 客户端）。

模块可以在应用启动时被立即加载，也可以由路由器进行异步的惰性加载。

模块的元数据会做以下工作：

- 声明哪些组件、指令和管道属于这个模块。
- 公开其中的部分组件、指令和管道，以便其他模块中的组件模板使用它们。
- 导入其他带有组件、指令和管道的模块，这些模块中的元件都是本模块所需的。
- 提供一些供应用中其他组件使用的服务。

应用至少有一个模块（即根模块）。通过引导根模块可以启动应用。在大型项目中，它们代表一组密切相关的功能集。需要把这些特性模块导入根模块中。

应用中生成的根模块

```
import { BrowserModule } from '@angular/platform-browser';
import { NgModule } from '@angular/core';

import { AppRoutingModule } from './app-routing.module';
import { AppComponent } from './app.component';

@NgModule({
  declarations: [
    AppComponent
  ],
  imports: [
    BrowserModule,
    AppRoutingModule
  ],
  providers: [],
  bootstrap: [AppComponent]
})
export class AppModule { }
```

在该代码中，前面 4 行 import 是导入语句，用来导入应用所依赖的模块。接下来是配置 NgModule 的地方，用于规定哪些组件和指令属于它（declarations），以及它使用了哪些其他模块（imports）。

17.1.3　认识特性模块

所谓特性模块是指聚焦于特定业务功能的模块。可以说，除根模块外，其他模块都是特性模块。

1. 为什么需要特性模块

通常，不同特性模块之间有清晰的边界。使用特性模块，可以把与特定的功能或特性有关的代码从其他代码中分离出来。

这样的好处是：为应用勾勒出清晰的边界，有助于开发人员之间、小组之间的协作，有助于分离各个指令，并管理根模块的大小。

2. 创建特性模块

在项目的根目录下，可以通过输入以下命令来创建特性模块：

```
ng generate module CustomerDashboard
```

特性模块与根模块类似，其 NgModule 结构都是一样的。

以下是一个特性模块的例子：

```typescript
import { NgModule } from '@angular/core';
import { CommonModule } from '@angular/common';

@NgModule({      // 模块用@NgModule 进行标注
  imports: [
    CommonModule
  ],
  declarations: []
})
export class CustomerDashboardModule { }
```

17.2　引导启动

在 Angular 应用中，根模块用来启动此应用。按照惯例，根模块通常命名为"AppModule"。

以下是在命令行通过"ng new"命令生成最简单根模块的代码：

第 17 章　Angular 模块——大型前端应用管理之道

```
import { BrowserModule } from '@angular/platform-browser';
import { NgModule } from '@angular/core';

import { AppComponent } from './app.component';

@NgModule({
  declarations: [   // 声明该应用所拥有的组件
    AppComponent
  ],
  imports: [        // 导入模块
    BrowserModule
  ],
  providers: [], // 服务提供商
  bootstrap: [AppComponent] // 根组件
})
export class AppModule { }
```

其中 @NgModule 中的属性说明如下。

- declarations：该应用所拥有的组件。
- imports：导入 BrowserModule 以获取浏览器特有的服务，比如 DOM 渲染、无害化处理和位置（location）等。
- providers：各种服务提供商。
- bootstrap：根组件。该组件的宿主页面会被插入 index.html 页面中。

由于 Angular CLI 默认创建的应用只有一个组件 AppComponent，所以它会同时出现在 declarations 和 bootstrap 数组中。

17.2.1　了解 declarations 数组

declarations 数组告诉 Angular 哪些组件属于该模块。在创建更多组件时，要把它们添加到 declarations 中。

每个组件都应该（且只能）声明在一个 NgModule 类中。如果使用了未声明过的组件，则 Angular 会报错。

declarations 数组只能接受可声明对象。可声明对象包括组件、指令和管道。一个模块的所有可声明对象都必须放在 declarations 数组中。可声明对象只能属于一个模块。如果同一个类被声明在了多个模块中，则编译器会报错。

这些可声明的类在当前模块中是可见的，但对其他模块中的组件是不可见的——除非把它们从当前模块导出，并让对方模块导入本模块。

17.2.2 了解 imports 数组

imports 数组只会出现在模块的元数据对象中。它告诉 Angular 该模块想要正常工作需要依赖哪些模块（就想 Java 的导包一样）。

组件的模板可以引用在当前模块中声明的，或从其他模块中导入的组件、指令和管道。

17.2.3 了解 providers 数组

providers 数组中列出了该应用所需的服务。如果直接把服务列在这里，则代表它们是全应用范围的。在使用特性模块和惰性加载时，模块中提供的服务会有一定的范围限制。要了解更多，请参见第 21 章中的内容。

17.2.4 了解 bootstrap 数组

应用是通过引导根模块 AppModule 启动的，根模块还引用了 entryComponent。此外，引导过程还会创建 bootstrap 数组中列出的组件，并把它们逐个插入浏览器的 DOM 中。

每个被引导的组件都是它自己组件树的根。插入一个被引导的组件通常会触发一系列组件的创建并形成组件树。

虽然也可以在宿主页面中放多个组件，但是在大多数应用中只有一个组件树，并且只从一个根组件开始引导。这个根组件通常叫作 AppComponent，位于根模块的 bootstrap 数组中。

17.3 常用模块

Angular 平台提供了丰富的模块，以支持创建各种简单和复杂的应用。

17.3.1 常用模块

Angular 应用需要不止一个模块，它们都为根模块服务。如果想把某些特性添加到应用中，则可以通过添加模块来实现。以下是一些常用的 Angular 模块及其使用场景。

- BrowserModule：来自@angular/platform-browser，在浏览器中运行应用时使用。
- CommonModule：来自 angular/common，在使用 NgIf 和 NgFor 时使用。
- FormsModule：来自@angular/forms，在构建模板驱动表单时使用。
- ReactiveFormsModule：来自@angular/forms，在构建响应式表单时使用。
- RouterModule：来自@angular/router，在使用路由功能且用到 RouterLink、.forRoot()

方法和.forChild()方法时使用。
- HttpClientModule：来自@angular/common/http，在和服务器交互时使用。

17.3.2 BrowserModule 和 CommonModule

BrowserModule 导入了 CommonModule，它贡献了很多通用的指令，比如 ngIf 和 ngFor 等。另外，BrowserModule 重新导出了 CommonModule，以便它所有的指令在任何导入了 BrowserModule 的 Angular 模块中都可以使用。

所有运行在浏览器中的应用，都必须在根模块 AppModule 中导入 BrowserModule，因为它提供了启动和运行浏览器应用所需的某些服务。BrowserModule 的提供商是面向整个应用的，所以它只能在根模块中使用，而不能在特性模块中使用。特性模块只需要包含 CommonModule 中的常用指令即可，它们不需要重新安装所有全应用级的服务。

17.4 特性模块

通常，特性模块分为以下 5 类：
- 领域特性模块。
- 带路由的特性模块。
- 路由模块。
- 服务特性模块
- 可视部件特性模块。

17.4.1 领域特性模块

领域特性模块给用户提供了应用程序中特有的用户体验，比如编辑客户信息和下订单等。它们通常会有一个顶级组件来充当该特性的根组件，并且通常是私有的，用来支持它的各级子组件。

领域特性模块大部分由 declarations 组成，只有顶级组件才能被导出。

领域特性模块很少有服务提供商。如果有，那这些服务的生命周期必须和该模块的生命周期完全相同。

领域特性模块通常由更高一级的特性模块导出且只能导出一次。

对于缺少路由的小型应用，它们可能只会被根模块 AppModule 导入一次。

17.4.2 带路由的特性模块

带路由的特性模块是一种特殊的领域特性模块，但它的顶层组件会作为路由导航时的目标组件。根据这个定义，所有惰性加载的模块都是路由特性模块。

带路由的特性模块不会导出任何东西，因为它们的组件永远不会出现在外部组件的模板中。

惰性加载的路由特性模块不应该被任何模块导入。如果那样做就会导致它被立即加载，从而破坏惰性加载的设计用途。换言之，路由特性永远不出现在 AppModule 的 imports 中。立即加载的路由特性模块必须被其他模块导入，以便编译器能了解它所包含的组件。

路由特性模块很少有服务提供商。如果那样做，那么它所提供的服务的生命周期必须与该模块的生命周期完全相同。不要在路由特性模块或被路由特性模块所导入的模块中提供全应用级的单例服务。

17.4.3 路由模块

路由模块为其他模块提供路由配置。单独将路由作为一个模块，是希望把路由和其他的模块分开，实现关注点的分离。

路由模块通常会做以下工作：

（1）定义路由。

（2）把路由配置添加到该模块的 imports 语句中。

（3）把路由守卫和解析器的服务提供商添加到该模块的 providers 语句中。

（4）路由模块应该与其配套模块同名，并加上"Routing"后缀。比如，foo.module.ts 文件中的 FooModule 函数就有一个位于 foo-routing.module.ts 文件中的 FooRoutingModule 路由模块。如果其配套模块是根模块 AppModule，那么 AppRoutingModule 就要使用 RouterModule.forRoot(routes)来把路由器配置添加到它的 imports 语句中。所有其他路由模块都是子模块，要使用 RouterModule.forChild(routes)。

（5）按照惯例，路由模块会重新导出这个 RouterModule，以便其配套模块中的组件可以访问路由器指令，比如 RouterLink 和 RouterOutlet。

（6）路由模块没有自己的可声明对象。组件、指令和管道都是特性模块的，而不是路由模块的。路由模块只能被它的配套模块导入。

17.4.4 服务特性模块

服务模块提供了诸如数据访问和消息等服务。理论上，它们应该完全由服务提供商组成，不应该有可声明对象。Angular 的 HttpClientModule 模块就是一个服务模块的好例子。

根模块 AppModule 是唯一可导入服务模块的模块。

17.4.5 可视部件特性模块

可视部件模块为外部模块提供组件、指令和管道。很多第三方 UI 组件库都是可视部件模块。

可视部件模块完全由可声明对象组成，它们中的大部分都可以被导出。

可视部件模块很少有服务提供商。

如果在任何模块的组件模板中需要用到这些可视部件，则需要导入相应的可视部件模块。

17.5 入口组件

所谓入口组件，是指 Angular 通过命令加载的组件，即没有在模板中引用过的组件。

可以在模块中引导入口组件，或把入口组件包含在路由定义中来指定。

17.5.1 引导用的入口组件

在以下例子中指定了一个引导用的组件 AppComponent：

```
import { BrowserModule } from '@angular/platform-browser';
import { NgModule } from '@angular/core';

import { AppComponent } from './app.component';

@NgModule({
  declarations: [
    AppComponent
  ],
  imports: [
    BrowserModule
  ],
  providers: [],
  bootstrap: [AppComponent] // 入口组件
})
export class AppModule { }
```

引导组件是一个入口组件，Angular 会在引导过程中把它加载到 DOM 中。其他入口组件是在应用运行过程中动态加载的。

Angula 会动态加载根组件 AppComponent，因为它的类型作为参数传给了 @NgModule.bootstrap 函数。

组件也可以在该模块的 ngDoBootstrap()方法中进行命令式引导。@NgModule.bootstrap 属性告诉编译器，这里是一个入口组件，它应该生成代码，以便使用该组件引导应用。

引导用的组件必须是入口组件，因为引导过程是命令式的，所以它需要一个入口组件。

17.5.2 路由用的入口组件

入口组件的第二种类型出现在路由定义中，就像下面这样：

```
import { UsersComponent } from './users/users.component'

const routes: Routes = [
  { path: 'users', component: UsersComponent }
];
```

路由定义使用组件类型引用了一个组件"component：UsersComponent"。

所有路由组件都必须是入口组件。这需要把同一个组件添加到两个地方（路由中和 entryComponents 中），但编译器足够聪明，可以识别出这里是一个路由定义，因此它会自动把这些路由组件添加到 entryComponents 数组中。

17.5.3 entryComponents

虽然@NgModule 装饰器具有一个 entryComponents 数组，但在大多数情况下开发者并不需要显式设置入口组件，因为 Angular 会自动把@NgModule.bootstrap 中的组件和路由定义中的组件添加到入口组件中。虽然这两种机制可以自动添加大多数入口组件，但如果要用其他方式根据类型来命令式地引导或动态加载某个组件，则必须把它们显式添加到 entryComponents 数组中。

17.5.4 编译优化

一款专注于性能的应用是希望加载尽可能小的代码的。这些代码应该只包含实际使用到的类，并且排除那些从未用到的组件。因此，Angular 编译器只会为那些可以从 entryComponents 数组中直接或间接访问到的组件生成代码。

实际上，很多库声明和导出的组件都是从未用过的。比如，Material Design 库会导出其中的所有组件，因为它不知道你会用哪一个。很显然在应用中不可能全都用到这些组件。对于那些没有引用过的类组件，摇树优化工具会把它们从最终的代码包中择出去。

如果一个组件既不是入口组件，也没有在模板中被使用过，则摇树优化工具会把它择出去。所以，最好只添加那些真正的入口组件，以便应用尽可能保持精简。

第 18 章
Angular 组件
——独立的开发单元

Angular 组件用于控制视图的显示。

18.1 数据展示

组件所在的类一般被命名为"*.component.ts"。在该类中可以定义组件的逻辑,为视图提供支持。组件通过 API 与视图进行交互。

18.1.1 实例 40:数据展示的例子

观察下面示例。

 代码 本实例的源代码可以在本书配套资源的"basic-component"目录下找到。

```
01 import { Component } from '@angular/core';
02
03 @Component({
04     selector: 'app-root',
05     templateUrl: './app.component.html',
06     styleUrls: ['./app.component.css']
07 })
08 export class AppComponent {
09     title = 'basic-component';
10
```

```
11    users = ['刘一', '陈二', '张三', '李四', '王五', '赵六', '孙七', '周八', '吴九', '郑十'];
12 }
```

组件类用@Component进行装饰。在上述代码中，AppComponent类（见代码第 08 行）就是一个 Angular 应用的组件。

下面介绍这个组件的两个属性。

1. selector 属性

@Component 装饰器中的 selector 属性用于指定一个名叫"app-root"的元素。该元素是 index.html 文件里的一个占位符。

index.html 的完整代码如下：

```
<!doctype html>
<html lang="en">
<head>
<meta charset="utf-8">
<title>BasicComponent</title>
<base href="/">
<meta name="viewport" content="width=device-width, initial-scale=1">
<link rel="icon" type="image/x-icon" href="favicon.ico">
</head>
<body>
<app-root></app-root>
</body>
</html>
```

在通过 main.ts 文件中的 AppComponent 类启动应用时，Angular 会在 index.html 中查找<app-root>元素，然后实例化一个 AppComponent 类，并将其渲染到<app-root>标签中。

2. templateUrl 属性

templateUrl 属性用于设置组件所使用的模板的位置。app.component.html 的代码如下：

```
<h1>{{title}}</h1>

<ul class="users">
<li *ngFor="let user of users">
    {{user}}
</li>
</ul>
```

运行应用就能在页面显示出标题和用户列表信息，如图 18-1 所示。

图 18-1　运行效果

18.1.2　使用插值表达式显示组件属性

要显示组件的属性，最简单的方式就是——通过插值表达式来绑定属性名。要使用插值表达式，则需要把属性名包裹在双花括号里并将其放进视图模板中，例如 app.component.html 代码中的 {{title}}。Angular 会自动从组件中提取 title 属性的值，并把这些值插入浏览器中。当这些属性发生变化时，Angular 会自动刷新显示。

18.1.3　组件关联模板的两种方式

在 18.1.1 节第 1 段代码的第 05 行中，通过 templateUrl 属性把一个模板（app.component.html）和 AppComponent 组件关联了起来。组件及其所关联的模板共同描述了一个视图。组件关联模板主要有两种方式：

（1）引用外部文件。可以通过 templateUrl 属性来引用一个独立的 HTML 文件。

（2）将 HTML 直接内联在 temple 属性中。以下是一个内嵌模板的例子：

```
import { Component } from '@angular/core';

@Component({
selector: 'app-root',
template: `
<h1>{{title}}</h1>
`,
styleUrls: ['./app.component.css']
})export class AppComponent {
  title = 'basic-component';
}
```

在上述例子中，模板 HTML 内容直接内联在 template 属性中。内联模板是包在 ECMAScript 2015 反引号（`）中的一个多行字符串。

到底选择内联 HTML 内容的方式还是引用外部独立 HTML 方式，取决于个人喜好、具体状况和组织策略。

- 如果模板体量很小（比如上面的例子），则可以选择使用内联 HTML。因为这样会让代码更加内聚，没有额外的 HTML 文件，代码看上去比较简单。
- 如果 HTML 文件过大，则使用外联的方式更加适合。
- 如果考虑组织级的统一规范，则建议一律采用外联的方式，因为这样能使所有开发人员的代码都遵循一致的标准，利于维护。

18.1.4 在模板中使用指令

在模板中，可以使用 Angular 提供的丰富的指令。这些指令利于简化程序的开发过程。*ngFor 是 Angular 的一个复写器（repeater）指令，它可以为列表中的每项数据复写它的宿主元素，类似于 Java 或 JavaScript 中的 forEach 循环。*ngFor 的用法如下：

```
<li *ngFor="let user of users">
    {{user}}
</li>
```

在上述代码中：

- \<li\>标签是*ngFor 的宿主元素。
- users 是来自 AppComponent 类的列表。
- 在依次遍历这个列表时，user 列表会为每个迭代保存当前的用户对象。

指令还将在第 20 章详细探讨，此处不再赘述。

18.2 生命周期

每个组件都有一个被 Angular 管理的生命周期。生命周期决定了 Angular 如何创建、渲染组件及其子组件，检查组件所绑定的属性的发生，并在"组件被从 DOM 中移除"前销毁它。

18.2.1 生命周期钩子

Angular 提供了生命周期钩子。这些生命周期钩子可以把关键生命周期的关键时刻给暴露出来，使开发者能够在生命周期的某些阶段采取一些行动。

每个接口都有唯一的一个钩子方法，它们的名字由"ng"加上"接口名"构成。比如，OnInit 接口的钩子方法叫作"ngOnInit"。Angular 在创建组件后会立刻调用它。

18.2.2 实例41：生命周期钩子的例子

以下实例将演示所有生命周期钩子的用法。

 本实例的源代码可以在本书配套资源的"life-cycle"目录下找到。

app.component.ts 的完整代码如下：

```typescript
import {
  Component, OnInit, OnChanges, DoCheck, AfterContentChecked,
  AfterContentInit, AfterViewChecked,
  AfterViewInit, SimpleChanges, Input
} from '@angular/core';

@Component({
  selector: 'app-root',
  templateUrl: './app.component.html',
  styleUrls: ['./app.component.css']
})
export class AppComponent implements OnInit, OnChanges,
  DoCheck, AfterContentChecked,
  AfterContentInit, AfterViewChecked, AfterViewInit {

  title = '生命周期钩子的例子';
  logIndex: number = 1; //计数器
  @Input() name: string;

  constructor() {
    this.logIt("constructor");
  }

  logIt(msg: string) {
    console.log(`#${this.logIndex++} ${msg}`);
  }

  ngAfterViewInit(): void {
    this.logIt("ngAfterViewInit");
  }

  ngAfterViewChecked(): void {
    this.logIt("ngAfterViewChecked");
  }

  ngAfterContentInit(): void {
```

```
    this.logIt("ngAfterContentInit");
  }

  ngAfterContentChecked(): void {
    this.logIt("ngAfterContentChecked");
  }

  ngDoCheck(): void {
    this.logIt("ngDoCheck");
  }

  ngOnChanges(changes: SimpleChanges): void {
    //changes,输入属性的所有变化的值
    let nameCurrentValue = changes['name'].currentValue; // 属性的当前值
    let namePreviousValue = changes['name'].previousValue; // 属性的前一个值

    this.logIt("ngOnChanges 的 currentValue 值是" + nameCurrentValue);
    this.logIt("ngOnChanges 的 previousValue 值是" + namePreviousValue);
  }

  ngOnInit() {
    this.logIt("ngOnInit");
  }

}
```

> 在真实的项目中可能很少（或者永远不会）像这个例子这样实现所有这些接口。在该例子中之所以这么做，只是为了演示 Angular 是如何按照期望的顺序调用这些钩子的。

app.component.html 的完整代码如下：

```
<h1>{{title}}</h1>
<input type="text" [(ngModel)]="name">
```

需要注意的是，上述代码使用了表单组件<input>，因此，要使应用能够正常运行，则需确保在根模块中已经引入了 FormsModule 模块，见下方代码：

```
import { BrowserModule } from '@angular/platform-browser';
import { FormsModule } from '@angular/forms';
import { NgModule } from '@angular/core';

import { AppComponent } from './app.component';
```

```
@NgModule({
  declarations: [
    AppComponent
  ],
  imports: [
    BrowserModule,
    FormsModule   // 表单组件
  ],
  providers: [],
  bootstrap: [AppComponent]
})
export class AppModule { }
```

运行项目可以看到如图 18-2 所示的界面及控制台效果。

图 18-2　界面及控制台效果

在输入框架中输入文本可以观察 Angular 生命周期钩子的顺序。

18.2.3　生命周期钩子的顺序

在运行应用后，在控制台中可以看到输出如下内容：

```
#1 constructor
#2 ngOnInit
#3 ngDoCheck
#4 ngAfterContentInit
#5 ngAfterContentChecked
```

#6 ngAfterViewInit
#7 ngAfterViewChecked
#8 ngDoCheck
#9 ngAfterContentChecked
#10 ngAfterViewChecked

以下总结了生命周期钩子的顺序，该顺序也验证了上面例子中生命周期钩子的执行顺序。

- ngOnChanges()：当 Angular（重新）设置数据绑定输入属性时响应。该方法可接收当前属性值和上一个属性值的 SimpleChanges 对象。在被绑定的输入属性的值发生变化时调用。首次调用一定会发生在 ngOnInit()之前。
- ngOnInit()：在 Angular 第 1 次显示数据绑定和设置指令/组件的输入属性后，初始化指令/组件。在第 1 轮 ngOnChanges()完成之后调用，只调用一次。
- ngDoCheck()：检测变化。在每个 Angular 变更检测周期中调用。在 ngOnChanges()方法和 ngOnInit()之后。
- ngAfterContentInit()：在把内容投影进组件之后调用；在第一次执行 ngDoCheck()方法之后调用，只调用一次。
- ngAfterContentChecked()：每次完成被投影组件内容的变更检测之后调用。在执行 ngAfterContentInit()和 ngDoCheck()方法之后调用。
- ngAfterViewInit()：初始化完组件视图及其子视图之后调用。在第一次执行 ngAfterContentChecked()方法之后调用，只调用一次。
- ngAfterViewChecked()：在每次做完组件视图和子视图的变更检测之后调用。在执行 ngAfterViewInit()和 ngAfterContentChecked()方法之后调用。
- ngOnDestroy()：在 Angular 每次销毁指令/组件之前调用并清扫，在这里反订阅可观察对象和分离事件处理器，以防内存泄漏。在 Angular 销毁指令/组件之前调用。

接下来将重点介绍这些生命周期钩子的具体用法。

18.2.4 了解 OnInit()钩子

OnInit()钩子对应的函数是 ngOnInit()。ngOnInit()主要用于以下场景：

- 在构造函数之后马上执行复杂的初始化逻辑。
- 在 Angular 设置完输入属性之后对组件进行准备。

一般不建议在组件的构造函数中获取数据。在构造函数中，除使用简单的值对局部变量进行初始化外，其他什么都不应该做。另外，应该避免复杂的构造函数逻辑。因此，在构造函数中不适合的初始化操作可以移至 ngOnInit()中。

下面是初始化用户列表数据的例子。

```typescript
import { Component, OnInit } from '@angular/core';

import { User } from '../user';
import { UserService } from '../user.service';

@Component({
selector: 'app-users',
templateUrl: './users.component.html',
styleUrls: ['./users.component.css']
})
export class UsersComponent implements OnInit {

users: User[];

constructor(private userService: UserService) { }

ngOnInit() {
this.getUsers();
  }

getUsers(): void {
this.userService.getUsers()
        .subscribe(users => this.users = users);
  }

  // 省略其他非核心代码
}
```

18.2.5　了解 OnDestroy()钩子

如果有一些清理操作必须在 Angular 销毁指令之前运行，则可以把它们放在 ngOnDestroy()钩子中。这是在该组件消失之前可用来通知应用程序中其他部分的最后一个时间点。

在这个钩子中可以释放那些不会被垃圾收集器自动回收的资源，以防止内存泄漏。比如：

- 取消那些对可观察对象和 DOM 事件的订阅。
- 停止定时器。
- 注销该指令曾注册到全局服务或应用级服务中的各种回调函数。

18.2.6 了解 OnChanges()钩子

一旦检测到该组件(或指令)的输入属性发生了变化,Angular 就会调用它的 ngOnChanges() 钩子。ngOnChanges()钩子获取了一个对象,该对象会把每个发生变化的属性名都映射到一个 SimpleChange 对象中,该对象中有属性的当前值和前一个值。这个钩子会在这些发生了变化的属性上进行迭代,并记录它们。

以下是一个使用 OnChanges()钩子的例子:

```
ngOnChanges(changes: SimpleChanges): void {
    let nameCurrentValue = changes['name'].currentValue;   // 属性的当前值
    let namePreviousValue = changes['name'].previousValue; // 属性的前一个值

    this.logIt("ngOnChanges 的 currentValue 值是" + nameCurrentValue);
    this.logIt("ngOnChanges 的 previousValue 值是" + namePreviousValue);
}
```

18.2.7 了解 DoCheck()钩子

ngDoCheck()钩子用于检测变化。在生命周期钩子的例子中,用户在输入框中输入文本或删除文本,甚至是输入框失去焦点时,都会触发 ngDoCheck()方法。

图 18-3 展示了在输入框中输入文本后控制台输出的效果。

图 18-3　控制台输出的效果

18.2.8 了解 AfterView 钩子

AfterView 包含了 AfterViewInit()和 AfterViewChecked()两个钩子，Angular 会在每次创建了组件的子视图后调用它们。

在生命周期钩子的例子中，用户在输入框中输入文本或删除文本，甚至是输入框失去焦点时，都会触发 ngAfterViewChecked()方法。

18.2.9 了解 AfterContent 钩子

AfterContent 钩子包含 AfterContentInit()和 AfterContentChecked()两个钩子。Angular 会在外来内容被投影到组件中之后调用它们。内容投影是指，从组件外部导入 HTML 内容，并把它插入在组件模板中的指定位置上。

在 18.2.2 节的"生命周期钩子的例子"中，用户在输入框中输入或删除文本，甚至是输入框失去焦点时，都会触发 ngAfterContentChecked()方法。

AfterContent 钩子和 AfterView 钩子相似，两者不同的是子组件的类型。

- AfterView 钩子：关心的是 ViewChildren，这些子组件的元素标签会出现在 AfterView 所在的模板中。
- AfterContent 钩子：关心的是 ContentChildren，这些子组件被 Angular 投影进 AfterChildren 所在的组件中。

18.3 组件的交互方式

本节将介绍常见的组件交互方式。所谓组件交互即让多个组件之间共享信息。

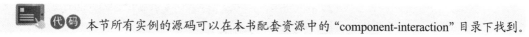 本节所有实例的源码可以在本书配套资源中的"component-interaction"目录下找到。

18.3.1 实例 42：通过@Input 把数据从父组件传到子组件

在本实例中，有父子两个组件——UserParentComponent 和 UserChildComponent。

UserChildComponent 组件的代码如下：

```
import { Component, Input } from '@angular/core';
import { User } from './user';
```

```
@Component({
  selector: 'app-user-child',
  template: `
<p>{{user.name}} 的老师是 {{masterName}}.</p>
  `
})
export class UserChildComponent {
  @Input() user: User; // 输入型属性
  @Input() masterName: string; // 输入型属性
}
```

UserChildComponent 组件有两个属性 user 和 masterName，它们都带有 @Input 装饰器，标识这两个属性都是输入型属性。

父组件 UserParentComponent 会把子组件的 UserChildComponent 放到 *ngFor 循环器中，把自己的 master 字符串属性绑定到子组件的 masterName 属性上，把每个循环的 user 实例绑定到子组件的 user 属性上。

UserParentComponent 组件的代码如下：

```
import { Component } from '@angular/core';

import { USERS } from './user';

@Component({
  selector: 'app-user-parent',
  template: `
<h2>{{master}} 有 {{users.length}} 个学生</h2>
<app-user-child *ngFor="let user of users"
     [user]="user"
     [masterName]="master">
</app-user-child>
  `
})
export class UserParentComponent {
  users = USERS;
  master = '老卫';
}
```

图 18-4 展示了程序的运行效果。

图 18-4 运行效果

18.3.2 实例 43：通过 set() 方法截听输入属性值的变化

@Input 装饰器也可以标注在 set() 方法上，以截听属性值的变化。

在本实例中，子组件 NameChildComponent 的输入属性 name 上的这个 set() 方法会截掉名字里的空格，并把空字符串值替换成默认字符串"未设置用户名"。NameChildComponent 组件的完整代码如下：

```
import { Component, Input } from '@angular/core';

@Component({
  selector: 'app-name-child',
  template: '<h3>"{{name}}"</h3>'
})
export class NameChildComponent {
  private _name = '';

  @Input()
  set name(name: string) {
    this._name = (name && name.trim()) || '未设置用户名';
  }

  get name(): string { return this._name; }
}
```

NameParentComponent 组件提供了各种格式的用户名列表，并将用户名传递给子组件。NameParentComponent 组件的完整代码如下：

```
import { Component } from '@angular/core';

@Component({
  selector: 'app-name-parent',
  template: `
<h2>{{master}} 有 {{users.length}} 个学生</h2>
<app-name-child *ngFor="let user of users"
    [name]="user">
</app-name-child>
`
})
export class NameParentComponent {
  // 显示 'Way Lau', '未设置名称', 'Bombasto', 'Magma'
  users = ['Way Lau', '    ', '  Bombasto  ', ' Magma'];

  master = '老卫';
}
```

图 18-5 展示了程序的运行效果。

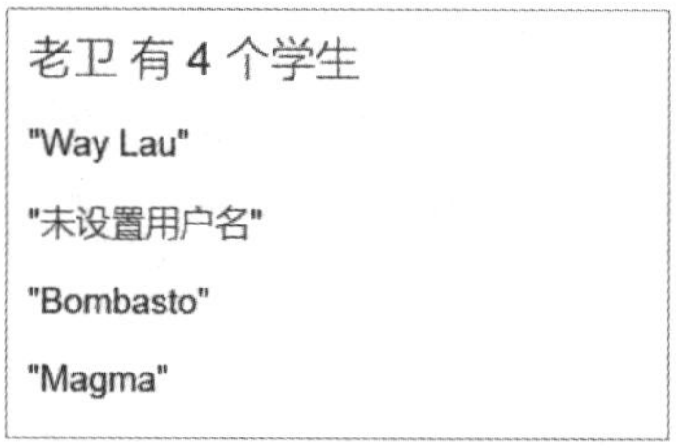

```
老卫 有 4 个学生
"Way Lau"
"未设置用户名"
"Bombasto"
"Magma"
```

图 18-5 运行效果

18.3.3 实例 44：通过 ngOnChanges() 方法截听输入属性值的变化

本实例将使用 OnChanges() 钩子的 ngOnChanges() 方法来监测输入属性值的变化。

在本实例中，VersionChildComponent 组件会监测输入属性 major 和 minor 的变化，并把这些变化生成日志。VersionChildComponent 组件的完整代码如下：

```
/* tslint:disable:forin */
import { Component, Input, OnChanges, SimpleChange } from '@angular/core';

@Component({
  selector: 'app-version-child',
  template: `
<h3>版本号 {{major}}.{{minor}}</h3>
<h4>更新日志:</h4>
```

```
<ul>
<li *ngFor="let change of changeLog">{{change}}</li>
</ul>
`
})
export class VersionChildComponent implements OnChanges {
  @Input() major: number;
  @Input() minor: number;
  changeLog: string[] = [];

  ngOnChanges(changes: { [propKey: string]: SimpleChange }) {
    let log: string[] = [];
    for (let propName in changes) {
      let changedProp = changes[propName];
      let to = JSON.stringify(changedProp.currentValue);
      if (changedProp.isFirstChange()) {
        log.push(`初始化 ${propName} 设置为 ${to}`);
      } else {
        let from = JSON.stringify(changedProp.previousValue);
        log.push(`${propName} 从 ${from} 更改为 ${to}`);
      }
    }
    this.changeLog.push(log.join(', '));
  }
}
```

VersionParentComponent 组件提供 minor 和 major 值,并把修改它们值的方法绑定到两个按钮上。VersionParentComponent 组件的完整代码如下:

```
import { Component } from '@angular/core';

@Component({
  selector: 'app-version-parent',
  template: `
<h2>版本号生成器</h2>
<button (click)="newMinor()">生成 minor 版本</button>
<button (click)="newMajor()">生成 major 版本</button>
<app-version-child [major]="major" [minor]="minor"></app-version-child>
`
})
export class VersionParentComponent {
  major = 1;
  minor = 23;
```

```
newMinor() {
  this.minor++;
}

newMajor() {
  this.major++;
  this.minor = 0;
}
}
```

图 18-6 展示了程序的运行效果。

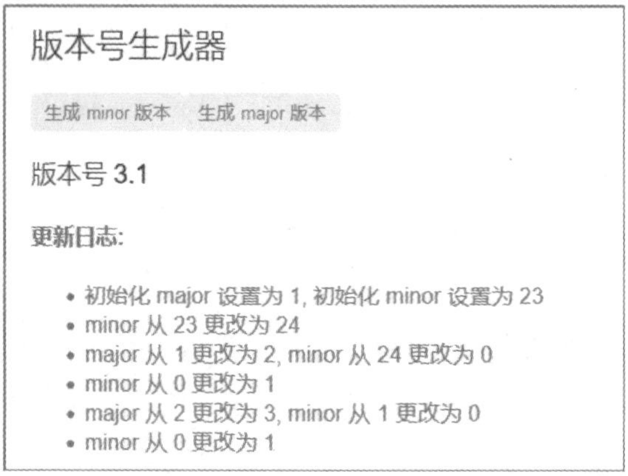

版本号生成器

生成 minor 版本　生成 major 版本

版本号 3.1

更新日志：

- 初始化 major 设置为 1, 初始化 minor 设置为 23
- minor 从 23 更改为 24
- major 从 1 更改为 2, minor 从 24 更改为 0
- minor 从 0 更改为 1
- major 从 2 更改为 3, minor 从 1 更改为 0
- minor 从 0 更改为 1

图 18-6　运行效果

18.3.4　实例 45：用父组件监听子组件的事件

子组件暴露一个 EventEmitter 属性，当事件发生时，子组件利用该属性发出一个事件。这样父组件就绑定到这个事件属性，就能在事件发生时做出回应。

子组件的 EventEmitter 属性是一个输出属性，通常带有 @Output 装饰器。子组件 VoterComponent 的完整代码如下：

```
import { Component, EventEmitter, Input, Output } from '@angular/core';

@Component({
  selector: 'app-voter',
  template: `
<h4>{{name}}</h4>
<button (click)="vote(true)"  [disabled]="didVote">同意</button>
<button (click)="vote(false)" [disabled]="didVote">反对</button>
```

```
})
export class VoterComponent {
  @Input()    name: string;
  @Output() voted = new EventEmitter<boolean>();
  didVote = false;

  vote(agreed: boolean) {
    this.voted.emit(agreed);
    this.didVote = true;
  }
}
```

单击按钮会触发 true 或 false 的事件。

父组件 VoteTakerComponent 绑定了一个事件处理器 onVoted()，用来响应子组件的事件（$event）并更新一个计数器。父组件 VoteTakerComponent 的完整代码如下：

```
import { Component }        from '@angular/core';

@Component({
  selector: 'app-vote-taker',
  template: `
<h2>投票器</h2>
<h3>同意: {{agreed}}, 反对: {{disagreed}}</h3>
<app-voter *ngFor="let voter of voters"
      [name]="voter"
      (voted)="onVoted($event)">
</app-voter>
`
})
export class VoteTakerComponent {
  agreed = 0;
  disagreed = 0;
  voters = ['Way Lau', 'Bombasto', 'Magma'];

  onVoted(agreed: boolean) {
    agreed ? this.agreed++ : this.disagreed++;
  }
}
```

图 18-7 展示了程序的运行效果。

图 18-7 运行效果

18.3.5 实例 46：父组件与子组件通过本地变量进行交互

父组件不能用数据绑定来读取子组件的属性或调用子组件的方法，但可以在父组件模板里新建一个本地变量来代表子组件，然后利用这个变量来读取子组件的属性和调用子组件的方法。

在本实例中，子组件 CountdownTimerComponent 是一个时间递减器，countDown()方法负责做递减操作。子组件 CountdownTimerComponent 的完整代码如下：

```
import { Component, OnDestroy, OnInit } from '@angular/core';


@Component({
  selector: 'app-countdown-timer',
  template: '<p>{{message}}</p>'
})
export class CountdownTimerComponent implements OnInit, OnDestroy {

  intervalId = 0;
  message = '';
  seconds = 11;

  clearTimer() { clearInterval(this.intervalId); }

  ngOnInit()     { this.start(); }
  ngOnDestroy() { this.clearTimer(); }

  start() { this.countDown(); }
  stop()  {
```

```
    this.clearTimer();
    this.message = `Holding at T-${this.seconds} seconds`;
  }

  private countDown() {
    this.clearTimer();
    this.intervalId = window.setInterval(() => {
      this.seconds -= 1;
      if (this.seconds === 0) {
        this.message = 'Blast off!';
      } else {
        if (this.seconds < 0) { this.seconds = 10; } // reset
        this.message = `T-${this.seconds} seconds and counting`;
      }
    }, 1000);
  }
}
```

父组件 CountdownLocalVarParentComponent 的完整代码如下：

```
import { Component } from '@angular/core';

// 父组件与子组件通过本地变量交互
@Component({
  selector: 'app-countdown-parent-lv',
  template: `
<h3>时间递减（本地变量）</h3>
<button (click)="timer.start()">Start</button>
<button (click)="timer.stop()">Stop</button>
<div class="seconds">{{timer.seconds}}</div>
<app-countdown-timer #timer></app-countdown-timer>
  `,
  styleUrls: ['../assets/demo.css']
})
export class CountdownLocalVarParentComponent { }
```

父组件通过把本地变量（#timer）放到<app-countdown-timer>标签中来代表子组件。这样父组件的模板就得到了子组件的引用，就可以在父组件的模板中访问子组件的所有属性和方法。

图 18-8 展示了程序的运行效果。

图 18-8 运行效果

18.3.6 实例 47：父组件调用@ViewChild()方法获取子组件的值

如果父组件的类需要读取子组件的属性值或调用子组件的方法，则不能使用本地变量方法，而应该通过把子组件作为 ViewChild 注入父组件里来实现。

还是以上面的时间递减例子为例，子组件 CountdownTimerComponent 保持不变，仍然是一个时间递减器，父组件做一下调整。CountdownViewChildParentComponent 组件的完整代码如下：

```
import { Component } from '@angular/core';
import {   ViewChild } from '@angular/core';
import { CountdownTimerComponent } from './countdown-timer.component';




@Component({
  selector: 'app-countdown-parent-vc',
  template: `
<h3>时间递减（ViewChild）</h3>
<button (click)="start()">Start</button>
<button (click)="stop()">Stop</button>
<div class="seconds">{{ seconds() }}</div>
<app-countdown-timer></app-countdown-timer>
  `,
  styleUrls: ['../assets/demo.css']
})
export class CountdownViewChildParentComponent {

  @ViewChild(CountdownTimerComponent, {static: false})
  private timerComponent: CountdownTimerComponent;
```

```
  seconds() { return 0; }

  ngAfterViewInit() {
    setTimeout(() => this.seconds = () => this.timerComponent.seconds, 0);
  }

  start() { this.timerComponent.start(); }
  stop() { this.timerComponent.stop(); }
}
```

父组件通过@ViewChild 属性装饰器，将子组件 CountdownTimerComponent 注入私有属性 timerComponent 里。

在组件元数据里就不再需要本地变量（#timer）了，而是把按钮绑定到父组件自己的 start()和 stop()方法上，用父组件的 seconds()方法的插值表达式来展示时间的变化。这些方法可以直接访问被注入的计时器组件。

图 18-9 展示了程序的运行效果。

图 18-9　运行效果

18.3.7　实例 48：父组件和子组件通过服务来通信

父组件和它的子组件共享同一个服务，利用该服务在内部实现双向通信。

服务 MissionService 把父组件 MissionControlComponent 和多个子组件 AstronautComponent 链接起来。MissionService 服务的完整代码如下：

```
import { Injectable } from '@angular/core';
import { Subject }    from 'rxjs';

@Injectable()
export class MissionService {

  // Observable string 源
  private missionAnnouncedSource = new Subject<string>();
```

```typescript
private missionConfirmedSource = new Subject<string>();

// Observable string 流
missionAnnounced$ = this.missionAnnouncedSource.asObservable();
missionConfirmed$ = this.missionConfirmedSource.asObservable();

announceMission(mission: string) {
  this.missionAnnouncedSource.next(mission);
}

confirmMission(astronaut: string) {
  this.missionConfirmedSource.next(astronaut);
}
}
```

父组件 MissionControlComponent 提供了服务的实例，并将其共享给它的子组件（通过 providers 元数据数组），子组件可以通过构造函数将该实例注入自身。父组件 MissionControlComponent 的完整代码如下：

```typescript
import { Component }         from '@angular/core';
import { MissionService }    from './mission.service';

@Component({
  selector: 'app-mission-control',
  template: `
<h2>导弹控制器</h2>
<button (click)="announce()">准备开始</button>
<app-astronaut *ngFor="let astronaut of astronauts"
      [astronaut]="astronaut">
</app-astronaut>
<h3>日志</h3>
<ul>
<li *ngFor="let event of history">{{event}}</li>
</ul>
  `,
  providers: [MissionService]
})
export class MissionControlComponent {
  astronauts = ['操作员 1', '操作员 2', '操作员 3'];
  history: string[] = [];
  missions = ['发射导弹'];
  nextMission = 0;

  constructor(private missionService: MissionService) {
```

```
    missionService.missionConfirmed$.subscribe(
      astronaut => {
        this.history.push(`${astronaut} 已经确认`);
      });
  }

  announce() {
    let mission = this.missions[this.nextMission++];
    this.missionService.announceMission(mission);
    this.history.push(`任务 "${mission}" 进入准备`);
    if (this.nextMission >= this.missions.length) { this.nextMission = 0; }
  }
}
```

AstronautComponent 组件也通过自己的构造函数注入该服务。由于每个 AstronautComponent 组件都是父组件 MissionControlComponent 的子组件,所以它们获取到的也是父组件的这个服务实例。AstronautComponent 的完整代码如下:

```
import { Component, Input, OnDestroy } from '@angular/core';

import { MissionService } from './mission.service';
import { Subscription }   from 'rxjs';

@Component({
  selector: 'app-astronaut',
  template: `
<p>
    {{astronaut}}: <strong>{{mission}}</strong>
<button
        (click)="confirm()"
        [disabled]="!announced || confirmed">
确认
</button>
</p>
`
})
export class AstronautComponent implements OnDestroy {
  @Input() astronaut: string;
  mission = '<没有任务>';
  confirmed = false;
  announced = false;
  subscription: Subscription;

  constructor(private missionService: MissionService) {
    this.subscription = missionService.missionAnnounced$.subscribe(
```

```
      mission => {
        this.mission = mission;
        this.announced = true;
        this.confirmed = false;
    });
  }

  confirm() {
    this.confirmed = true;
    this.missionService.confirmMission(this.astronaut);
  }

  ngOnDestroy() {
    // 防止内存泄漏
    this.subscription.unsubscribe();
  }
}
```

运行应用程序。通过日志可以清楚地看到，在父组件 MissionControlComponent 和子组件 AstronautComponent 之间，信息通过该服务实现了双向传递。图 18-10 展示了程序的运行效果。

图 18-10　运行效果

18.4　样式

Angular 使用标准的 CSS 来设置样式，因此，具备前端基本知识的开发者都能将 CSS 的相关知识和技能（比如 CSS 中的样式表、选择器、规则及媒体查询等）轻松地用到 Angular 程序中。

另外，Angular 还能把组件样式捆绑在组件上，以实现比标准样式表更加模块化的设计。

本节将讲解如何加载和使用这些组件样式。

  本节实例的源代码可以在本书配套资源中的"component-styles"目录下找到。

18.4.1 实例 49：使用组件样式的例子

定义组件样式最简单的实现方式是——在组件的元数据中设置 styles 属性。styles 属性可以接收一个包含 CSS 代码的字符串数组，比如 user-app.component.ts 中的代码：

```
import { Component, HostBinding } from '@angular/core';
import { User } from './user';

@Component({
  selector: 'app-root',
  template: `
<h1>用户列表</h1>
<app-user-main [user]="user"></app-user-main>
  `,
  styles: ['h1 { font-weight: normal; }']
})
export class UserAppComponent {
  user = new User(
    'Human Torch',
    ['Mister Fantastic', 'Invisible Woman', 'Thing']
  );

  @HostBinding('class') get themeClass() {
    return 'theme-light';
  }
}
```

18.4.2 样式的作用域

相比于其他框架而言，Angular 中的 CSS 样式的一个最大特点是可以限制作用域。Angular 能把组件样式捆绑在某个组件上，因为在@Component 元数据中指定的样式只会对该组件的模板生效。

1. 组件样式

组件样式既不会被模板中嵌入的组件所继承，也不会被通过内容投影（如 ng-content）嵌进来的组件所继承。

在 18.4.1 节"实例 49：使用组件样式的例子"中，<h1>标签的样式只对 UserAppComponent 生效，既不会作用于内嵌的 UserMainComponent，也不会作用于应用中其他任何地方的<h1>标签。这种范围限制就是所谓的"样式模块化"特性。

可以针对每个组件来创建与之相关的 CSS 类名和选择器。这些类名和选择器仅属于组件内部，它不会和应用中其他地方的类名和选择器产生冲突。

组件的样式也不会因为别的地方修改了样式而被意外改变。

组件中的 CSS 代码和它的 TypeScript、HTML 代码放在一起，这使得整个项目变得整洁、易于维护。如果将来需要修改或移除组件的 CSS 代码，则不用遍历整个应用来看它有没有被别处用到，只要查看当前组件即可。

2. 外部及全局样式文件

在使用 Angular CLI 进行构建时,应用必须配置 angular.json 文件,使其包含所有外部资源(包括外部的样式文件)。在默认情况下，Angular 会有一个预先配置的全局样式文件 styles.css。全局样式会作用于组件。

图 18-11 展示了全局样式文件所在的位置。

图 18-11　全局样式文件所在的位置

18.4.3 特殊的样式选择器

在组件样式中,有一些特殊的选择器是从影子 DOM 样式范围(Shadow DOM style scoping)领域引入的。

1. :host 伪类选择器

:host 伪类选择器用来选择组件宿主元素中的元素(相对于组件模板内部的元素),见下方的代码:

```
:host {
display: block;
border: 1px solid black;
}
```

这是设置宿主元素为目标的唯一方式。除此之外没有其他办法,因为宿主不是组件自身模板的一部分,而是父组件模板的一部分。要把宿主样式作为条件,就要像函数一样把其他选择器放在":host"后面的括号中。

在下面这个例子中又一次把宿主元素作为目标,但只有在它同时带有 active CSS 类时才会生效。

```
:host(.active) {
border-width: 3px;
}
```

2. :host-context 选择器

有时基于某些来自组件视图外部的条件应用程序样式是很有用的。例如,在文档的<body>标签上可能有一个用于表示样式主题(Theme)的 CSS 类,可基于它来决定组件的样式。这时可以使用:host-context 选择器。它也以类似:host()形式使用。它会在当前组件宿主元素的祖先节点中查找 CSS 类,直到文档的根节点为止。在与其他选择器组合使用时,该选择器非常有用。

在下面的例子中,只有当某个祖先元素具有 CSS 类 theme-light 时,才会把 background-color 样式应用到组件内部的所有<h2>标签中。

```
:host-context(.theme-light) h2 {
background-color: #eef;
}
```

18.4.4 把样式加载进组件的几种方式

有以下几种方式可以把样式加载进组件。不管是哪种方式,都应遵循一致的样式作用域。

1. 设置 styles 或 styleUrls 元数据

styles 的用法在前面的例子中已经讲过了。

styleUrls 会引用一个独立的 CSS 文件，其用法如下：

```
@Component({
selector: 'app-root',
template: `
<h1>用户列表</h1>
<app-user-main [user]="user"></app-user-main>
`,
  styleUrls: ['./user-app.component.css']})
export class UserAppComponent {
/* . . . */
}
```

2. 内联在模板的 HTML 中

可以在组件的 HTML 模板中嵌入<style>标签。源代码中的示例代码 user-controls.component.ts 演示了该用法：

```
@Component({
selector: 'app-user-controls',
template: `
<style>
button {
background-color: white;
border: 1px solid #777;
      }
</style>
<h3>Controls</h3>
<button (click)="activate()">Activate</button>
`
})
```

3. 使用模板的 link 标签

可以在组件的 HTML 模板中写<link>标签。源代码中的示例代码 user-team.component.ts 演示了该用法：

```
@Component({
selector: 'app-user-team',
template: `
<link rel="stylesheet" href="../assets/user-team.component.css">
<h3>Team</h3>
```

```
<ul>
<li *ngFor="let member of user.team">
    {{member}}
</li>
</ul>`
})
```

4. 通过 CSS 文件导入

可以利用标准的 CSS @import 规则把外部的 CSS 文件导入当前 CSS 文件中。示例代码 user-details.component.css 演示了该用法：

```
@import './user-details-box.css';
```

在上面例子中，所导入的 URL 是相对于正在导入的 CSS 文件的位置。

第 19 章
Angular 模板和数据绑定

熟悉"模型-视图-控制器"模型（MVC）或"模型-视图-视图"模型（MVVM）的开发者，对于组件和模板这两个概念应该不会陌生。在 Angular 中，组件扮演着控制器或视图模型的角色，模板则扮演着视图的角色。

本章将介绍 Angular 模板，以及如何实现数据绑定。

19.1 模板表达式

模板表达式会产生一个值。当 Angular 执行这个表达式时，会把其值赋给绑定目标的属性。这个绑定目标可能是 HTML 元素、组件或指令。

观察下面的插值表达式：

```
<p>1 + 1 的结果是{{1 + 1}}</p>
```

{{1 + 1}}中所包含的模板表达式是"1 + 1"。在属性绑定中会再次看到模板表达式，它出现在"="右侧的引号中，就像这样：[property]="expression"。

编写模板表达式所用的语言看起来很像 JavaScript。有很多 JavaScript 表达式也是合法的模板表达式，但不是全部。考虑到 JavaScript 有可能引发副作用，下列表达式是被禁止的：

- 赋值表达式，包括=、+=、-=。
- new 运算符。
- 使用；或，的链式表达式。
- 自增和自减运算符：++和--。

还有一些 Anuglar 表达式和 JavaScript 语法有着显著不同，包括：

- 不支持位运算|和&。
- 具有新的模板表达式运算符，比如 | 、?. 和 !。

19.1.1 模板表达式上下文

典型的模板表达式上下文就是组件实例，它是各种绑定值的数据来源。观察下面的代码片段，双花括号中的 title 和引号中的 isUnchanged 所引用的都是组件中的属性。

```
{{title}}
<span [hidden]="isUnchanged">changed</span>
```

模板表达式上下文可以包括组件之外的对象。比如，模板输入变量（let user）和模板引用变量（#userInput）就是备选的上下文对象之一，见下方的代码。

```
<div *ngFor="let user of users">{{user.name}}</div>
<input #userInput> {{userInput.value}}
```

模板表达式中的上下文变量是由模板变量、指令的上下文变量（如果有）和组件的成员叠加而成的。

如果要引用的变量名存在于一个以上的命名空间中，那么，优先级最高的是模板变量，其次是指令的上下文变量，最后是组件的成员。

比如，在上面的例子中，组件具有一个名叫"user"的属性，而*ngFor 也声明了一个叫"user"的模板变量，所以存在命名冲突。根据优先级，在{{user.name}}表达式中的 user 实际引用的是模板变量，而不是组件的属性。

模板表达式不能引用全局命名空间中的任何东西，比如 Window 或 Document。它们也不能调用 console.log 或 Math.max。它们只能引用模板表达式上下文中的成员。

19.1.2 编写模板表达式的最佳实践

模板表达式编写的好坏会影响整个应用的性能。建议在编写模板表达式时遵循如下最佳实践：

- 模板表达式除包含目标属性的值外，不应该改变应用的任何状态。这样，用户永远不用担心读取组件值可能改变另外的显示值。在一次单独的渲染过程中，视图应该总是稳定的。
- Angular 中的某些生命周期钩子函数可能在每次按键或鼠标移动后被调用。不建议在这些生命周期钩子函数中设置表达式。表达式应该快速结束，否则用户就会感到明显的延迟，影响用户体验。当计算代价较高时，应该考虑缓存那些从其他值计算得到的值。
- 不要编写过于复杂的模板表达式。模板表达式应尽量简洁，使开发和测试过程变得更容易。

- 最好使用幂等的表达式,因为它没有副作用,并且能提升 Angular 执行变更检测操作的性能。所谓"幂等"是指:在单独的一次事件循环中,被依赖的值不能被改变。
  - ➢ 如果幂等的表达式返回一个字符串或数字,则连续调用该表达式两次也应该返回相同的字符串或数字。
  - ➢ 如果幂等的表达式返回的是一个对象(包括 Date 或 Array),则连续调用该表达式两次也应该返回同一个对象。

19.1.3 管道操作符

管道是一个简单的函数,它接收一个输入值,并返回转换结果。它们很容易地用于模板表达式中,只要使用管道操作符" | "即可,管道操作符会把它左侧的模板表达式结果传给它右侧的管道函数。

管道操作符 uppercase 将文本转为大写的语法如下:

`<div>本文转为大写: {{title | uppercase}}</div>`

19.1.4 安全导航操作符和空属性路径

Angular 的安全导航操作符"?."用来保护出现在属性路径中的 null 和 undefined 值。比如在下面例子中,当 currentUser 为空时,可以保护视图渲染器,让它免于失败。

`<div>当前用户名称是{{currentUser?.name}}</div>`

如果不使用安全导航操作符,则可以用其他方式来预防空指针异常,比如使用*ngIf:

`<div *ngIf="nullUser">当前空用户名称是{{nullUser.name}}</div>`

或者通过"&&"来把属性路径的各部分串起来,让它在遇到第 1 个空值时就返回空。

`<div>当前空用户名称是 {{nullUser&& nullUser.name}}</div>`

当然,这些方式都没有安全导航操作符实现起来方便、简洁。

19.1.5 非空断言操作符

如果类型检查器在运行期间无法确定一个变量是 null 或 undefined,则它会抛出一个错误。开发者自己可能知道它不会为空,但类型检查器不知道,所以需要告诉类型检查器它不会为空,这时就要用到非空断言操作符"!"。

例如,在用*ngIf 检查到 user 已定义后,就可以断言 user 属性一定是已定义的。以下代码演示了*ngIf 的用法:

`<div *ngIf="user">`

当前用户名称是 {{user!.name}}
</div>

当 Angular 编译器把模板转换成 TypeScript 代码时，这个操作符会防止 TypeScript 报告 "user.name 可能为 null 或 undefined" 的错误。

与安全导航操作符不同的是，非空断言操作符不会防止出现 null 或 undefined。它只是告诉 TypeScript 的类型检查器，对特定的属性表达式不做"严格空值检测"。

19.2 模板语句

模板语句用来响应由绑定目标（如 HTML 元素、组件或指令）触发的事件。比如，下面代码中的(click)="deleteUser()"就是一个模板语句。

```
<button (click)="deleteUser()">删除用户</button>
```

和模板表达式一样，模板语句使用的语言也像 JavaScript。模板语句解析器和模板表达式解析器不同之处是：模板语句解析器支持基本赋值（=）和表达式链（;和,）。

1. 模板语句不支持以下 JavaScript 语法

- 操作并赋值，包括=、+=、−=。
- new 运算符。
- 自增和自减运算符：++和 - 。
- 不支持位运算|和&。
- 模板表达式运算符，比如 |、?. 和 !。

2. 了解模板语句的上下文

和表达式中一样，模板语句通常只能引用语句上下文中正在绑定事件的那个组件的实例。

典型的语句上下文就是当前组件的实例。在下面代码中，(click)="deleteUser()"中的 deleteUser 就是这个数据绑定组件上的一个方法。

```
<button (click)="deleteUser()">删除用户</button>
```

模板语句上下文可以引用模板自身上下文中的属性。比如在下面的例子中，就把模板的$event 对象、模板输入变量（let user）和模板引用变量（#userForm）传给了组件中的一个事件处理器方法。

```
<button (click)="onSave($event)">保存</button>
<button *ngFor="let user of  users" (click)="deleteUser(user)">{{user.name}}</button>
<form #userForm (ngSubmit)="onSubmit(userForm)"> ... </form>
```

模板上下文中的变量名的优先级高于组件上下文中的变量名的优先级。在上面的 deleteUser(user)中，user 是一个模板输入变量，而不是组件中的 user 属性。

模板语句不能引用全局命名空间的任何内容，比如，不能引用 Window 或 Document，也不能调用 console.log 或 Math.max。

和模版表达式一样，避免编写复杂的模板语句有利于开发和测试。

19.3 数据绑定

在传统的 Web 开发中，经常需要通过操作 DOM 来实现 HTML 文档的修改。对 DOM 的操作是烦琐且容易出错的。Angular 解决了这个问题。

Angular 提供了各种各样的数据绑定机制，用来协调视图和应用的数据。只要简单地在绑定源和目标 HTML 元素之间声明绑定，Angular 就可以完成对 HTML 文档的修改。

数据绑定的类型可以根据数据流的方向分成 3 类：从数据源到视图、从视图到数据源，以及双向绑定（从视图到数据源再到视图）。

19.3.1 从数据源到视图

从数据源到视图进行数据绑定的语法如下：

```
{{expression}}
[target]="expression"
bind-target="expression"
```

绑定类型主要有：插值表达式、HTML attribute 和 DOM property、CSS 类、样式。

由于 attribute 和 property 翻译成中文都是"属性"的意思。为了区分两者，这里不做翻译，直接保留英文单词，下文也采用类似处理。

19.3.2 从视图到数据源

从视图到数据源进行数据绑定的语法如下：

```
(target)="statement"
on-target="statement"
```

绑定类型主要是事件。

19.3.3 双向绑定

双向绑定的语法如下：

```
[(target)]="expression"
bindon-target="expression"
```

绑定类型主要有事件与属性。

19.4 属性绑定

属性绑定的"属性"特指元素、组件及指令的属性。以下是 3 种属性绑定的例子：

```
<img [src]="userImageUrl">
<app-user-detail [user]="currentUser"></app-user-detail>
<div [ngClass]="{'special': isSpecial}"></div>
```

19.4.1 单向输入

属性绑定是单向数据绑定，因为值的流动是单向的——从组件的数据属性流动到目标元素的属性。所以，不能反过来使用属性绑定来从目标元素的属性中获取属性值，只能设置目标元素的属性值。

19.4.2 绑定目标

包裹在方括号中的元素属性名就是目标属性。在下列代码中，目标属性是 image 元素的 src 属性。

```
<img [src]="userImageUrl">
```

19.4.3 一次性字符串初始化

当满足下列条件时应该省略括号：

- 目标属性接收的是字符串值。
- 字符串是一个固定值，可以直接合并到模块中。
- 这个初始值永不改变。

下面这个例子把 UserDetailComponent 的 prefix 属性初始化为固定的字符串，而不是模板表达式。

```
<app-user-detail prefix="当前用户是" [user]="currentUser"></app-user-detail>
```

其中，[user]才是组件的 currentUser 属性的活绑定，它会一直随着组件更新。

19.4.4 选择"插值表达式"还是"属性绑定"

插值表达式和属性绑定有时在功能上是等价的，比如以下例子：

```
<p><img src="{{userImageUrl}}"> is the <i>interpolated</i> image.</p>
<p><img [src]="userImageUrl"> is the <i>property bound</i> image.</p>
```

在多数情况下，插值表达式是更方便的备选项，因为它的可读性更高。实际上，在渲染视图之前，Angular 会把这些插值表达式翻译成相应的属性绑定。

当要渲染的数据类型是字符串时，两种技术的效果完全一样。但是，当要渲染的数据类型不是字符串时，就必须使用属性绑定了。

19.5 事件绑定

前面遇到的数据绑定的数据流都是从组件到元素。但用户不会只盯着屏幕看，他们会触发一些事件，比如，在输入框中输入文本、从列表中选取条目、单击按钮等，这类用户事件可能导致反向的数据流——从元素到组件。

下面是一个按钮监听单击事件的例子。每当单击事件发生时，都会调用组件的 onSave()方法。

```
<button (click)="onSave()">保存</button>
```

19.5.1 目标事件

在下面例子中，圆括号中的名称"click"标记出了目标事件：

```
<button (click)="onSave()">保存</button>
```

上面的语法等同于带"on-"前缀的备选形式。这种形式在 Angular 中被称为规范形式，代码如下：

```
<button on-click="onSave()">保存</button>
```

19.5.2 $event 和事件处理语句

在事件绑定中，Angular 会为目标事件设置事件处理器。当事件发生时，这个处理器会执行模板语句。典型的模板语句通常使用事件接收器来响应事件的执行，例如，从 HTML 控件中取得值并存入模型。

事件绑定会通过名为"$event"的事件对象传递关于此事件的信息（包括数据值）。

事件对象的形态取决于目标事件。目标事件可以是原生 DOM 元素或指令。

1. 目标事件是原生 DOM 元素

当目标事件是原生 DOM 元素时，$event 就是 DOM 事件对象，它有点像 target 和 target.value 这样的属性。

示例代码如下：

```
<input [value]="currentUser.name"
    (input)="currentUser.name=$event.target.value" >
```

在上面的代码中，把输入框的 value 属性绑定到 name 属性上。当用户更改输入框的值时，input 事件被触发，并在包含了 DOM 事件对象（$event）的上下文中执行这条语句。

如果要更新 name 属性，则可以通过路径$event.target.value 来获取更改后的值。

2. 目标事件是指令

如果目标事件是指令，那$event 具体是什么由指令决定。

19.5.3 使用 EventEmitter 类自定义事件

通常，指令使用 Angular 的 EventEmitter 类来触发自定义事件。指令创建 EventEmitter 类的实例，并且把它作为属性暴露出来。指令通过调用 EventEmitter.emit(payload)方法来触发事件，可以传入任何东西作为消息载荷。父指令通过绑定到这个属性来监听事件，并通过$event 对象来访问载荷。

下面示例源码选自某个"用户管理"应用。其中，UserDetailComponent 组件用于显示用户的详细信息。虽然 UserDetailComponent 组件包含"删除"按钮，但它自己并不会去删除用户，而是触发事件来发送"删除用户"的请求。

下面的代码节选自 UserDetailComponent 组件：

```
template: `
<div>
<img src="{{userImageUrl}}">
<span [style.text-decoration]="lineThrough">
    {{prefix}} {{use?.name}}
</span>
<button (click)="delete()">删除</button>
</div>`

deleteRequest = new EventEmitter<User>();
```

```
delete() {
  this.deleteRequest.emit(this.user);
}
```

在上面代码中，UserDetailComponent 组件定义了 deleteRequest 属性，它是 EventEmitter 类的一个实例。当用户单击"删除"按钮时，UserDetailComponent 组件会调用 delete()方法，让 EventEmitter 类发出一个 User 对象的事件。

现在，假设有一个宿主的父组件，它绑定了 UserDetailComponent 组件的 deleteRequest 事件：

```
<app-user-detail (deleteRequest)="deleteUser($event)"
[user]="currentUser"></app-user-detail>
```

当 deleteRequest 事件触发时，Angular 会调用父组件的 deleteUser()方法在$event 变量中传入要删除的用户。

第 20 章
Angular 指令
——组件行为改变器

在前面的几章中我们已经初步接触了部分指令的用法，如 NgIf。本章将详细介绍 Angular 常用指令的用法。

20.1 指令类型

在 Angular 中有以下 3 种类型的指令。

- 属性型指令：该指令可改变元素、组件或其他指令的外观和行为。
- 结构型指令：该指令可通过添加或移除 DOM 元素来改变 DOM 布局。
- 组件：也是一种指令，只是该指令拥有模板。

Angular 内置了多种指令，这些内置指令主要是属性型指令和结构型指令。

20.2 属性型指令

属性型指令会监听和修改其他 HTML 元素或组件的行为、元素属性（Attribute）、DOM 属性（Property）。它们通常会作为 HTML 属性的名称而应用在元素上。

最常用的内置属性型指令包括 NgClass、NgStyle 和 NgModel。

20.2.1 了解 NgClass、NgStyle、NgModel 指令

接下来介绍 NgClass、NgStyle、NgModel 指令的详细用法。

1. NgClass 指令

NgClass 指令可以通过动态地添加或删除 CSS 类，以控制元素如何显示。

以下是 NgClass 的使用示例。组件方法 setCurrentClasses() 可以把组件的属性 currentClasses 设置为一个对象，它将会根据 3 个其他组件的状态为 true 或 false 来添加或移除 CSS 类。

```
currentClasses: {};
setCurrentClasses() {
  this.currentClasses = {
    'saveable': this.canSave,
    'modified': !this.isUnchanged,
    'special':  this.isSpecial
  };
}
```

以下代码把 NgClass 属性绑定到 currentClasses 属性上。

```
<div [ngClass]="currentClasses">当前样式</div>
```

2. NgStyle 指令

利用 NgStyle 指令绑定可以同时设置多个内联样式。

在下面的例子中，组件的 setCurrentStyles 方法会根据另外 3 个属性的状态，把组件的 currentStyles 属性设置为一个定义了 3 个样式的对象。

```
currentStyles: {};
setCurrentStyles() {
  this.currentStyles = {
    'font-style':   this.canSave      ? 'italic' : 'normal',
    'font-weight': !this.isUnchanged ? 'bold'   : 'normal',
    'font-size':    this.isSpecial    ? '24px'  : '12px'
  };
}
```

可以把 NgStyle 属性绑定到 currentStyles 属性上，以设置此元素的样式。代码如下：

```
<div [ngStyle]="currentStyles">当前样式</div>
```

3. NgModel 指令

NgModel 指令用于双向绑定到 HTML 表单中的元素。

双向绑定主要用于数据输入表单的场景，因为通常此场景既需要显示数据属性，又需要根据用户的更改去修改那个属性。

以下是使用 NgModel 指令进行双向数据绑定的例子：

```
<input [(ngModel)]="currentUser.name">
```

20.2.2　实例 50：创建并使用属性型指令

Angular CLI 提供了创建指令的方便途径。以下是通过 Angular CLI 命令行创建指令类文件：

```
ng generate directive highlight
```

指令类至少需要一个带有 @Directive 装饰器的控制器类。该装饰器用于指定一个用于标识属性的选择器。控制器类实现指令行为。

在下面例子中创建了一个简单的属性型指令"appHighlight"，其作用是，当用户把光标悬停在某个元素上时会改变它的背景色。

```
<p appHighlight>元素高亮</p>
```

观察 HighlightDirective 指令代码（highlight.directive.ts）：

```
import { Directive } from '@angular/core'; //用于提供@Directive 装饰器

@Directive({
  selector: '[appHighlight]'
})
export class HighlightDirective {
  constructor() { }
}
```

其中导入的 Directive 符号提供了 Angular 的 @Directive 装饰器。

在 @Directive 装饰器的配置属性中，指定了该指令的 CSS 属性型选择器[appHighlight]。Angular 会在模板中定位每个名叫"appHighlight"的元素，并为这些元素加上该指令的逻辑。紧跟在 @Directive 元数据之后的是该指令的控制器类，名叫"HighlightDirective"，它包含了指令的逻辑（目前为空逻辑）。导出 HighlightDirective，则可以让它在别处被访问到。

接下来把刚才生成的 highlight.directive.ts 编辑成下面这样：

```
import { Directive, //用于提供@Directive 装饰器
ElementRef   //用于引用宿主 DOM 元素
```

```
} from '@angular/core';

@Directive({
  selector: '[appHighlight]'
})
export class HighlightDirective {
    constructor(el: ElementRef) {
        el.nativeElement.style.backgroundColor = 'yellow';
    }
}
```

import 语句还从 Angular 的 core 库中导入了一个 ElementRef 符号。可以在指令的构造函数中注入 ElementRef 类，以引用宿主 DOM 元素。ElementRef 类通过其 nativeElement 属性来访问宿主 DOM 元素。

在本例中把宿主元素的背景色设置为黄色。

20.2.3 实例 51：响应用户引发的事件

在实例 50 中，appHighligh 只实现了将元素设置为固定的颜色。接下来修改这个指令，以实现这样的功能：当量用户把光标悬浮在某个元素上时，在元素下面将出现背景色。

（1）修改 highlight.directive.ts，把 HostListener 加进导入列表中，见下方代码。

```
import { Directive, ElementRef, HostListener } from '@angular/core';
```

（2）使用@HostListener 装饰器添加两个事件处理器，它们会在光标进入或离开时进行响应，见下方代码。

```
@HostListener('mouseenter') onMouseEnter() {
  this.highlight('yellow');
}

@HostListener('mouseleave') onMouseLeave() {
  this.highlight(null);
}

private highlight(color: string) {
  this.el.nativeElement.style.backgroundColor = color;
}
```

其中，@HostListener 装饰器引用了属性型指令的宿主元素，在这个例子中就是<p>。

修改后的构造函数只负责声明要注入的元素 "el：ElementRef"，代码如下：

```
constructor(private el: ElementRef) {}
```

下面是修改后的指令代码：

```
import { Directive, //用于提供@Directive 装饰器
  ElementRef,   //用来引用宿主 DOM 元素
  HostListener  //引用属性型指令的宿主元素
  } from '@angular/core';

@Directive({
  selector: '[appHighlight]'
})
export class HighlightDirective {
  constructor(private el: ElementRef) { }

  @HostListener('mouseenter') onMouseEnter() {
    this.highlight('yellow');
  }

  @HostListener('mouseleave') onMouseLeave() {
    this.highlight(null);
  }

  private highlight(color: string) {
    this.el.nativeElement.style.backgroundColor = color;
  }
}
```

运行本应用程序后可以看到,当把光标移到字母"p"上时,背景色就出现了;而移开后,背景色就消失。

20.2.4 实例52:使用@Input 数据绑定向指令传递值

在实例51中,高亮色为黄色,它是固定硬编在程序中的,不够灵活。接下来将任意颜色指定为高亮色。

(1)修改 highlight.directive.ts,从@angular/core 中导入 Input 注解,代码如下:

```
import { Directive, ElementRef, HostListener, Input } from '@angular/core';
```

(2)把 highlightColor 属性添加到指令类中,代码如下:

```
@Input() highlightColor:string;
```

@Input 装饰器注明该指令的 highlightColor 能用于绑定。它之所以被称为输入属性是因为:数据流是从绑定表达式流向指令内部的,如果没有这个元数据则 Angular 就会拒绝绑定。

(3)把下列指令所绑定的变量添加到 AppComponent 的模板中:

```
<p appHighlight highlightColor="'yellow'">元素高亮 yellow</p>
```

```html
<p appHighlight [highlightColor]="'orange'">元素高亮 orange</p>
```

（4）把 color 属性添加到 AppComponent 类中，代码如下：

```
export class AppComponent {
  color = 'yellow';
}
```

这样就可以通过将上述 color 属性绑定到模板中的 color 属性中，以控制高亮色。代码如下：

```html
<p appHighlight [highlightColor]="color">高亮元素</p>
```

但如果可以在应用该指令的同时在同一个属性中设置高亮色就更好了。代码如下：

```html
<p [appHighlight]="color">元素高亮</p>
```

（5）把该指令的 highlightColor 改名为"appHighlight"，因为它是颜色属性目前的绑定名。

```
@Input() appHighlight:string;
```

但 appHighlight 不是一个非常好的属性名，因为该名字无法反映该属性的意图。可以给它指定一个用于绑定的别名。

（6）指定别名。修改后的代码如下：

```
@Input('appHighlight') highlightColor:string;
```

在指令内部，该属性叫作"highlightColor"；在指令外部，它被绑定到其他地方，叫作"appHighlight"。

现在，可以将别名 appHighlight 绑定到 highlightColor 属性中，并修改 onMouseEnter()方法来使用它。如果忘记绑定到 appHighlightColor，则用默认值红色来进行高亮。修改 highlight.directive.ts 的代码如下：

```
@HostListener('mouseenter') onMouseEnter() {
  this.highlight(this.highlightColor || 'red');
}
```

下面是完整的 HighlightDirective 指令代码。

```
import { Directive, //用于提供@Directive 装饰器
  ElementRef,   //用于引用宿主 DOM 元素
  HostListener, //引用属性型指令的宿主元素
  Input } from '@angular/core';

@Directive({
  selector: '[appHighlight]'
})
export class HighlightDirective {
```

```
constructor(private el: ElementRef) { }

@Input('appHighlight') highlightColor: string;

@HostListener('mouseenter') onMouseEnter() {
  this.highlight(this.highlightColor || 'red');
}

@HostListener('mouseleave') onMouseLeave() {
  this.highlight(null);
}

private highlight(color: string) {
  this.el.nativeElement.style.backgroundColor = color;
}
}
```

20.2.5 实例53：绑定多个属性

目前，默认颜色被硬编码为红色。接下来，将应用修改为允许模板的开发者设置默认颜色。

（1）把第2个名叫"defaultColor"的输入属性添加到HighlightDirective中：

```
@Input() defaultColor:string;
```

（2）修改该指令的onMouseEnter()方法，让它首先尝试使用highlightColor作为高亮色，然后用defaultColor作为高亮色，如果highlightColor没有指定则用红色作为默认颜色。代码如下：

```
@HostListener('mouseenter') onMouseEnter() {
  this.highlight(this.highlightColor || this.defaultColor || 'red');
}
```

（3）像组件一样，指令可以绑定到很多属性，只要把它们依次写在模板中即可。在以下示例中，指令绑定到了AppComponent.color，并且用violet色作为默认颜色。

```
<p [appHighlight]="color" defaultColor="violet">
元素高亮
</p>
```

Angular之所以知道defaultColor绑定属于HighlightDirective是因为：已经通过@Input装饰器把它设置成了公共属性。

> 代码 本节所有代码可以在本书配套资源中的attribute-directives目录下找到。

20.3 结构型指令

结构型指令的职责是进行 HTML 文档布局。它们塑造或重塑 DOM 的结构，比如添加、移除或维护这些元素。

像其他指令一样，可以把结构型指令应用到一个宿主元素上，然后就可以对宿主元素及其子元素执行一些操作了。

结构型指令非常容易识别。观察以下示例，星号（*）被放在结构型指令的属性名之前：

```
<div *ngIf="user" class="name">{{user.name}}</div>
```

*ngIf 是一个结构型指令。Angular 会将这个语法糖解析为一个<ng-template>标签，其中包含宿主元素及其子元素。以下是解析后的代码：

```
<ng-template [ngIf]="user">
<div class="name">{{user.name}}</div>
</ng-template>
```

需要注意的是，每个宿主元素上只能有一个结构型指令。

20.3.1 了解 NgIf 指令

NgIf 指令接收一个布尔值，并据此让一整块 DOM 树出现或消失。以下是一个使用 NgIf 指令的示例：

```
<p *ngIf="true">
该 DOM 树出现
</p>
<p *ngIf="false">
该 DOM 树消失
</p>
```

NgIf 指令并不是使用 CSS 来隐藏元素，而是把这些元素从 DOM 中物理地删除。

20.3.2 了解 NgSwitch 指令

Angular 的 NgSwitch 实际上是一组相互合作的指令：NgSwitch、NgSwitchCase 和 NgSwitchDefault。

观察以下例子：

```
<div [ngSwitch]="user?.emotion">
<app-happy-user *ngSwitchCase="'happy'" [user]="user"></app-happy-user>
```

```
<app-sad-user *ngSwitchCase="'sad'" [user]="user"></app-sad-user>
<app-confused-user *ngSwitchCase="'app-confused'" [user]="user">
</app-confused-user>
<app-unknown-user *ngSwitchDefault [user]="user"></app-unknown-user>
</div>
```

将值（user.emotion）交给 NgSwitch，让 NgSwitch 决定要显示哪一个分支。

NgSwitch 不是结构型指令，而是一个属性型指令，它控制其他两个 switch 指令的行为。这也就是为什么要写成[ngSwitch]，而不是*ngSwitch 的原因。

NgSwitchCase 和 NgSwitchDefault 都是结构型指令，因此需要使用星号（*）作为前缀来把它们附着到元素上。NgSwitchCase 会在它的值匹配上选项值时显示其宿主元素。NgSwitchDefault 则会在 NgSwitchCase 没有匹配上时显示它的宿主元素。

像其他的结构型指令一样，NgSwitchCase 和 NgSwitchDefault 指令也可以被解析成 \<ng-template\>标签的形式。以下是解析后的代码：

```
<div [ngSwitch]="user?.emotion">
<ng-template [ngSwitchCase]="'happy'">
<app-happy-user [user]="user"></app-happy-user>
</ng-template>
<ng-template [ngSwitchCase]="'sad'">
<app-sad-user [user]="user"></app-sad-user>
</ng-template>
<ng-template [ngSwitchCase]="'confused'">
<app-confused-user [user]="user"></app-confused-user>
</ng-template >
<ng-template ngSwitchDefault>
<app-unknown-user [user]="user"></app-unknown-user>
</ng-template>
</div>
```

20.3.3　了解 NgFor 指令

NgFor 指令是一个重复器指令，用于展示一个由多个条目组成的列表。首先定义了一个 HTML 块，它规定了单个条目应该如何显示；然后告诉 Angular 把这个块当作模板渲染列表中的每个条目。

可以把 NgFor 指令应用在一个简单的\<div\>标签上，示例代码如下：

```
<div *ngFor="let user of users">{{user.name}}</div>
```

也可以把 NgFor 指令应用在一个组件元素上，示例代码如下：

```
<app-user-detail *ngFor="let user of users" [user]="user"></app-user-detail>
```

20.3.4 了解<ng-template>标签

<ng-template>是一个 Angular 标签,用来渲染 HTML。它永远不会直接显示出来。在渲染视图之前,Angular 会把<ng-template>标签及其内容替换为一个注释。

如果没有使用结构型指令,而仅仅把一些别的元素包装进<ng-template>标签中,则那些元素是不可见的。在下面的这个短语"Hip! Hip! Hooray!"中,中间的这个"Hip!"就是不可见的。

```
<p>Hip!</p>
<ng-template>
<p>Hip!</p>
</ng-template>
<p>Hooray!</p>
```

Angular 抹掉了中间的那个"Hip!",最终效果如图 20-1 所示。

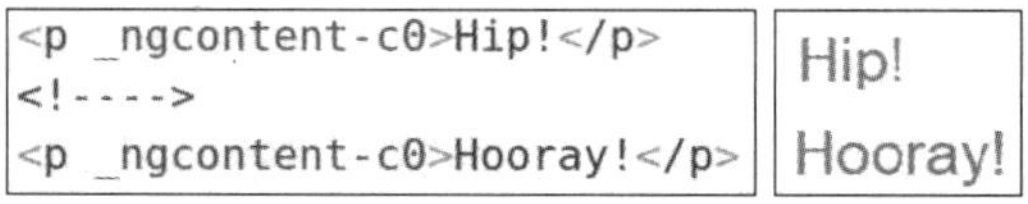

```
<p _ngcontent-c0>Hip!</p>
<!---->
<p _ngcontent-c0>Hooray!</p>
```

Hip!
Hooray!

图 20-1 抹掉了中间的那个"Hip!"

20.3.5 了解<ng-container>标签

使用<ng-container>标签可以把一些元素归为一组。<ng-container>标签不会污染样式或元素布局,因为 Angular 压根不会把它放进 DOM 中。

以下是使用<ng-container>标签的例子:

```
<p>
  I turned the corner
<ng-container *ngIf="user">
    and saw {{user.name}}. I waved
</ng-container>
  and continued on my way.
</p>
```

运行效果如图 20-2 所示。

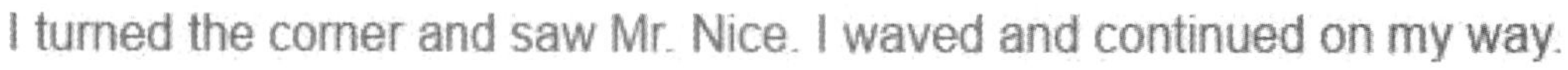

I turned the corner and saw Mr. Nice. I waved and continued on my way.

图 20-2 运行效果

20.3.6 实例 54：自定义结构型指令

本小节将实现一个名叫 "UnlessDirective" 的结构型指令。它的作用与 NgIf 指令相反。NgIf 指令会在条件为 true 时显示模板的内容，而 UnlessDirective 指令则会在条件为 false 时显示模板的内容。

 本小节的所有源代码可以在本书配套资源的 "structural-directives" 目录下找到。

1. 定义结构型指令

定义结构型指令的步骤与定义属性型指令的步骤是一致的。UnlessDirective 指令的代码如下：

```
import { Directive, Input, TemplateRef, ViewContainerRef } from '@angular/core';

@Directive({ selector: '[appUnless]'})
  export class UnlessDirective {
}
```

2. 了解 TemplateRef 类和 ViewContainerRef 类

在本例中，结构型指令会从 Angular 生成的<ng-template>标签中创建一个内嵌的视图，并把这个视图插入一个视图容器中（紧挨着本指令原来的宿主元素<p>）。

可以使用 TemplateRef 类来获取<ng-template>标签的内容，也可以通过 ViewContainerRef 类来访问这个视图容器。可以把 TemplateRef 类和 ViewContainerRef 类都注入指令的构造函数中，作为该类的私有属性，代码如下：

```
constructor(
  private templateRef: TemplateRef<any>,
  private viewContainer: ViewContainerRef) { }
```

3. 了解 appUnless 属性

可以把一个 boolean 类型的值绑定到 appUnless 属性上，代码如下：

```
@Input() set appUnless(condition: boolean) {
  if (!condition && !this.hasView) {
    this.viewContainer.createEmbeddedView(this.templateRef);
    this.hasView = true;
  } else if (condition && this.hasView) {
    this.viewContainer.clear();
    this.hasView = false;
  }
}
```

一旦该值的条件发生了变化，Angular 就会去设置 appUnless 属性。

- 如果条件为 false，并且尚未创建该视图，则会通知视图容器（ViewContainer）根据模板来创建一个内嵌视图。
- 如果条件为 true，并且视图已经显示出来了，则会清除该容器并销毁该视图。

完整的指令代码如下：

```
import { Directive, Input, TemplateRef, ViewContainerRef } from '@angular/core';

@Directive({ selector: '[appUnless]'})
export class UnlessDirective {
  private hasView = false;

  constructor(
    private templateRef: TemplateRef<any>,
    private viewContainer: ViewContainerRef) { }

  @Input() set appUnless(condition: boolean) {
    if (!condition && !this.hasView) {
      this.viewContainer.createEmbeddedView(this.templateRef);
      this.hasView = true;
    } else if (condition && this.hasView) {
      this.viewContainer.clear();
      this.hasView = false;
    }
  }
}
```

4. 添加指令到 AppModule 模块的 declarations 数组中

为了让 UnlessDirective 指令生效，需要将 UnlessDirective 指令添加到 AppModule 模块的 declarations 数组中。app.module.ts 的完整代码如下：

```
import { BrowserModule } from '@angular/platform-browser';
import { NgModule } from '@angular/core';

import { AppComponent } from './app.component';
import { UnlessDirective }    from './unless.directive';

@NgModule({
  declarations: [
    AppComponent,
    UnlessDirective
  ],
```

```
imports: [
  BrowserModule
],
providers: [],
bootstrap: [AppComponent]
})
export class AppModule { }
```

5. 应用指令

为了应用指令，将 app.component.html 的代码修改为如下：

```
<div>
<h1>
    {{ title }}
</h1>

<p *appUnless="true">
该段不显示，因为 appUnless 是 true
</p>

<p *appUnless="false">
该段显示，因为 appUnless 是 false
</p>
</div>
```

6. 运行应用

运行应用可以看到如图 20-3 所示的效果。

图 20-3　运行效果

第 21 章 Angular 服务与依赖注入

熟悉 Java 的开发者应该不会对依赖注入（DI）感到陌生。依赖注入是面向对象编程中的一种设计原则，用来降低计算机代码之间的耦合度。

本章将详细介绍 Angular 的依赖注入。

21.1 初识依赖注入

1. 从一个实例开始

我们先从一个例子开始，逐步认识依赖注入的好处。现有一个关于汽车的 Car 类：

```
export class Car {

  public engine: Engine; // 引擎
  public tires: Tires;   // 轮胎

  constructor() {
    this.engine = new Engine();
    this.tires = new Tires();
  }

  drive() {
    return `汽车通过` +
      `${this.engine.cylinders} 气缸和 ${this.tires.make} 轮胎运行.`;
  }
}
```

在这个例子中，Car 类需要一个引擎（engine）和一些轮胎（tire），换言之，Car 类依赖于 Engine 和 Tires。但它没有去请求现成的实例，而是在构造函数中用具体的 Engine 和 Tires 类实例化出自己的副本。

2. 提出问题

如果 Engine 类升级了，则它的构造函数要求传入一个参数，这该怎么办？

这个 Car 类就被破坏了，因为需要把创建引擎的代码重写为 this.engine = new Engine(theNewParameter)。如果 Car 类的依赖项（Engine 和 Tires）发生了变更，则 Car 类也不得不跟着改变。这就会让 Car 类过于脆弱。同时，由于无法没法控制 Car 类背后隐藏的依赖，所以 Car 类就会变得难以测试。

3. 解决问题

那该如何让 Car 更强壮、有弹性以及可测试呢？答案是：把 Car 类的构造函数改造成使用依赖注入的方式，具体代码如下：

```
constructor(public engine: Engine, public tires: Tires) { }
```

这段代码的神奇之处在于，Car 所有的依赖都被移到了构造函数中，Car 类不再需要自己创建引擎（engine）和轮胎（tire），而它仅仅是"消费"它们。

现在，通过往构造函数中传入 Engine 和 Tires 实例就能创建一台车了，具体代码如下：

```
let car = new Car(new Engine(), new Tires());
```

同时，Car 类变得非常容易测试，因为现在对它的依赖有了完全的控制权。在每个测试期间，Car 类可以往构造函数中传入 mock 对象，以编造测试数据：

```
class MockEngine extends Engine { cylinders = 8; }
class MockTires   extends Tires   { make = 'YokoGoodStone'; }

let car = new Car(new MockEngine(), new MockTires());
```

21.2 在 Angular 中实现依赖注入

在上面的依赖注入的例子中，虽然在对 Car 类进行实例化时内部已经无须再对 Engine 实例和 Tires 实例创建动作了，但为了得到一个 Car 实例人们必须创建这 3 部分：Car 实例、Engine 实例和 Tires 实例。人们希望某种机制能把这 3 个部分装配好。

如果需要一个 Car 实例，则可以通过简单地查找找注入器来实现，具体代码如下：

```
let car = injector.get(Car);
```

在这里，Car 实例不需要知道如何创建 Engine 实例和 Tires 实例。消费者也不需要知道如何创建 Car 实例。Car 类和消费者只要简单地请求想要什么，注入器就会提供给它们。Angular 的依赖注入框架就提供了这种机制。依赖注入系统在创建某个对象实例时，会负责提供该对象实例所依赖的对象。

下面演示如何在 Angular 中使用依赖注入。

 本实例的源代码可以在本书配套资源的 "dependency-injection" 目录中找到。

21.2.1 观察初始的应用

观察 dependency-injection 应用的初始代码。

1. 用户组件

组件类 users.component.ts 的代码如下：

```
import { Component, OnInit } from '@angular/core';

@Component({
  selector: 'app-users',
  templateUrl: './users.component.html',
  styleUrls: ['./users.component.css']
})
export class UsersComponent implements OnInit {

  constructor() { }

  ngOnInit() {
  }

}
```

组件模板 users.component.html 的代码如下：

```
<h2>用户管理</h2>
<app-user-list></app-user-list>
```

2. 用户列表组件

组件类 user-list.component.ts 的代码如下：

```
import { Component, OnInit } from '@angular/core';
import { USERS } from '../users/mock-users';
```

```
@Component({
  selector: 'app-user-list',
  templateUrl: './user-list.component.html',
  styleUrls: ['./user-list.component.css']
})
export class UserListComponent implements OnInit {

  constructor() { }

  ngOnInit() {
  }

  users = USERS;

}
```

组件模板 user-list.component.html 的代码如下：

```
<div *ngFor="let user of users">
  {{user.id}} - {{user.name}}
</div>
```

3. 用户类及 mock 数据

用户类 user.ts 的代码如下：

```
export class User {
    id: number;
    name: string;
    isSecret = false;
}
```

用户 mock 数据 mock-users.ts 的代码如下：

```
import { User } from './user';

export const USERS: User[] = [
  { id: 1, isSecret: false, name: 'Way Lau' },
  { id: 2, isSecret: false, name: 'Narco' },
  { id: 3, isSecret: false, name: 'Bombasto' },
  { id: 4, isSecret: false, name: 'Celeritas' },
  { id: 5, isSecret: false, name: 'Magneta' },
  { id: 6, isSecret: false, name: 'RubberMan' },
  { id: 7, isSecret: false, name: 'Dynama' },
  { id: 8, isSecret: true,  name: 'Dr IQ' },
  { id: 9, isSecret: true,  name: 'Magma' },
```

```
  { id: 10, isSecret: true,  name: 'Tornado' }
];
```

21.2.2　创建服务

在 dependency-injection 应用的初始代码基础上，通过 Angular CLI 在 src/app/users 目录下新建一个 UserService 服务类：

```
ng generate service users/user
```

上述命令会创建如下的 UserService 骨架代码：

```
import { Injectable } from '@angular/core';

@Injectable({
  providedIn: 'root'
})
export class UserService {

  constructor() { }
}
```

@Injectable 装饰器用来定义每个 Angular 服务必备的部分。@Injectable 装饰器把该类的其他部分改写为暴露一个返回和以前一样的 mock 数据的 getUsers()方法。具体代码如下：

```
import { Injectable } from '@angular/core';
import { USERS } from './mock-users';

@Injectable({
  providedIn: 'root'
})
export class UserService {

  getUsers() { return USERS; }
}
```

21.2.3　理解注入器

Angular 中的服务类（比如 UserService）在被注册进依赖注入器（injector）之前只是一个普通类。Angular 的依赖注入器负责创建服务的实例，并把它们注入像 UserListComponent 这样的类中。

开发者很少需要自己创建 Angular 的依赖注入器，因为：当 Angular 运行应用时会为开发者自动创建这些注入器，并且会在引导过程中先创建一个根注入器。

Angular 本身没法自动判断服务类是打算自行创建类的实例，还是等注入器来创建类的实例。所以，必须通过为每个服务指定服务提供商来配置注入器。提供商会告诉注入器如何创建该服务实例。如果没有服务提供商，则注入器既不知道它该负责创建该服务实例，也不知道如何创建该服务实例。

有很多方式可以为注入器注册服务提供商，接下来一一讲解。

1. 在@Injectable 中注册服务提供商

@Injectable 装饰器会指出这些服务或其他类是用来注入的，并为这些服务提供配置项。下面示例是通过 providedIn 来为 UserService 类配置了一个服务提供商。

```
import { Injectable } from '@angular/core';
import { USERS } from './mock-users';

@Injectable({
  providedIn: 'root'
})
export class UserService {

  getUsers() { return USERS; }
}
```

providedIn 告诉 Angular，它的根注入器要调用 UserService 类的构造函数来创建一个实例，并让它在整个应用级别中都是可用的。在使用 Angular CLI 生成新服务时，默认采用这种方式来配置服务提供商。

有时不希望在应用级别的根注入器中提供服务。比如，有可能用户希望显式选择要使用的服务，或者惰性加载服务。在这种情况下，服务提供商应该关联到一个特定的@NgModule 类，而且应该将服务提供商用在该模块包含的任何一个注入器中。

在下面这段代码中，@Injectable 装饰器用来配置一个服务提供商，它可以用在任何包含了 UserModule 类的注入器中。

```
import { Injectable } from '@angular/core';
import { UserModule} from './user.module';
import { USERS } from './mock-users';

@Injectable({
  providedIn: UserModule
})
export class UserService {

  getUsers() { return USERS; }
}
```

2. 在@NgModule 类中注册服务提供商

在下面的代码片段中，根模块（AppModule）在自己的 providers 数组中注册了两个服务提供商。

```
providers: [
  UserService,   //使用 UserService 这个注入令牌注册 UserService 类
  { provide: APP_CONFIG, useValue: USER_DI_CONFIG } //使用 APP_CONFIG 这个注入令牌注册一个值
（USER_DI_CONFIG ）
],
```

借助这些注册语句，Angular 可以向它创建的任何类中注册 UserService 或 USER_DI_CONFIG 值了。

3. 在@Component 中注册服务提供商

服务除可以提供给全应用或特定的@NgModule 类外，还可以提供给指定的组件。在组件级提供的服务，只能在该组件及其子组件的注入器中使用。

下面的例子展示了一个修改过的 UsersComponent 类，它在自己的 providers 数组中注册了 UserService 类。

```
import { Component, OnInit } from '@angular/core';
import { UserService } from './user.service';

@Component({
  selector: 'app-users',
  providers: [ UserService ],
  templateUrl: './users.component.html',
  styleUrls: ['./users.component.css']
})
export class UsersComponent implements OnInit {

  constructor() { }

  ngOnInit() {
  }

}
```

4. 在@Injectable、@NgModule 和@Component 中进行注册的异同点

是在@Injectable、@NgModule 中进行注册，还是在@Component 中进行注册，需要根据实际情况来选择，因为不同的方式会影响最终的打包体积，以及服务的范围和生命周期。

三者都能实现服务的注入，主要不同点如下：

（1）在服务本身的@Injectable 中注册服务提供商时，优化工具可以执行摇树优化，这会移除所有没在应用中使用过的服务。摇树优化会产生更小的打包体积。

（2）除惰性加载的模块外，其他 Angular 模块中的服务提供商都注册在应用的根注入器下。因此，Angular 可以往它所创建的任何类中注入相应的服务。一旦创建，服务的实例就会存在于该应用的全部生存期中，Angular 会把这个服务实例注入依赖它的每个类中。

（3）如果要把这个 UserService 类注入应用中的很多地方，并期望每次注入的都是同一个服务实例，这时如果不能在@Injectable 上注册 UserService 类，那就在@NgModule 模块中注册 UserService 类。

（4）@Component 的服务提供商会注册到每个组件实例自己的注入器上。因此，Angular 只能在该组件及其各级子组件的实例上注入这个服务实例，而不能在其他地方注入这个服务实例。

由组件提供的服务同样具有有限的生命周期。组件的每个实例都会有它自己的服务实例，并且当组件实例被销毁时服务的实例也会被销毁。

在前面的示例中，UserComponent 会在应用启动时创建，并且从不会被销毁，因此，由 UserComponent 创建的 UserService 也同样会存活在应用的整个生命周期中。

如果要把 UserService 类的访问权限定在 UserComponent 及其嵌套的 UserListComponent 中，那么在 UserComponent 中提供这个 UserService 类就是一个好选择。

21.2.4　理解服务提供商

服务提供商就是为依赖值提供一个具体的、运行时的版本。

注入器依靠服务提供商来创建服务的实例，然后将这些服务的实例注入其他组件、管道或服务中。

必须为注入器注册一个服务提供商，否则该注入器就不知道该如何创建该服务实例。

指定服务提供商有以下几种方式。

1．把类作为它自己的服务提供商

在下面例子中，Logger 类本身就是服务提供商。

providers:[Logger]

2. 在 provide 中使用对象的字面量

在下面例子中使用了一个带有两个属性的服务提供商对象的字面量：

```
[{ provide: Logger, useClass: Logger }]
```

其中：

- provide 属性保存的是令牌（token），它作为键（key）使用，用于定位依赖值和注册服务提供商。
- useClass 属性是一个服务提供商定义对象。

3. 备选的类提供商

某些时候需要请求一个不同的类来提供服务。下列代码告诉注入器，当有人请求 Logger 时返回 BetterLogger。

```
[{ provide: Logger, useClass: BetterLogger }]
```

4. 带依赖的类提供商

如果被注入的 EvenBetterLogger 自身依赖其他的服务(比如 UserService)，则 UserService 通常也会在应用级被注入。观察下面的例子：

```
@Injectable()
export class EvenBetterLogger extends Logger {
  constructor(private userService: UserService) { super(); }

  log(message: string) {
    let name = this.userService.user.name;
    super.log(`给 ${name}的消息是: ${message}`);
  }
}
```

服务提供商配置如下：

```
[ UserService,
  { provide: Logger, useClass: EvenBetterLogger }]
```

5. 别名类提供商

假设某个组件依赖一个旧的 OldLogger 类，而旧类 OldLogger 和新类 NewLogger 具有相同的接口，但是由于某些原因该组件不能直接使用新类 NewLogger，则此时可以使用 useExisting 来指定别名。观察下面的例子：

```
[ NewLogger,
  { provide: OldLogger, useExisting: NewLogger}]
```

在上面例子中就是把 OldLogger 作为了 NewLogger 的别名。

6. 值服务提供商

有时提供一个预先做好的对象会比请求注入器从类中创建它更容易。观察下面的例子：

```
export function SilentLoggerFn() {}

const silentLogger = {
  logs: ['Silent Logger 默默地记录日志'],
  log: SilentLoggerFn
};
```

在上面的例子中，可以通过 useValue 选项来注册服务提供商，useValue 选项会让这个对象直接扮演日志的角色。

```
[{ provide: Logger, useValue: silentLogger }]
```

7. 工厂服务提供商

以下是使用工厂服务提供商的例子。工厂服务提供商需要一个工厂方法。

```
let userServiceFactory = (logger: Logger, orderService: OrderService) => {
  return new UserService(logger, orderService.order.isAuthorized);
};
```

虽然 UserService 不能访问 OrderService，但是工厂方法可以。

同时把 Logger 和 OrderService 注入工厂服务提供商，并让注入器把它们传给工厂方法。具体代码如下。

```
export let userServiceProvider =
  { provide: UserService,
    useFactory: userServiceFactory,
    deps: [Logger, OrderService]
  };
```

其中，

- useFactory 字段告诉 Angular：这个服务提供商是一个工厂方法，它的实现是 userServiceFactory。
- deps 属性是提供商令牌数组。Logger 和 OrderService 类作为它们自身类提供商的令牌。注入器解析这些令牌，并把相应的服务注入工厂函数中相应的参数。

在下面的这个例子中，只在 UsersComponent 中需要 userServiceProvider，因此用 userServiceProvider 代替元数据 providers 数组中原来的 UserService 进行注册。

```
import { Component }           from '@angular/core';
import { userServiceProvider } from './user.service.provider';
@Component({
  selector: 'app-users',
  providers: [ userServiceProvider ],
  templateUrl: './users.component.html',
  styleUrls: ['./users.component.css']
})
export class UsersComponent implements OnInit {

  constructor() { }

  ngOnInit() {
  }

}
```

8. 可以被摇树优化的提供商

摇树优化是指：在最终打包时移除应用中从未引用过的代码，从而减小打包体积。

可摇树优化的提供商可以让 Angular 从结果中移除那些在应用中从未使用过的服务。不过问题在于——Angular 的编译器无法在构建期间识别该服务是必要的。因此，在模块中注册的服务提供商的服务也就无法进行摇树优化了。

以下是一个 Angular 无法对服务提供商进行摇树优化的例子。在这个例子中，为了在 Angular 中提供服务，把服务都包含进@NgModule 中。下面是模块代码：

```
import { Injectable, NgModule } from '@angular/core';

@Injectable()
export class Service {
  doSomething(): void {
  }
}

@NgModule({
  providers: [Service],   // 模块中的服务供应商的服务
})
export class ServiceModule {
}
```

接着，将该模块导入应用模块：

```
@NgModule({
  imports: [
```

```
    BrowserModule,
    RouterModule.forRoot([]),
    ServiceModule,
 ],})export class AppModule {}
```

当运行 ngc 时，系统会把 AppModule 编译进一个模块工厂，该模块工厂中含有在它包含的所有子模块中声明过的所有服务提供商。在运行期间，该模块工厂会变成一个用于实例化这些服务的注入器。在这种方式下摇树优化无法工作，因为 Angular 无法根据该代码（服务类）是否被其他代码块使用过来排除它。

因此，如果想创建可摇树优化的服务提供商，则需要把那些"原本要通过模块来注册服务提供商的方式"改为"在服务自身的@Injectable 装饰器中提供"。

下面的例子是一个与上面的 ServiceModule 示例等价的可摇树的优化版本：

```
@Injectable({
  providedIn: 'root',
})
export class Service {
}
```

21.2.5 注入服务

UserListComponent 组件依赖 UserService 类来获取用户数据。

但 UserListComponent 组件不应该使用 "new" 关键字来创建 UserService 类，而是应该采用注入的方式注入 UserService 类。

可以通过在构造函数中添加一个带有该依赖类型的参数，来要求 Angular 把这个依赖注入组件的构造函数。下面是注入服务的例子：

```
import { Component, OnInit } from '@angular/core';
import { UserService } from '../users/user.service';
import { User } from '../users/user';

@Component({
  selector: 'app-user-list',
  templateUrl: './user-list.component.html',
  styleUrls: ['./user-list.component.css']
})
export class UserListComponent implements OnInit {

  users: User[];

  constructor(userService: UserService) {
```

```
    this.users = userService.getUsers();
  }

  ngOnInit() {
  }
}
```

21.2.6　单例服务

单例服务是指：在任何一个注入器中，同一个服务最多只有一个实例。

由于根注入器只有一个，所以在根注入器中注册的服务在整个应用中只能有一个实例。

不过需要注意的是，Angular DI 是一个多级注入系统，这意味着各级注入器都可以创建它们自己的服务实例。Angular 总是会创建多级注入器，因此在应用级别中同一个服务可能会被注入多次。

21.2.7　组件的子注入器

组件注入器是彼此独立的，每个组件都会创建单独的子注入器实例。

例如，当 Angular 创建一个带有@Component.providers 的组件实例时，也会同时为这个实例创建一个新的子注入器。当 Angular 销毁某个组件实例时，也会同时销毁该组件的注入器，以及该注入器中的服务实例。

由于是多级注入器，因此可以把全应用级的服务注入这些组件。组件的注入器是其父组件注入器的"儿子"，也是其祖父注入器的"孙子"，以此类推，直到该应用的根注入器。Angular 可以注入这条线上的任何注入器所提供的服务。

21.2.8　测试组件

前面也介绍过，依赖注入的好处是让类更容易测试。

例如，新建的 UserListComponent 类用一个模拟服务进行测试：

```
const expectedUsers = [{name: 'A'}, {name: 'B'}]
const mockService = <UserService> {getUsers: () => expectedUsers }

it('在 UserListComponent 创建时，应能获取到用户数据', () => {
  const component = new UserListComponent(mockService);
  expect(component.users.length).toEqual(expectedUsers .length);
});
```

21.2.9 服务依赖服务

复杂的服务自身也可能依赖其他服务。比如在 UserService 类中，依赖日志服务 LoggerService。

在原有的 dependency-injection 应用中，通过下面的 Angular CLI 命令来创建 LoggerService：

```
ng generate service logger
```

将 LoggerService 代码修改为如下：

```
import { Injectable } from '@angular/core';

@Injectable({
  providedIn: 'root'
})
export class LoggerService {
  logs: string[] = [];

  log(message: string) {
    this.logs.push(message);
    console.log(message);
  }
}
```

其中，providedIn:'root' 表明该服务在整个应用级别是单例。

下面代码演示了将 LoggerService 注入 UserService：

```
import { Injectable } from '@angular/core';

import { LoggerService } from '../logger.service';
import { USERS } from './mock-users';

@Injectable({
  providedIn: 'root'
})
export class UserService {

  constructor(private logger: LoggerService) { }

  getUsers() {
    this.logger.log('获取用户...');
    return USERS;
  }
}
```

21.2.10 依赖注入令牌

向注入器注册服务提供商，实际上是把这个服务提供商和一个依赖注入令牌关联起来。注入器维护一个内部的"令牌–提供商"映射表，这个映射表会在请求依赖时被引用。令牌就是这个映射表中的键值对的键。

在前面的所有例子中，依赖值都是一个类实例。在下面的代码中，将 LoggerService 类型作为令牌注入，这样就能直接从注入器中获取 LoggerService 实例：

```
logger: LoggerService
```

21.2.11 可选依赖

可以把构造函数的参数标记为 null 以告诉 Angular 该依赖是可选的：

```
constructor(@Inject(Token,null));
```

如果要使用可选依赖，那代码就必须准备好处理空值。

21.3 多级依赖注入

Angular 有一个多级依赖注入系统，可以在任意级别的注入器中注入服务。

21.3.1 注入器树

Angular 应用是一个组件树。每个组件实例都有自己的注入器，因此有了注入器树。注入器树与组件树是平行的。图 21-1 展示了多级注入器树。

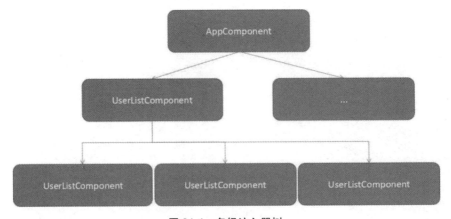

图 21-1　多级注入器树

21.3.2 注入器冒泡

当一个组件申请获得一个依赖时，Angular 先尝试用该组件自己的注入器来满足它。如果在该组件的注入器中没有找到对应的服务提供商，则把这个申请转给它的父组件的注入器来处理。如果它的父组件的注入器也无法满足这个申请，则继续转给它的父组件的注入器，直到找到一个能处理此申请的注入器为止。这个过程被称为"注入器冒泡"。

如果在整个组件树中都没找到对应的提供商，则 Angular 会抛出一个错误。

21.3.3 在不同层级提供同一个服务

可以在注入器树中的多个层次上为指定的依赖令牌重新注册服务提供商。虽然可以重新注册，但不建议这么做。

服务解析逻辑会自下而上查找，碰到的第 1 个服务提供商会胜出。因此，注入器树中间层注入器上的服务提供商可以拦截来自底层对特定服务的请求。这导致它可以"重新配置"，或者说"遮蔽"高层的注入器。

21.3.4 组件注入器

出于架构方面的考虑，可能需要把一个服务限制在它所属的特定领域中。组件注入器就能实现这种功能。

下面的例子展示了 UserService 被限制在 UsersComponent 中使用：

```
import { Component, OnInit } from '@angular/core';
import { UserService } from './user.service';

@Component({
  selector: 'app-users',
  providers: [ UserService ],
  templateUrl: './users.component.html',
  styleUrls: ['./users.component.css']
})
export class UsersComponent implements OnInit {

  constructor() { }

  ngOnInit() {
  }

}
```

第 22 章 Angular 路由

在 Web 应用里少不了路由器。路由器用来实现不同页面间的跳转。

本章将详细介绍 Angular 的路由功能。

22.1 配置路由

Angular 的路由器可以将用户从一个视图导航到另一个视图。

Angular 的路由器会根据浏览器中的 URL 来决定将用户导航到哪个客户端视图。路由器也会把参数传给支撑视图的相应组件，这样视图就能根据这些参数来决定具体展现什么内容。

每个带路由功能的 Angular 应用都有一个单实例的路由器服务。当浏览器的 URL 发生变化时，路由器会通过设置路由器服务查找对应的路由，来决定该显示哪个组件。

22.1.1 实例 55：配置路由器

需要先配置路由器才会有路由信息。

在下面的代码中有 5 种配置路由器的方式，用 RouterModule.forRoot()方法来配置路由器，并把它的返回值添加到 AppModule 的 imports 数组中。

```
const appRoutes: Routes = [
  { path: 'users', component: UsersComponent },
  { path: 'detail/:id', component: UserDetailComponent }, // 带路由参数的令牌
  {
    path: 'dashboard',
    component: DashboardComponent ,
```

```
    data: { title: 'Dashborad Component' } // 传递数据
  },
  { path: '', redirectTo: '/dashboard', pathMatch: 'full' }, // 默认路由
  { path: '**', component: PageNotFoundComponent } // 通配符
];

@NgModule({
  imports: [
    RouterModule.forRoot(
      appRoutes,
      { enableTracing: true } // 用于调试
    )
    // 省略其他导入的内容
    ...
})
export class AppModule { }
```

在上述例子中，路由数组 appRoutes 描述了如何进行导航。配置路由器，只需把 appRoutes 数组传给 RouterModule.forRoot() 方法即可。每个路由都会把一个路由路径映射到一个组件。路由器会解析每个路由的路径，并构建出最终的 URL，这样当用户就能使用相对路径或绝对路径在应用的多个视图之间进行导航。

路由路径不能以斜杠（/）开头。

- 在第 2 个路由信息中，:id 是一个路由参数的令牌。比如在/detail/2 这个 URL 中，"2"就是 id 参数的值。此 URL 对应的 UserDetailComponent 组件将据此查找和展现 id 为 2 的用户。
- 在第 3 个路由信息中，data 属性用来存放与每个具体路由有关的信息。该属性值可以被任何一个激活路由访问，并能用来保存诸如页标题、导航及其他静态只读数据。
- 在第 4 个路由信息中，空路径（''）表示应用的默认路径，当 URL 为空时就会访问那里，因此它通常被作为应用的起点。这个默认路由会重定向到/dashboard，并显示 DashboardComponent。
- 在最后一个路由信息中，**路径是一个通配符。当所请求的 URL 都不能匹配前面定义的路由表中的任何路径时，路由器就会选择此路由。这个特性可用于显示"404 Not Found"页面，或者自动重定向到其他路由。

建议按照上述顺序来配置路由。在上面的配置中，带静态路径的路由被放在前面，后面是空路径路由（它会作为默认路由）。通配符路由被放在了最后，这是因为它能匹配每个 URL，所以应该只有在找不到前面能匹配的路由时才匹配它。

22.1.2　输出导航生命周期中的事件

如果想看在导航的生命周期中发生过哪些事件，则可以使用路由器默认配置中的 enableTracing 选项——只需要把"enableTracing: true"选项作为第 2 个参数传给 RouterModule.forRoot()方法即可。enableTracing 会把每个导航生命周期中的事件输出到浏览器的控制台中。

"enableTracing: true"选项应该只用于调试。在生产环境下不要启用它！

22.1.3　实例 56：设置路由出口

路由出口（RouterOutlet）是一个来自路由模块中的指令，其用法类似于组件。它起到一个占位符的作用，用于在模板中标出一个位置。路由器会把要显示在这个路由出口处的组件显示在这里。

观察下面的例子中的<router-outlet>元素：

```
<h1>路由器示例</h1>
<nav>
<a routerLink="/dashborad" routerLinkActive="active">看板</a>
<a routerLink="/users" routerLinkActive="active">用户列表</a>
</nav>
<router-outlet></router-outlet>
```

当应用在浏览器中的 URL 变为/dashborad 时，路由器会将请求引导到 path 为 dashborad 的路由上，并在宿主视图中的<router-outlet>标签之后显示出 DashboradComponent 组件，如图 22-1 所示。

图 22-1　运行效果

22.2 理解路由器链接

现在已经有一些配置好的路由，而且找到了渲染它们的地方，但又该如何导航到页面呢？虽然在浏览器的地址栏直接输入 URL 也能导航到具体的页面，但是大多数情况下，导航是某些用户操作的结果，比如单击一个<a>标签。

考虑下列模板：

```
<h1>Angular 路由</h1>
<nav>
<a routerLink="/dashboard'" routerLinkActive="active">看板</a>
<a routerLink="/users" routerLinkActive="active">用户列表</a>
</nav>
<router-outlet></router-outlet>
```

<a>标签上的 routerLink 指令用于指定路由器要导航的页面。

22.2.1 路由器状态

导航时在所有生命周期成功完成后，路由器会构建出一个由 ActivatedRoute 组成的树，它表示路由器的当前状态。在应用中的任何地方，都可以用路由器服务及其 RouterState 属性来访问当前的 RouterState 值。

RouterState 中的每个 ActivatedRoute 都提供了一种从任意激活路由开始向上或向下遍历路由树的方式，以获得关于父、子、兄弟路由的信息。

22.2.2 激活的路由

路由的路径和参数可以通过注入进来的一个名叫"ActivatedRoute"的路由服务来获取。ActivatedRoute 的属性如下。

- url：路由路径的 Observable 对象，是一个由路由路径中的各个部分组成的字符串数组。
- data：一个 Observable，其中包含提供给路由的 data 对象，也包含由解析守卫（resolve guard）解析而来的值。
- paramMap：一个 Observable,其中包含一个由当前路由的必要参数和可选参数组成的 map 对象。用这个 map 对象可以获取同名参数的单一值或多重值。
- queryParamMap：一个 Observable，其中包含一个对所有路由都有效的查询参数组成的 map 对象。用这个 map 对象可以获取查询参数的单一值或多重值。

- fragment：一个适用于所有路由的 URL 的 fragment（片段）的 Observable。
- outlet：要把该路由渲染到的 RouterOutlet 的名字。对于无名路由，它的路由名是 primary，而不是空串。
- routeConfig：该路由的路由配置信息，其中包含原始路径。
- parent：当该路由是一个子路由时，表示该路由的父级 ActivatedRoute。
- firstChild：包含该路由的子路由列表中的第 1 个 ActivatedRoute。
- children：包含当前路由下所有已激活的子路由。

22.3 路由事件

在每次导航中，路由器都会通过 Router.events 属性发布一些导航事件。这些事件覆盖从开始导航到结束导航之间的很多时间点。下面列出了全部导航事件。

- NavigationStart：该事件会在导航开始时被触发。
- RouteConfigLoadStart：该事件会在路由器惰性加载某个路由配置之前被触发。
- RouteConfigLoadEnd：该事件会在惰性加载了某个路由后被触发。
- RoutesRecognized：该事件会在路由器解析完 URL 并识别出了相应的路由时被触发。
- GuardsCheckStart：该事件会在路由器开始守卫阶段之前被触发。
- ChildActivationStart：该事件会在路由器开始激活路由的子路由时被触发。
- ActivationStart：该事件会在路由器开始激活某个路由时被触发。
- GuardsCheckEnd：该事件会在路由器成功完成了守卫阶段时被触发。
- ResolveStart：该事件会在路由器开始解析阶段时被触发。
- ResolveEnd：该事件会在路由器成功完成了路由的解析阶段时被触发。
- ChildActivationEnd：该事件会在路由器激活了路由的子路由时被触发。
- ActivationEnd：该事件会在路由器激活了某个路由时被触发。
- NavigationEnd：该事件会在导航成功结束后被触发。
- NavigationCancel：该事件会在导航被取消后被触发。这可能是因为在导航期间某个路由守卫返回了 false。

22.4 重定向 URL

任何应用的需求都会随着时间而改变。比如，在"用户管理"应用中，原来把链接/users 和

detail/:id 指向了 UsersComponent 和 UserDetailComponent 组件,现在要把链接/users 变成/niceusers,且希望以前的 URL 能正常导航,但又不想在应用中修改每一个链接,这时如果利用重定向则可以省去这些琐碎的重构工作。

那么,如何实现把链接/users 修改成/niceusers 呢?

先取得 User 路由,并把它们迁移到新的 URL 中;然后路由器会在开始导航之前先在配置中检查所有重定向语句,以便将来按需触发重定向。修改后的代码如下:

```
const appRoutes: Routes = [
  { path: 'users', redirectTo: '/niceusers' },    // 重定向
  { path: 'niceusers', component: UsersComponent },    // 新的 URL
  { path: 'detail/:id', component: UserDetailComponent },
  {
    path: 'dashboard',
    component: DashboardComponent ,
    data: { title: 'Dashborad Component' }
  },
  { path: '', redirectTo: '/dashboard', pathMatch: 'full' },
  { path: '**', component: PageNotFoundComponent }
];

@NgModule({
  imports: [
    RouterModule.forRoot(
      appRoutes,
      { enableTracing: true } // 用于 debug
    )
    // 省略其他的导入
  ],
  ...
})
export class AppModule { }
```

22.5 实例 57:一个路由器的例子

下面通过一个实际的例子来完整演示创建路由器的过程。

22.5.1 创建应用及组件

首先通过 Angular CLI 的命令行创建一个名为"router"的应用:

```
ng new router
```

接着，切换到应用根目录下，执行 Angular CLI 命令来创建两个组件——dashborad 和 user-list：

```
ng generate component dashborad
ng generate component user-list
```

这两个组件用于演示路由器导航到不同视图的效果。

22.5.2 修改组件的模板

为了让整个演示变得简单，本例子组件的模板内容设置得比较少。其中，Dashboard Component 的模板 dashborad.component.html 被修改为如下：

```
<h2>看板</h2>
<p>我是万能的看板</p>
```

而 UserListComponent 的模板 user-list.component.html 被修改为如下：

```
<h2>用户列表</h2>
<p>我是用户列表</p>
```

22.5.3 导入并设置路由器

要使用路由器功能，则需要先导入与路由器相关的模块，然后定义一个路由数组 appRoutes，并把它传给 RouterModule.forRoot()方法。这会返回一个模块，其中包含配置好的 Router 服务提供商，以及路由库所需的其他提供商。app.module.ts 的完整代码如下：

```
import { BrowserModule } from '@angular/platform-browser';
import { NgModule } from '@angular/core';
import { RouterModule, Routes } from '@angular/router'; // 导入路由器模块

import { AppComponent } from './app.component';
import { DashboradComponent } from './dashborad/dashborad.component';
import { UserListComponent } from './user-list/user-list.component';

// 路由器配置
const appRoutes: Routes = [
  { path: 'dashborad', component: DashboradComponent },
  { path: 'users', component: UserListComponent },
];


@NgModule({
  declarations: [
```

```
    AppComponent,
    DashboradComponent,
    UserListComponent
  ],
  imports: [
    BrowserModule,
    RouterModule.forRoot(
      appRoutes, // 提供路由器配置
      { enableTracing: true } // 启动 debug
    )
  ],
  providers: [],
  bootstrap: [AppComponent]
})
export class AppModule { }
```

代码中，把 RouterModule.forRoot()注册到 AppModule 的 imports 数组中，这样能让该 Router 服务在应用的任何地方都能使用。

22.5.4　添加路由出口

下面修改根组件 AppComponent，让它的顶部有一个标题和一个带有两个链接的导航条，底部有一个路由器出口，路由器会在它所指定的位置嵌入组件或调出页面。app.component.html 的完整代码如下：

```
<h1>路由器示例</h1>
<nav>
<a routerLink="/dashborad" routerLinkActive="active">看板</a>
<a routerLink="/users" routerLinkActive="active">用户列表</a>
</nav>
<router-outlet></router-outlet>
```

路由出口扮演着占位符的角色，路由组件会渲染在它的下方。运行代码能看到如图 22-2 所示的效果。

图 22-2　运行效果

22.5.5 美化界面

上面例子的界面看上去并不美观,需要加一些 CSS 样式来让整个界面看起来更加美观。

CSS 样式可以加在应用根目录的 styles.css 文件中。完整的 CSS 代码如下:

```css
/* 主样式 */
h1 {
  color: #369;
  font-family: Arial, Helvetica, sans-serif;
  font-size: 250%;
}
h2, h3 {
  color: #444;
  font-family: Arial, Helvetica, sans-serif;
  font-weight: lighter;
}
body {
  margin: 2em;
}
body, input[text], button {
  color: #888;
  font-family: Cambria, Georgia;
}
a {
  cursor: pointer;
  cursor: hand;
}
button {
  font-family: Arial;
  background-color: #eee;
  border: none;
  padding: 5px 10px;
  border-radius: 4px;
  cursor: pointer;
  cursor: hand;
}
button:hover {
  background-color: #cfd8dc;
}
button:disabled {
  background-color: #eee;
  color: #aaa;
  cursor: auto;
}
```

```css
/* 导航链接样 */
nav a {
  padding: 5px 10px;
  text-decoration: none;
  margin-right: 10px;
  margin-top: 10px;
  display: inline-block;
  background-color: #eee;
  border-radius: 4px;
}
nav a:visited, a:link {
  color: #607D8B;
}
nav a:hover {
  color: #039be5;
  background-color: #CFD8DC;
}
nav a.active {
  color: #039be5;
}

/* 全局样式 */
* {
  font-family: Arial, Helvetica, sans-serif;
}
```

再次运行代码，能看到如图 22-3 所示效果。

图 22-3　运行效果

单击"看板"或"用户列表"按钮，能看到放置路由出口的地方已经被相应的模版所替代。图 22-4 展示的是看板组件的内容。

图 22-4　运行效果

22.5.6　定义通配符路由

除 dashborad 和 users 两个路由外，还可以添加一个通配符路由来拦截所有无效的 URL，并友好地给用户一个提示。通配符路由的 path 是两个星号（**），它会匹配任何 URL。当路由器匹配不上以前定义的那些路由时，就会选择这个路由。通配符路由可以导航到自定义的"404 Not Found"组件，也可以重定向到一个现有路由。

1. 定义"404 Not Found"组件

定义一个"404 Not Found"组件。如果用户访问一个不存在的 URL，则会被重定向到这个"404 Not Found"组件。执行以下 Angular CLI 命令来创建该组件：

```
ng generate component page-not-found
```

2. 设置 PageNotFoundComponent 模板

设置 PageNotFoundComponent 模板如下：

```
<h2>Page not found</h2>
<p>抱歉！页面无法访问……</p>
```

3. 设置通配符路由

修改 app.module.ts 增加通配符路由的配置：

```
const appRoutes: Routes = [
  { path: 'dashborad', component: DashboradComponent },
  { path: 'users', component: UserListComponent },
  { path: '**', component: PageNotFoundComponent }   // 通配符路由
];
```

4. 访问不存在的页面

为了演示通配符的路由效果，在浏览器中访问一个不存在的 URL，比如"waylau"，可以看到

如图 22-5 所示的效果。

图 22-5　运行效果

第 23 章

Angular 响应式编程

响应式编程是一种面向数据流和变化传播的编程范式。这意味着，可以在编程语言中很方便地表达静态或动态的数据流，而相关的计算模型会自动将变化的值通过数据流进行传播。

在 Angular 中，主要是基于 Observable 与 RxJS 来实现响应式编程。本章将详细介绍这两种技术的用法。

23.1 了解 Observable 机制

响应式编程往往是基于事件、异步的，因此，基于响应式编程开发的应用有着良好的并发性。响应式编程采用"订阅-发布"模式，只要订阅了感兴趣的主题，一旦有消息发布，订阅者（Subscriber）就能收到消息。常用的消息中间件一般都支持该模式。

Observable 机制与上述模式类似。Observable 对象能在应用中的发布者和订阅者之间传递消息。Observable 对象是声明式的，即：虽然定义了一个用于发布值的函数，但除非有消费者订阅它，否则这个函数并不会实际执行。在订阅之后，当这个函数执行完成或取消订阅时，订阅者会收到通知。

Observable 对象可以发送多个任意类型的值，包括字面量、消息、事件等。无论这些值是同步还是异步发送的，接收这些值的 API 都是一样的。无论数据流是 HTTP 响应流还是定时器，对这些值进行监听和停止监听的接口都是一样的。

23.1.1 Observable 的基本概念

当发布者创建一个 Observable 对象的实例时，就会定义一个订阅者函数。当有消费者调用

subscribe()方法时，这个函数就会被执行。订阅者函数用于定义"如何获取或生成那些要发布的值或消息"。

要执行所创建的 Observable 对象并开始从中接收消息通知，则需要调用它的 subscribe()方法来执行订阅，并传入一个观察者（Observer）。观察者是一个 JavaScript 对象，它定义了收到这些消息的处理器（Handler）。调用 subscribe()方法会返回一个 Subscription 对象，该对象拥有 unsubscribe()方法。在调用 unsubscribe()方法时会停止订阅，不再接收消息通知。

下面这个例子展示了如何使用 Observable 对象来对当前的地理位置进行更新。

```
// 当有消费者订阅时，就创建一个 Observable 对象来监听地理位置的更新
const locations = new Observable((observer) => {
 // 获取 next 和 error 的回调
 const {next, error} = observer;
 let watchId;
 // 检查要发布的值
 if ('geolocation' in navigator) {
 watchId = navigator.geolocation.watchPosition(next, error);
 } else {
 error('Geolocation not available');
 }
 // 当消费者取消订阅后，清除数据为下次订阅做准备
 return {unsubscribe() { navigator.geolocation.clearWatch(watchId); }};
});
// 调用 subscribe()方法来监听变化
const locationsSubscription = locations.subscribe({
 next(position) { console.log('Current Position: ', position); },
 error(msg) { console.log('Error Getting Location: ', msg); }
});
// 10s 之后停止监听位置信息
setTimeout(() => { locationsSubscription.unsubscribe(); }, 10000);
```

23.1.2 定义观察者

观察者是用于接收 Observable 对象的处理器，这些处理器都实现了 Observer 接口。这个 Observer 对象定义了一些回调函数，用来处理 Observable 对象可能会发来的 3 种通知。

- next：必需的。用来处理每个送达值。在开始执行后可能执行 0 次或多次。
- error：可选的。用来处理错误的通知。错误会中断这个 Observable 对象实例的执行过程。
- complete：可选的。用来处理执行完成的通知。当执行完毕后，这些值就会继续传给下一个处理器。

如果没有为通知类型提供处理器，则这个观察者会忽略相应类型的通知。

23.1.3 执行订阅

当消费者订阅了 Observable 对象的实例后，Observable 对象就会开始发布值。订阅时要先调用该实例的 subscribe()方法，并把一个观察者对象传给它用来接收通知。

在 Observable 类上定义了一些静态方法，可用来创建一些常用的简单 Observable 对象。

- Observable.of(...items)：用于返回一个 Observable 对象实例，它用同步的方式把参数中提供的这些值发送出来。
- Observable.from(iterable)：把它的参数转换成一个 Observable 对象实例。该方法通常用于把一个数组转换成一个能够发送多个值的 Observable 对象。

下面的例子会创建并订阅一个简单的 Observable 对象，它的观察者会把接收到的消息记录到控制台中。

```
// 创建一个发出 3 个值的 Observable 对象
const myObservable = Observable.of(1, 2, 3);
// 创建观察者对象
const myObserver = {
 next: x => console.log('Observer got a next value: ' + x),
 error: err => console.error('Observer got an error: ' + err),
 complete: () => console.log('Observer got a complete notification'),
};
// 执行订阅
myObservable.subscribe(myObserver);
```

可以看到控制台中输出如下内容：

```
Observer got a next value: 1
Observer got a next value: 2
Observer got a next value: 3
Observer got a complete notification
```

subscribe()方法还可以接收定义在同一行中的回调函数。在上述例子中，创建观察者对象的代码等同于下面的代码：

```
myObservable.subscribe(
 x => console.log('Observer got a next value: ' + x),
 err => console.error('Observer got an error: ' + err),
 () => console.log('Observer got a complete notification')
);
```

next 处理器是必需的，而 error 和 complete 处理器是可选的。

23.1.4 创建 Observable 对象

使用 Observable 对象的构造函数可以创建任何类型的 Observable 流。当执行 Observable 对象的 subscribe()方法时，这个构造函数就会把它接收到的参数作为订阅函数来执行。订阅函数会接收一个 Observer 对象，并把其值发布给观察者的 next()方法。

比如，要创建一个与前面的 Observable.of(1, 2, 3)等价的可观察对象，可以像下面这样做：

```
// 当调用 subscribe()方法时执行下面的函数
function sequenceSubscriber(observer) {
// 同步传递 1、2 和 3，然后完成
 observer.next(1);
 observer.next(2);
 observer.next(3);
 observer.complete();
 // 由于是同步的，所以 unsubscribe()函数不需要执行具体内容
 return {unsubscribe() {}};
}
// 创建一个新的 Observable 对象来执行上面定义的顺序
const sequence = new Observable(sequenceSubscriber);
// 执行订阅
sequence.subscribe({
 next(num) { console.log(num); },
 complete() { console.log('Finished sequence'); }
});
```

可以看到控制台中输出如下内容：

```
1
2
3
Finished sequence
```

还可以创建一个用来发布事件的 Observable 对象。在下面这个例子中，订阅函数是用内联方式定义的。

```
function fromEvent(target, eventName) {
    return new Observable((observer) => {
 const handler = (e) => observer.next(e);
   // 在目标中添加事件处理器
   target.addEventListener(eventName, handler);
```

```
    return () => {
    // 从目标中移除事件处理器
    target.removeEventListener(eventName, handler);
  };
});
}
```

现在就可以使用 fromEvent()函数来创建和发布带有 keydown 事件的 Observable 对象了。代码如下：

```
const ESC_KEY = 27;
const nameInput = document.getElementById('name') as HTMLInputElement;
const subscription = fromEvent(nameInput, 'keydown')
.subscribe((e: KeyboardEvent) => {
  if (e.keyCode === ESC_KEY) {
    nameInput.value = '';
  }
});
```

23.1.5 实现多播

多播是指：让 Observable 对象在一次执行中把消息同时广播给多个订阅者。借助支持多播的 Observable 对象可以不必注册多个监听器，而是复用第 1 个监听器，并把其消息内容发送给各个订阅者。

观察下面这个从 1 到 3 进行计数的例子，它每发出一个数字就会等待 1s。

```
function sequenceSubscriber(observer) {
  const seq = [1, 2, 3];
  let timeoutId;
  // 每发出一个数字就会等待 1s
  function doSequence(arr, idx) {
    timeoutId = setTimeout(() => {
      observer.next(arr[idx]);
      if (idx === arr.length - 1) {
        observer.complete();
      } else {
        doSequence(arr, ++idx);
      }
    }, 1000);
  }
  doSequence(seq, 0);
  // 在取消订阅后会清理定时器，暂停执行
  return {unsubscribe() {
    clearTimeout(timeoutId);
```

```
 }});
}
// 创建一个新的 Observable 对象来支持上面定义的顺序
const sequence = new Observable(sequenceSubscriber);
sequence.subscribe({
 next(num) { console.log(num); },
 complete() { console.log('Finished sequence'); }
});
```

可以看到控制台中输出如下内容：

```
(at 1 second): 1
(at 2 seconds): 2
(at 3 seconds): 3
(at 3 seconds): Finished sequence
```

如果订阅了两次，则会有两个独立的流，每个流每秒都会发出一个数字，代码如下：

```
sequence.subscribe({
 next(num) { console.log('1st subscribe: ' + num); },
 complete() { console.log('1st sequence finished.'); }
});
// 0.5s 后再次订阅
setTimeout(() => {
 sequence.subscribe({
  next(num) { console.log('2nd subscribe: ' + num); },
  complete() { console.log('2nd sequence finished.'); }
 });
}, 500);
```

可以看到控制台中输出如下内容：

```
(at 1 second): 1st subscribe: 1
(at 1.5 seconds): 2nd subscribe: 1
(at 2 seconds): 1st subscribe: 2
(at 2.5 seconds): 2nd subscribe: 2
(at 3 seconds): 1st subscribe: 3
(at 3 seconds): 1st sequence finished
(at 3.5 seconds): 2nd subscribe: 3
(at 3.5 seconds): 2nd sequence finished
```

修改这个 Observable 对象以支持多播，代码如下：

```
function multicastSequenceSubscriber() {
 const seq = [1, 2, 3];
 const observers = [];
 let timeoutId;
 return (observer) => {
```

```
observers.push(observer);
// 如果是第一次订阅，则启动定义好的顺序
if (observers.length === 1) {
  timeoutId = doSequence({
    next(val) {
      // 遍历观察者，通知所有的订阅者
      observers.forEach(obs => obs.next(val));
    },
    complete() {
      // 通知所有的 complete 回调
      observers.slice(0).forEach(obs => obs.complete());
    }
  }, seq, 0);
}
return {
  unsubscribe() {
    // 移除观察者
    observers.splice(observers.indexOf(observer), 1);
    // 如果没有监听者，则清理定时器
    if (observers.length === 0) {
      clearTimeout(timeoutId);
    }
  }
};
};
}
function doSequence(observer, arr, idx) {
  return setTimeout(() => {
    observer.next(arr[idx]);
    if (idx === arr.length - 1) {
      observer.complete();
    } else {
      doSequence(observer, arr, ++idx);
    }
  }, 1000);
}
const multicastSequence = new Observable(multicastSequenceSubscriber());
multicastSequence.subscribe({
  next(num) { console.log('1st subscribe: ' + num); },
  complete() { console.log('1st sequence finished.'); }
});
setTimeout(() => {
  multicastSequence.subscribe({
    next(num) { console.log('2nd subscribe: ' + num); },
    complete() { console.log('2nd sequence finished.'); }
```

```
    });
}, 1500);
```

可以看到控制台中输出如下内容：

```
(at 1 second): 1st subscribe: 1
(at 2 seconds): 1st subscribe: 2
(at 2 seconds): 2nd subscribe: 2
(at 3 seconds): 1st subscribe: 3
(at 3 seconds): 1st sequence finished
(at 3 seconds): 2nd subscribe: 3
(at 3 seconds): 2nd sequence finished
```

23.1.6 处理错误

由于 Observable 对象会异步生成值，所以用 try-catch 块是无法捕获错误的。应该在观察者中指定一个 error 回调来处理错误。当发生错误时，Observable 对象会清理现有的订阅并停止生成值。Observable 对象可以生成值（调用 next 回调），也可以调用 complete 或 error 回调来主动结束。

错误处理的示例代码如下。稍后还会对错误处理做更详细的讲解。

```
myObservable.subscribe({
 next(num) { console.log('Next num: ' + num)},
 error(err) { console.log('Received an error: ' + err)}
});
```

23.2 了解 RxJS 技术

响应式编程在现代应用中非常流行，Java、JavaScript 等编程语言都支持响应式编程。其中，RxJS 是一个流行的响应式编程的 JavaScript 库，它让编写异步代码和基于回调的代码变得更简单。

RxJS 提供了一种对 Observable 类型的实现。RxJS 还提供了一些工具函数，用于创建和使用 Observable 对象。这些工具函数可用于：

- 把现有的异步代码转换成 Observable 对象。
- 迭代流中的各个值。
- 把这些值映射成其他类型。
- 对流进行过滤。
- 组合多个流。

23.2.1 创建 Observable 对象的函数

RxJS 提供了一些用来创建 Observable 对象的函数，这些函数可以简化根据事件、定时器、承诺、AJAX 等来创建 Observable 对象的过程。以下是各种创建方式的示例。

1. 根据事件创建 Observable 对象

```
import { fromEvent } from 'rxjs';
const el = document.getElementById('my-element');
// 根据鼠标指针移动事件创建 Observable 对象
const mouseMoves = fromEvent(el, 'mousemove');
// 订阅监听鼠标指针移动事件
const subscription = mouseMoves.subscribe((evt: MouseEvent) => {
 // 记录鼠标指针移动
 console.log(`Coords: ${evt.clientX} X ${evt.clientY}`);
  // 当鼠标指针位于屏幕的左上方时，取消订阅以监听鼠标指针移动
 if (evt.clientX < 40 && evt.clientY < 40) {
  subscription.unsubscribe();
 }
});
```

2. 根据定时器创建 Observable 对象

```
import { interval } from 'rxjs';
// 根据定时器创建 Observable 对象
const secondsCounter = interval(1000);
// 订阅开始发布值
secondsCounter.subscribe(n =>
 console.log(`It's been ${n} seconds since subscribing!`));
```

3. 根据承诺（Promise）创建 Observable 对象

```
import { fromPromise } from 'rxjs';
// 根据承诺创建 Observable 对象
const data = fromPromise(fetch('/api/endpoint'));
// 订阅监听异步返回
data.subscribe({
next(response) { console.log(response); },
error(err) { console.error('Error: ' + err); },
complete() { console.log('Completed'); }
});
```

4. 根据 AJAX 创建 Observable 对象

```
import { ajax } from 'rxjs/ajax';
// 根据 AJAX 创建 Observable 对象
const apiData = ajax('/api/data');
// 订阅创建请求
apiData.subscribe(res => console.log(res.status, res.response));
```

23.2.2 了解操作符

操作符是基于 Observable 对象构建的一些对集合进行复杂操作的函数。以下是 RxJS 的常用操作符。

- 创建：from、fromPromise、fromEvent、of
- 组合：combineLatest、concat、merge、startWith、withLatestFrom、zip
- 过滤：debounceTime、distinctUntilChanged、filter、take、takeUntil
- 转换：bufferTime、concatMap、map、mergeMap、scan、switchMap
- 工具：tap
- 多播：share

操作符接收一些配置项，然后返回一个以来源 Observable 对象为参数的函数。当执行这个返回的函数时，这个操作符会观察来源 Observable 对象中发出的值，转换它们，并返回由转换后的值组成的新的 Observable 对象。下面是一个使用 map 操作符的例子。

```
import { map } from 'rxjs/operators';
const nums = of(1, 2, 3);
const squareValues = map((val: number) => val * val); //进行转换
const squaredNums = squareValues(nums);
squaredNums.subscribe(x => console.log(x));
```

可以看到控制台中输出如下内容：

```
// 1
// 4
// 9
```

还可以用管道来把这些操作符链接起来。管道可以把多个由操作符返回的函数组合成一个。pipe()函数以要组合的这些函数作为参数，并且返回一个新的函数。当执行这个新的函数时，就会顺序执行那些被组合进去的函数。示例代码如下：

```
import { filter, map } from 'rxjs/operators';
const nums = of(1, 2, 3, 4, 5);
// 创建一个函数，用于接收 Observable 对象
const squareOddVals = pipe(
 filter((n: number) => n % 2 !== 0),
 map(n => n * n)
);
// 创建 Observable 对象来执行 filter 和 map 函数
const squareOdd = squareOddVals(nums);
// 订阅执行合并函数
squareOdd.subscribe(x => console.log(x));
```

pipe()函数还是 RxJS 的 Observable 对象上的一个方法，所以，可以用下面的简写形式来实现与上面例子同样的效果。

```
import { filter, map } from 'rxjs/operators';
const squareOdd = of(1, 2, 3, 4, 5)
 .pipe(
 filter(n => n % 2 !== 0),
 map(n => n * n)
 );
// 订阅获取值
squareOdd.subscribe(x => console.log(x));
```

23.2.3 处理错误

在订阅时，除 error()处理器外，RxJS 还提供了 catchError 操作符，它用于在管道中处理已知错误。

假设有一个 Observable 对象，它发起 API 请求，然后对服务器返回的响应进行映射。如果服务器返回了错误或值不存在，则会生成一个错误。如果捕获了这个错误同时返回了一个默认值，则流会继续处理这些值，而不会报错。

下面是一个使用 catchError 操作符的例子。

```
import { ajax } from 'rxjs/ajax';
import { map, catchError } from 'rxjs/operators';
// 如果捕获到错误则返回空数组
const apiData = ajax('/api/data').pipe(
 map(res => {
 if (!res.response) {
 throw new Error('Value expected!');
 }
 return res.response;
 }),
 catchError(err => of([]))
);
apiData.subscribe({
 next(x) { console.log('data: ', x); },
 error(err) { console.log('errors already caught... will not run'); }
});
```

在遇到错误时，还可以使用 retry 操作符来尝试重新发送失败的请求。

可以在 catchError 之前使用 retry 操作符。它会订阅到原始的来源 Observable 对象，并重新运行导致结果出错的动作序列。如果其中包含 HTTP 请求，则它会重新发起那个 HTTP 请求。

下面的代码演示了 retry 操作符的用法。

```
import { ajax } from 'rxjs/ajax';
import { map, retry, catchError } from 'rxjs/operators';

const apiData = ajax('/api/data').pipe(
 retry(3), // 遇到错误尝试 3 次
 map(res => {
 if (!res.response) {
 throw new Error('Value expected!');
 }
 return res.response;
 }),
 catchError(err => of([]))
);

apiData.subscribe({
 next(x) { console.log('data: ', x); },
 error(err) { console.log('errors already caught... will not run'); }
});
```

不要在登录认证请求中进行重试，因为我们肯定不希望因自动重复发送登录请求而导致用户账号被锁定。

23.3 了解 Angular 中的 Observable

Angular 使用 Observable 对象作为处理各种常用异步操作的接口。比如：

- EventEmitter 类扩展了 Observable 对象，所以可以发送事件。
- HTTP 模块使用 Observable 对象来处理 AJAX 请求和响应。
- 路由器和表单模块使用 Observable 对象来监听对用户输入事件的响应。

由于 Angular 应用都是用 TypeScript 写的，所以我们通常希望知道哪些变量是 Observable 对象。虽然 Angular 框架并没有针对 Observable 对象的强制性命名约定，不过我们经常会看到 Observable 对象的名字以"$"符号结尾。这在快速浏览代码并查找 Observable 对象的值时非常有用。

23.3.1 在 EventEmitter 类上的应用

Angular 提供了一个 EventEmitter 类,用来从组件的@Output()属性中发送一些值。

EventEmitter 类扩展了 Observable 对象,并添加了一个 emit()方法,这样它就可以发送任意值了。在调用 emit()方法时,会把所发送的值传给订阅的观察者的 next()方法。示例代码如下:

```
@Component({
 selector: 'zippy',
 template: `
<div class="zippy">
<div (click)="toggle()">Toggle</div>
<div [hidden]="!visible">
<ng-content></ng-content>
</div>
</div>`})
export class ZippyComponent {
 visible = true;
 @Output() open = new EventEmitter<any>();
 @Output() close = new EventEmitter<any>();
 toggle() {
 this.visible = !this.visible;
 if (this.visible) {
 this.open.emit(null);
 } else {
 this.close.emit(null);
 }
 }
}
```

23.3.2 在调用 HTTP 方法时的应用

Angular 的 HttpClient 从 HTTP 方法调用中返回可观察对象。例如,http.get('/api')会返回 Observable 对象。相对于基于承诺(Promise)的 HTTP API,HttpClient 有以下优点:

- Observable 对象不会修改服务器的响应(和在承诺上串联起来的.then()调用一样)。反之,可以使用一系列操作符来按需转换这些值。
- HTTP 请求是可以通过 unsubscribe()方法来取消的。
- 请求可以进行配置,以获取进度事件的变化。
- 失败的请求很容易重试。

23.3.3 在 AsyncPipe 管道上的应用

AsyncPipe 管道会订阅一个 Observable 对象或承诺，并返回其发送的最后一个值。当发送新值时，该管道就会把这个组件标记为需要进行变更检查的组件。

下面的例子把 time 这个可观察对象绑定到组件的视图中。这个 Observable 对象会不断使用当前时间更新组件的视图。

```
@Component({
 selector: 'async-observable-pipe',
 template: `<div><code>observable|async</code>:
 Time: {{ time | async }}</div>`
})
export class AsyncObservablePipeComponent {
 time = new Observable(observer =>
 setInterval(() => observer.next(new Date().toString()), 1000)
 );
}
```

23.3.4 在 Router 路由器上的应用

Router.events 以 Observable 对象的形式提供其事件。可以使用 RxJS 中的 filter() 操作符来找到感兴趣的事件并订阅它们。示例代码如下：

```
import { Router, NavigationStart } from '@angular/router';
import { filter } from 'rxjs/operators';

@Component({
 selector: 'app-routable',
 templateUrl: './routable.component.html',
 styleUrls: ['./routable.component.css']
})
export class Routable1Component implements OnInit {

 navStart: Observable<NavigationStart>;

 constructor(private router: Router) {
 // 创建一个新的 Observable 对象，它只发布 NavigationStart 事件
 this.navStart = router.events.pipe(
 filter(evt => evt instanceof NavigationStart)
 ) as Observable<NavigationStart>;
 }
```

```typescript
ngOnInit() {
  this.navStart.subscribe(evt => console.log('Navigation Started!'));
}
}
```

ActivatedRoute 是一个可注入的路由器服务,用 Observable 对象来获取关于路由路径和路由参数的信息。比如,ActivatedRoute.url 包含一个用于汇报路由路径的 Observable 对象。示例代码如下:

```typescript
import { ActivatedRoute } from '@angular/router';

@Component({
  selector: 'app-routable',
  templateUrl: './routable.component.html',
  styleUrls: ['./routable.component.css']
})
export class Routable2Component implements OnInit {
  constructor(private activatedRoute: ActivatedRoute) {}

  ngOnInit() {
    this.activatedRoute.url
    .subscribe(url => console.log('The URL changed to: ' + url));
  }
}
```

23.3.5 在响应式表单上的应用

响应式表单具有一些属性,可以用 Observable 对象来监听表单控件的值。FormControl 组件的 valueChanges 和 statusChanges 属性包含会发出变更事件的 Observable 对象。订阅 Observable 的表单控件属性是在组件类中触发应用逻辑的途径之一。示例代码如下:

```typescript
import { FormGroup } from '@angular/forms';

@Component({
  selector: 'my-component',
  template: 'MyComponent Template'
})
export class MyComponent implements OnInit {
  nameChangeLog: string[] = [];
  userForm: FormGroup;

  ngOnInit() {
    this.logNameChange();
```

```
}
logNameChange() {
const nameControl = this.userForm.get('name');
nameControl.valueChanges.forEach(
(value: string) => this.nameChangeLog.push(value)
);
}
}
```

本章只对响应式编程概念做了介绍。在后续的章节中还会对响应式编程做实战演练。

第 24 章
Angular HTTP 客户端

Angular 提供了 HTTP 客户端 API，用来实现前端应用与后端服务器的通讯及访问网络资源。本章将详细讲解 Angular HTTP 客户端（HttpClient）的用法。

24.1 初识 HttpClient

大多数前端应用都会提供通过 HTTP 协议与后端服务器或者网络资源进行通信的机制。现代浏览器原生提供了 XMLHttpRequest 接口和 Fetch API 来实现上述功能。

在 Angular 中，@angular/common/http 库中的 HttpClient 类为 Angular 应用程序提供了一个简化的 API 来实现 HTTP 客户端功能。

HttpClient 类的底层也是基于浏览器提供的 XMLHttpRequest 接口来实现的。相比原生的 XMLHttpRequest 接口，HttpClient 类有更多的优点，包括：

- 可测试性。
- 强类型的请求和响应对象。
- 发起请求与接收响应时的拦截器支持。
- 更好的、基于 Observable 对象的 API。
- 拥有流式错误处理机制。

24.2 认识网络资源

为了演示如何通过 HttpClient 获取网络资源，笔者在互联网上找到了一个空气质量网站。该网站可以免费提供空气质量数据资源，资源的地址为 http://api.waqi.info/feed/guangzhou/?token=0e609829c81121cc05daf37b45d62b82725cd521。该资源提供的是广州空气质量的实时数据，格式是 JSON，数据如下：

```
{
    "status": "ok",
    "data": {
        "aqi": 107,
        "idx": 1449,
        "attributions": [
            {
                "url": "http://www.gdep.gov.cn/",
                "name": "Guangdong Environmental Protection public network (广东环境保护公众网)"
            },
            {
                "url": "http://113.108.142.147:20035/emcpublish/",
                "name": "China National Urban air quality real-time publishing platform (全国城市空气质量实时发布平台)"
            },
            {
                "url": "https://china.usembassy-china.org.cn/embassy-consulates/guangzhou/u-s-consulate-air-quality-monitor-stateair/",
                "name": "U.S. Consulate Guangzhou Air Quality Monitor"
            },
            {
                "url": "https://waqi.info/",
                "name": "World Air Quality Index Project"
            }
        ],
        "city": {
            "geo": [
                23.141191,
                113.258374
            ],
            "name": "Guangzhou (广州)",
            "url": "https://aqicn.org/city/guangzhou"
        },
        "dominentpol": "pm25",
        "iaqi": {
            "co": {
                "v": 10.8
            },
            "no2": {
                "v": 28.4
```

```
            },
            "o3": {
                "v": 1.3
            },
            "pm10": {
                "v": 38
            },
            "pm25": {
                "v": 107
            },
            "so2": {
                "v": 4.1
            },
            "w": {
                "v": 2.5
            }
        },
        "time": {
            "s": "2018-10-23 22:00:00",
            "tz": "+08:00",
            "v": 1540249200
        },
        "debug": {
            "sync": "2018-10-23T00:44:55+09:00"
        }
    }
}
```

其中，

- aqi 代表空气质量指数，值越小表示空气越好。
- time 指的是数据发布时间。

24.3 实例 58：获取天气数据

为了演示 HttpClient 的用法，先通过 Angular CLI 创建一个 http-client 应用。命令如下：

```
ng new http-client
```

24.3.1 导入 HttpClient

要使用 HttpClient，就要先导入 Angular 的 HttpClientModule 模块。大多数应用都会在根模块 AppModule 中导入该模块。代码如下：

```
import { BrowserModule } from '@angular/platform-browser';
import { NgModule } from '@angular/core';
import { HttpClientModule } from '@angular/common/http';

import { AppComponent } from './app.component';

@NgModule({
  declarations: [
    AppComponent
  ],
  imports: [
    BrowserModule,
    HttpClientModule // 导入 HttpClientModule 模块
  ],
  providers: [],
  bootstrap: [AppComponent]
})
export class AppModule { }
```

在 AppModule 中导入 HttpClientModule 模块后，就可以把 HttpClient 注入应用类。

24.3.2 编写空气质量组件

通过 Angular CLI 编写一个组件类 AirQualityComponent，命令如下：

```
ng generate component air-quality
```

24.3.3 编写空气质量服务

通过 Angular CLI 编写一个服务类 AirQualityService，命令如下：

```
ng generate service air-quality/air-quality
```

把 HttpClient 注入该服务类。代码如下：

```
// 注入 HttpClient
constructor(private http: HttpClient) { }
```

并添加如下 getAirData 方法：

```
// 空气质量数据资源地址
airQualityUrl =
'http://api.waqi.info/feed/guangzhou/?token=0e609829c81121cc05daf37b45d62b82725cd521';

getAirData() {
  return this.http.get(this.airQualityUrl);
}
```

完整代码如下：

```typescript
import { Injectable } from '@angular/core';
import { HttpClient } from '@angular/common/http';

@Injectable({
  providedIn: 'root'
})
export class AirQualityService {

  // 空气质量数据资源地址
  airQualityUrl =
'http://api.waqi.info/feed/guangzhou/?token=0e609829c81121cc05daf37b45d62b82725cd521';

  // 注入 HttpClient
  constructor(private http: HttpClient) { }

  getAirData() {
    return this.http.get(this.airQualityUrl);
  }
}
```

在上述代码中，通过 HttpClient 就能快速访问该资源。

24.3.4 将服务注入组件

1. 注入服务

把空气质量服务注入空气质量组件。代码如下：

```typescript
// 注入 AirQualityService 服务
constructor(private airQualityService: AirQualityService) { }
```

2. 新增 showAirQualityData()方法

新增 showAirQualityData()方法，用来显示天气质量数据。air-quality.component.ts 的完整代码如下：

```typescript
import { Component, OnInit } from '@angular/core';
import { AirQuality } from './air-quality';
import { AirQualityService } from './air-quality.service';


@Component({
  selector: 'app-air-quality',
  templateUrl: './air-quality.component.html',
```

```
  styleUrls: ['./air-quality.component.css']
})
export class AirQualityComponent implements OnInit {
  airQuality: AirQuality;

  // 注入 AirQualityService 服务
  constructor(private airQualityService: AirQualityService) { }

  ngOnInit() {
  }

  // 显示空气质量数据
  showAirQualityData() {
    this.airQualityService.getAirData().subscribe(
      (airQualityData: AirQuality) => this.airQuality = {
        status: airQualityData['status'],
        data:   {aqi: airQualityData['data']['aqi'], time: airQualityData['data']['time']}
      }
    );
  }

}
```

其中，showAirQualityData()方法订阅的回调需要用通过括号中的语句来提取数据的值。AirQuality 代表数据的类型，代码如下：

```
export interface AirQuality {
    status: string;
    data: Aqi;
}


export interface Aqi {
    aqi: number;
    time: any;
}
```

3. 编辑组件模版

AirQualityComponent 模板 air-quality.component.html 的代码如下：

```
<button (click)="showAirQualityData()">获取数据</button>
<div *ngIf="airQuality">
<div>状态：{{ airQuality.status }}</div>
<div>AQI：{{ airQuality.data.aqi }}</div>
<div>更新时间：{{ airQuality.data.time.s }}</div>
```

```
</div>
```

其中,"获取数据"按钮用于触发 showAirQualityData()方法。

4．运行应用

运行应用,单击"获取数据"按钮可以看到如图 24-1 所示效果。

获取空气质量数据

获取数据
状态：ok
AQI：72
更新时间：2018-10-23 22:00:00

图 24-1　运行效果

24.3.5　返回带类型检查的响应

如果我们事前知道天气质量数据返回的数据结构,则可以在调用 HttpClient.get()方法时指定类型参数。

在下面例子中,我们给 AirQualityService 的 getAirData()方法中 HttpClient.get()方法指定类型参数为 AirQuality：

```
// 指定参数类型为 AirQuality
getAirData() {
  return this.http.get<AirQuality>(this.airQualityUrl);
}
```

这样,返回的数据就会做 AirQuality 类型的检查。在 get()方法中指定类型,这种编程方式可以让开发人员方便使用,且消费起来更安全。将 AirQualityComponent 的 showAirQualityData()方法修改为如下代码：

```
// 指定参数类型为 AirQuality
showAirQualityData() {
  this.airQualityService.getAirData().subscribe(
    (airQualityData: AirQuality) => this.airQuality = airQualityData
  );
}
```

24.3.6　读取完整的响应体

一般而言,响应体仅包含资源所表达的业务数据。但在某些场景下,还需要获取服务器返回响应的头或状态码。可以通过 observe 选项获取完整的响应信息,而不只是响应体。

1. 新增 getAirDataResponse()方法

在 AirQualityService 中增加以下方法，以获取完整的响应信息：

```
import { HttpResponse } from '@angular/common/http';
import { Observable } from 'rxjs';

...

// 获取完整的响应信息
getAirDataResponse(): Observable<HttpResponse<AirQuality>> {
    return this.http.get<AirQuality>(
        this.airQualityUrl, { observe: 'response' });
}
```

HttpClient.get()方法会返回一个 HttpResponse 类型的 Observable，而不只是 JSON 类型的空气质量数据。

2. 新增 showAirQualityResponse()方法

在 AirQualityComponent 中增加 showAirQualityResponse()方法，以显示响应头：

```
headers: string[];   // 存放 HTTP 头信息

...

// 显示 HTTP 头
showAirQualityResponse() {
  this.airQualityService.getAirDataResponse()

    // resp 的类型是 HttpResponse<AirQuality>
    .subscribe(resp => {

      // 显示 HTTTP 头
      const keys = resp.headers.keys();
      this.headers = keys.map(key =>
        `${key}: ${resp.headers.get(key)}`);

      // 访问 HTTP 消息体，并将其转为 AirQuality 类型
      this.airQuality = resp.body;
    });
  }
}
```

3. 编辑组件模版

将 AirQualityComponent 模板的代码修改为如下：

```html
<button (click)="showAirQualityData()">获取数据</button>
<button (click)="showAirQualityResponse()">获取数据及 HTTP 头</button>
<div *ngIf="airQuality">
<div>状态：{{ airQuality.status }}</div>
<div>AQI：{{ airQuality.data.aqi }}</div>
<div>更新时间：{{ airQuality.data.time.s }}</div>
<div *ngIf="headers">
    HTTP 头
<ul>
<li *ngFor="let header of headers">{{header}}</li>
</ul>
</div>
</div>
```

其中，"获取数据及 HTTP 头"按钮用于触发 showAirQualityResponse()方法。当响应头中有多个 HTTP 头时才会遍历输出。

4. 运行应用

运行应用，单击"获取数据及 HTTP 头"按钮可以看到如图 24-2 所示效果。

获取空气质量数据

获取数据　获取数据及HTTP头
状态: ok
AQI: 68
更新时间: 2018-10-23 23:00:00
HTTP头

- Content-Type: application/json; charset=UTF-8

图 24-1　运行效果

24.4 错误处理

如果发送 HTTP 请求导致了服务器错误该怎么办？甚至，在网络故障的情况下请求都没到发送服务器该怎么办？此时，HttpClient 会返回一个错误（error）响应。

通过在.subscribe()中添加第 2 个回调函数，可以在组件中处理错误的响应：

```
error: any; // 错误信息

...

// 指定参数类型为 AirQuality
showAirQualityData() {
```

```
this.airQualityService.getAirData().subscribe(
    (airQualityData: AirQuality) =>
        this.airQuality = airQualityData, // 响应成功
    error => this.error = error // 响应失败
);
}
```

为了显示错误信息，需要在 AirQualityComponent 模板中添加如下代码：

```
<p *ngIf="error" class="error">{{error | json}}</p>
```

24.4.1 获取错误详情

上面例子会在数据访问失败时给予用户一些反馈，这是一种不错的做法。但如果只是直接显示由 HttpClient 返回的原始错误数据，则还远远不够。为了获得更好的用户体验，需要对错误信息做一下封装和处理。

以下是在 AirQualityService 中增加用于错误处理器 handleError 的代码：

```
import { HttpErrorResponse } from '@angular/common/http';
import { throwError } from 'rxjs';

...

// 错误处理器
private handleError(error: HttpErrorResponse) {
  if (error.error instanceof ErrorEvent) {

    // 在客户端或网络发生错误时处理错误
    console.error('发生错误:', error.error.message);
  } else {

    // 服务器端返回了一个不成功的响应代码
    // 响应体可能包含出错的信息
    console.error(
      `错误状态码: ${error.status},` +
      `相应体是: ${error.error}`);
  }

  // 返回带有提示用户的错误消息的 Observable 对象
  return throwError('有错误，请重试！');
};
```

现在，获取到了由 HttpClient 方法返回的 Observable 对象，可以把它们通过管道传给错误处

理器。将 AirQualityService 的 getAirData()方法的代码修改为如下：

```
import { catchError } from 'rxjs/operators';
...
getAirData() {
  return this.http.get<AirQuality>(this.airQualityUrl)
    .pipe(
      catchError(this.handleError)
  );
}
```

24.4.2 重试

有时错误只是由网络延迟或临时性故障引起的，只要重试几次可能就会自动消失。

RxJS 库提供了几个 retry 操作符，其中最简单的是 retry()，可以对失败的 Observable 对象自动重新订阅几次。对 HttpClient()方法调用的结果进行重新订阅会重新发起 HTTP 请求。

要使用重试功能，只需要把 retry 插入 HttpClient 方法结果的管道中，放在错误处理器之前。将 AirQualityService 的 getAirData()方法的代码修改为如下：

```
import { retry } from 'rxjs/operators';
...
getAirData() {
  return this.http.get<AirQuality>(this.airQualityUrl)
    .pipe(
retry(3), // 重试 3 次
      catchError(this.handleError)
  );
}
```

第 6 篇
综合应用——构建一个完整的互联网应用

第 25 章 总体设计

第 26 章 客户端应用

第 27 章 服务器端应用

第 28 章 用 NGINX 实现高可用

第 25 章

总体设计

从本章开始将演示基于 MEAN 架构从零开始实现一个真实的互联网应用。

该应用的名称为"mean-news",是一款新闻资讯类应用。整个应用分为客户端（mean-news-ui）和服务器端（mean-news-server）两部分。

25.1 应用概述

mean-news 与市面上的"新闻头条"类似，主要提供供用户实时阅读的新闻信息。

mean-news 采用当前互联网应用所流行的前后端分离技术，所采用的技术都是来自 MEAN 架构。

mean-news 分为前端客户端应用（mean-news-ui）和后端服务器端应用（mean-news-server）。

- mean-news-ui 采用 Angular、NG-ZORRO、ngx-Markdown 等技术。
- mean-news-server 采用 Express、Node.js、basic-auth 等技术。

mean-news-ui 部署在 NGINX 中，并实现负载均衡。mean-news-server 部署在 Node.js 中。前后端应用通过 REST API 进行通讯。应用数据存储在 MongoDB 中。整体架构如图 25-1 所示。

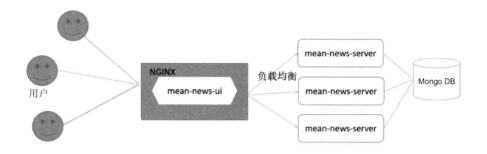

图 25-1　mean-news 整体架构

25.1.1　mean-news 的核心功能

mean-news 的主要功能有登录认证、新闻管理、新闻列表的展示、新闻详情的展示等。

- 登录认证：普通用户访问应用无须认证。后端管理员通过登录认证访问后端管理操作。
- 新闻管理：实现新闻的发布。认证用户才能执行该操作。
- 新闻列表的展示：在应用的首页展示新闻标题列表。
- 新闻详情的展示：当用户单击新闻标题列表中的某项后将跳转到新闻详情页面。

25.1.2　初始化数据库

需要将应用数据存储在 MongoDB 中，因此首先创建一个名为"meanNews"的数据库。可以通过以下命令来创建并使用数据库：

```
> use meanNews
switched to db meanNews
```

在本应用中主要涉及两个文档：user 和 news。其中，user 文档用于存储用户信息，而 news 文档用于存储新闻详情。

25.2　模型设计

接下来就可以进行模型设计了。本书推荐采用 POJO 编程模式，对用户表和新闻表分别建立以下用户模型和新闻模型。

25.2.1　用户模型设计

用户模型用 User 类表示，代码如下：

```
export class User {
    constructor(
        public userId: number,
        public username: string, // 账号
        public password: string,  // 密码
        public email: string // 邮箱
    ) { }
}
```

25.2.2 新闻模型设计

用户模型用 News 类表示，代码如下：

```
export class News {
    constructor(
        public newsId: number,
        public title: string, // 标题
        public content: string, // 内容
        public creation: Date // 日期
    ) { }
}
```

25.3 接口设计

接口设计涉及两方面：内部接口设计和外部接口设计。其中，内部接口又可以细分为服务接口和 DAO 接口；外部接口主要是指提供给外部应用访问的 REST 接口。

下面对 REST 接口做定义。

- GET /admins/hi：用于验证用户是否登录认证通过。如果没有通过，则弹出登录框。
- POST /admins/news：用于创建新闻。
- GET /news：用于获取新闻列表。
- GET /news/:newsId：用于获取指定 newsId 的新闻详情。

25.4 权限管理

为求简洁，本示例采用的是基本认证方式。

浏览器对基本认证提供了必要的支持：

- 在用户发送登录请求后，如果服务器端对用户信息认证失败，则会响应"401"状态码给客户端（浏览器），浏览器会自动弹出登录框要求用户再次输入账号和密码。
- 如果认证通过，则登录框会自动消失，用户可以做进一步的操作。

第 26 章 客户端应用

mean-news-ui 是客户端应用，主要用 Angular、NG-ZORRO、ngx-Markdown 等技术框架实现。

本章将详细介绍 mean-news-ui 的实现过程。

26.1 UI 设计

mean-news-ui 是一个提供热点新闻的 Web 应用，通过调用 mean-news-server 提供的 REST 接口来将新闻数据显示在应用里。

mean-news-ui 应用主要面向的是手机用户，即屏幕应能在宽屏、窄屏之间实现响应式缩放。

mean-news-ui 大致分为首页、新闻详情页两部分。其中，首页用于展示新闻的标题列表。通过单击首页新闻列表中的标题，能够转到该新闻的详情页面。

26.1.1 首页 UI 设计

首页包括新闻列表部分，新闻列表主要由新闻标题组成，如图 26-1 所示。

图 26-1 首页界面

26.1.2 新闻详情页 UI 设计

在首页单击新闻列表条目将进到新闻详情页。新闻详情页用于展示新闻的详细内容，其效果如图 26-2 所示。

图 26-2 新闻详情界面

新闻详情页包含"返回"按钮、新闻标题、新闻发布时间、新闻正文等内容。单击"返回"按钮则返回首页（前一次访问记录）。

26.2 实现 UI 原型

本节介绍如何从零开始初始化客户端应用的 UI 原型。

26.2.1 初始化 mean-news-ui

（1）通过 Angular CLI 工具快速初始化 Angular 应用的骨架：

```
ng new mean-news-ui
```

（2）执行"ng serve"启动该应用，在浏览器通过 http://localhost:4200/ 访问该应用。效果如图 26-3 所示。

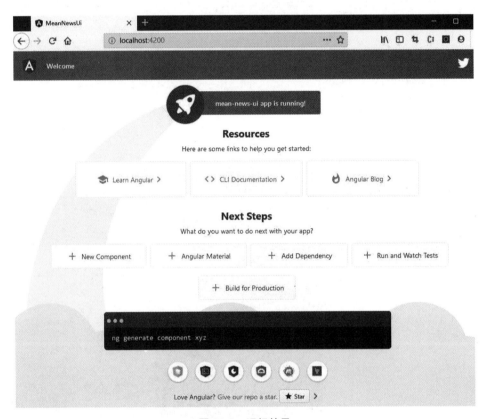

图 26-3　运行效果

26.2.2 添加 NG-ZORRO

为了提升用户体验，可以在应用中引入一款成熟的 UI 组件。目前市面上又非常多的 UI 组件可供选择，比如 NG-ZORRO、NG-ZORRO。这些 UI 组件各有优势。

在本例中采用 NG-ZORRO，主要考虑到该 UI 组件是阿里巴巴团队开发的，且帮助文档、社区资源非常丰富，对于开发者非常友好。

为了添加 NG-ZORRO 库到应用中，需要通过 Angular CLI 执行以下命令：

```
$ ng add ng-zorro-antd
```

在安装过程中命令行会给出如下提示，要求用户做选择。任意选择一条按 Enter 键继续。

```
$ ng add ng-zorro-antd

Installing packages for tooling via npm.
npm WARN optional SKIPPING OPTIONAL DEPENDENCY: fsevents@1.2.9 (node_modules\webpack-dev-server\node_modules\fsevents):

//省略非核心内容

+ ng-zorro-antd@8.1.2
added 7 packages from 5 contributors in 60.856s
Installed packages for tooling via npm.
? Add icon assets [ Detail: https://ng.ant.design/components/icon/en ] Yes
? Set up custom theme file [ Detail: https://ng.ant.design/docs/customize-theme/en ] No
? Choose your locale code: zh_CN
? Choose template to create project: blank
UPDATE package.json (1316 bytes)
UPDATE src/app/app.component.html (276 bytes)
npm WARN optional SKIPPING OPTIONAL DEPENDENCY: fsevents@1.2.9 (node_modules\webpack-dev-server\node_modules\fsevents):
npm WARN notsup SKIPPING OPTIONAL DEPENDENCY: Unsupported platform for fsevents@1.2.9: wanted {"os":"darwin","arch":"any"} (current: {"os":"win32","arch":"x64"})
npm WARN optional SKIPPING OPTIONAL DEPENDENCY: fsevents@1.2.9 (node_modules\watchpack\node_modules\fsevents):
npm WARN notsup SKIPPING OPTIONAL DEPENDENCY: Unsupported platform for fsevents@1.2.9: wanted {"os":"darwin","arch":"any"} (current: {"os":"win32","arch":"x64"})
npm WARN optional SKIPPING OPTIONAL DEPENDENCY: fsevents@1.2.9 (node_modules\karma\node_modules\fsevents):
npm WARN notsup SKIPPING OPTIONAL DEPENDENCY: Unsupported platform for fsevents@1.2.9: wanted {"os":"darwin","arch":"any"} (current: {"os":"win32","arch":"x64"})
npm WARN optional SKIPPING OPTIONAL DEPENDENCY: fsevents@1.2.9 (node_modules\@angular\compiler-cli\node_modules\fsevents):
npm WARN notsup SKIPPING OPTIONAL DEPENDENCY: Unsupported platform for fsevents@1.2.9: wanted {"os":"darwin","arch":"any"} (current: {"os":"win32","arch":"x64"})
npm WARN optional SKIPPING OPTIONAL DEPENDENCY: fsevents@2.0.7 (node_modules\fsevents):
npm WARN notsup SKIPPING OPTIONAL DEPENDENCY: Unsupported platform for fsevents@2.0.7: wanted {"os":"darwin","arch":"any"} (current: {"os":"win32","arch":"x64"})

up to date in 17.459s
UPDATE src/app/app.module.ts (816 bytes)
UPDATE angular.json (3967 bytes)
```

受限于篇幅，以上输出内容只保留了核心部分。

1. 自动导入配置

在安装完 NG-ZORRO 库后应用会自动导入 NG-ZORRO 模块、动画模块、FORM 表单模块，以提供国际化相关的内容。

打开 app.module.ts 文件，可以观察到由 Angular CLI 生成的如下源码：

```
import { BrowserModule } from '@angular/platform-browser';
import { NgModule } from '@angular/core';

import { AppComponent } from './app.component';
import { NgZorroAntdModule, NZ_I18N, zh_CN } from 'ng-zorro-antd';
import { FormsModule } from '@angular/forms';
import { HttpClientModule } from '@angular/common/http';
import { BrowserAnimationsModule } from '@angular/platform-browser/animations';
import { registerLocaleData } from '@angular/common';
import zh from '@angular/common/locales/zh';

registerLocaleData(zh);

@NgModule({
  declarations: [
    AppComponent
  ],
  imports: [
    BrowserModule,
    NgZorroAntdModule, // NG-ZORRO 模块
    FormsModule,   // FORM 表单模块
    HttpClientModule,
    BrowserAnimationsModule   // 动画模块
  ],
  providers: [{ provide: NZ_I18N, useValue: zh_CN }], // 国际化
  bootstrap: [AppComponent]
})
export class AppModule { }
```

2. 按需导入组件模块

接下来将需要用到的 UI 组件模块导入应用中。比如，想使用列表功能，则在 app.module.ts 文件中导入 NzListModule。代码如下：

```
...
import { NzButtonModule } from 'ng-zorro-antd/button';
```

```
registerLocaleData(zh);

@NgModule({
  declarations: [
    AppComponent
  ],
  imports: [
    BrowserModule,
    NgZorroAntdModule,
    FormsModule,
    HttpClientModule,
    BrowserAnimationsModule,
    NzButtonModule // NG-ZORRO 按钮模块
  ],
  providers: [{ provide: NZ_I18N, useValue: zh_CN }],
  bootstrap: [AppComponent]
})
export class AppModule { }
```

3. 按需导入组件样式

在 style.css 里导入组件对应的样式文件（不是全部的样式文件）。代码如下：

```
@import "~ng-zorro-antd/style/index.min.css"; /* 引入基本样式 */
@import "~ng-zorro-antd/button/style/index.min.css"; /* 引入按钮组件样式 */
```

26.2.3 创建新闻列表组件

首页将展示新闻列表，所以应在应用里创建相应的新闻列表组件。

（1）用 Angular CLI 执行如下命令以创建组件：

```
ng generate component news
```

（2）将 app.component.html 中的内容改为以下代码：

```
<app-news></app-news>
```

上述代码的含义为，应用主模板引用了新闻列表组件的模板。其中"app-news"就是新闻列表组件模板的选择器（selector），可以在 news.component.ts 文件中找到，见以下代码：

```
import { Component, OnInit } from '@angular/core';

@Component({
  selector: 'app-news',
  templateUrl: './news.component.html',
  styleUrls: ['./news.component.css']
```

```
})
export class NewsComponent implements OnInit {

  constructor() { }

  ngOnInit() {
  }

}
```

（3）运行应用可以看到如图 26-4 所示运行效果。

图 26-4　运行界面

26.2.4　设计新闻列表原型

为了实现新闻列表，需要进行如下操作：

（1）在 app.module.ts 文件中导入 NzListModule 模块，代码如下：

```
...
import { NzListModule } from 'ng-zorro-antd/list';

@NgModule({
  declarations: [
    AppComponent,
    NewsComponent
  ],
  imports: [
    ...
    NzListModule // NG-ZORRO 列表模块
  ],
```

（2）修改 news.component.html 文件，添加如下内容：

```
<nz-list [nzDataSource]="newsData" nzBordered nzSize="small" [nzRenderItem]="smallItem">
<ng-template #smallItem let-item>
<nz-list-item><a href="{{ item.href }}">{{ item.title }}</a></nz-list-item>
</ng-template>
</nz-list>
```

其中的 newsData 定义在 NewsComponent 组件中，代码如下：

```
import { Component, OnInit } from '@angular/core';

@Component({
  selector: 'app-news',
  templateUrl: './news.component.html',
  styleUrls: ['./news.component.css']
})
export class NewsComponent implements OnInit {

  newsData = [
    {href:'/', title:'项目内置广告后续：npm 禁止终端广告'},
    {href:'/', title:'rkt 归档，容器运行时"上古"之战老兵凋零'},
    {href:'/', title:'Perl6 到底要把不要改名？'},
    {href:'/', title:'阿里巴巴成首个单季营收破千亿中国互联网公司'},
    {href:'/', title:'华为宣布方舟编译器将于 8 月 31 日开源'},
    {href:'/', title:'马化腾加持开源，参与构建全球科技共同体'},
    {href:'/', title:'比尔盖茨：2019 年这 10 大技术必成潮流'},
    {href:'/', title:'GitHub 上有什么好玩的项目'},
    {href:'/', title:'OPPO Reno2 海外率先亮相'}
  ];

  constructor() { }

  ngOnInit() {
  }

}
```

上述内容是静态数据，用于展示新闻列表的原型。

（3）运行应用可以看到如图 26-5 所示的运行效果。

（4）为了更真实地反映移动端访问应用的效果，可以通过浏览器模拟移动端界面效果。

Firefox、Chrome 等浏览器均支持模拟移动端界面的效果。以 Firefox 浏览器为例，通过菜单"打开"→"Web 开发者""→"响应式设计模式"（如图 26-6 所示）来展示移动端界面的效果。

（5）图 26-7 是在模拟移动端访问应用的效果。

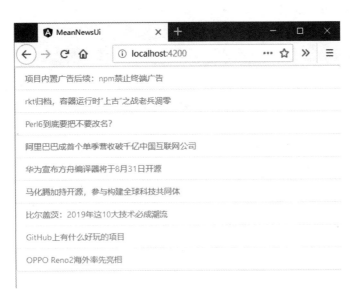

图 26-5　运行界面　　　　　　　　　图 26-6　选择"响应式设计模式"

图 26-7　模拟移动端访问应用的效果

26.2.5　设计新闻详情页原型

接下来设计新闻详情页原型。

新闻详情页用于展示新闻的详细内容。相比于首页的新闻列表，新闻详细页还多了新闻发布时间、创建人、新闻内容等内容。

1. 新建新闻详情组件

通过 Angular CLI 编写新闻组件 NewsDetailComponent，命令如下：

```
ng generate component news-detail
```

2. 导入模块

为了实现新闻详情页，需要导入 NzCardModule 模块。代码如下：

```
...
import { NzCardModule } from 'ng-zorro-antd/card';

@NgModule({
  declarations: [
    AppComponent,
    NewsComponent,
    NewsDetailComponent
  ],
  imports: [
    ...
    NzCardModule // 用于新闻详情
  ],
```

3. 修改新闻详情页组件模板

修改新闻详情页组件模板 news-detail.component.html，修改后的代码如下：

```
<button nz-button nzType="dashed">返回</button>
<nz-card nzTitle="阿里巴巴成首个单季营收破千亿中国互联网公司">
<nz-card-meta nzTitle="2019-1-31 21:00"></nz-card-meta>
<p>
中国青年网北京 1 月 30 日电　北京时间 1 月 30 日晚，阿里巴巴集团公布 2019 财年第三季度业绩，
集团收入同比增长 41%，达 1172.78 亿元。这是中国首个互联网公司实现单季营收破千亿，
彰显出中国社会强大的消费信心以及阿里巴巴强劲的"平台效应"。
</p>

<img
src="https://ss1.baidu.com/6ONXsjip0QIZ8tyhnq/it/u=542868259,2390763485&fm=173&app=49&f=JPEG
?w=554&h=369&s=FBA400C0FAF15E8EA8B54D96030080B0">

<p>财报显示，淘宝移动月度活跃用户达到 6.99 亿，较 2018 年 9 月增加 3300 万，
```

淘宝作为国民级应用价值凸显。"单季营收破千亿"和"人手一辆购物车"的背后，
得益于数字经济所激发的旺盛消费需求。超预期增长的阿里巴巴和蓬勃的数字经济，
正在激发中国消费的庞大潜力。
</p>
</nz-card>

4. 修改 app.component.html

为了能访问新闻详情页组件界面，修改 app.component.html 的代码为如下：

```
<!--<app-news></app-news>-->
<app-news-detail></app-news-detail>
```

其中，"app-news-detail"是新闻详情页组件的模板的选择器（selector），可以在 news-detail.component.ts 文件中找到。

最终的新闻详情页如图 26-8 所示。

图 26-8 运行界面

26.3 实现路由器

我们需要来回在首页和新闻详情页两个界面之间来回切换,所以需要设置路由器。

26.3.1 创建路由

(1)用 Angular CLI 创建应用的路由。命令如下:

```
ng generate module app-routing --flat --module=app
```

其中:

- "--flat"把这个文件放进 src/app 中,而不是单独的目录中。
- "--module=app"告诉 Angular CLI 把它注册到 AppModule 的 imports 数组中。

(2)将路由器的代码修改为如下:

```
import { NgModule } from '@angular/core';
import { Routes, RouterModule } from '@angular/router';
import { NewsComponent } from "./news/news.component";
import { NewsDetailComponent } from './news-detail/news-detail.component';

const routes: Routes = [
  { path: '', component: NewsComponent },    // 新闻列表
  { path: 'news', component: NewsDetailComponent} // 新闻详情
];

@NgModule({
  imports: [RouterModule.forRoot(routes)],
  exports: [RouterModule]
})
export class AppRoutingModule { }
```

通过设置该路由器可以方便实现首页和新闻详情页之间的切换。

26.3.2 添加路由出口

修改 app.component.html 页面,添加路由出口。代码如下:

```
<router-outlet></router-outlet>
```

26.3.3 修改新闻列表组件

修改新闻列表组件 news.component.ts 的数据,当单击新闻列表中的条目时能够从新闻列表

组件路由到新闻详情页组件。修改后的代码如下：

```
...
newsData = [
    {href:'/news', title:'项目内置广告后续：npm 禁止终端广告'},
    {href:'/news', title:'rkt 归档，容器运行时"上古"之战老兵凋零'},
    {href:'/news', title:'Perl6 到底要把不要改名？'},
    {href:'/news', title:'阿里巴巴成首个单季营收破千亿中国互联网公司'},
    {href:'/news', title:'华为宣布方舟编译器将于 8 月 31 日开源'},
    {href:'/news', title:'马化腾加持开源，参与构建全球科技共同体'},
    {href:'/news', title:'比尔·盖茨：2019 年这 10 大技术必成潮流'},
    {href:'/news', title:'GitHub 上有什么好玩的项目'},
    {href:'/news', title:'OPPO Reno2 海外率先亮相'}
];
```

其中，href 用于指定要路由的路径，即新闻详情页组件。

26.3.4 给"返回"按钮添加事件

修改 news-detail.component.html，在"返回"按钮上添加事件处理，以便返回到上一次的浏览界面（一般是新闻列表界面）。代码如下：

```
<button nz-button nzType="dashed" (click)="goback()">返回</button>
...
```

同时需要在 news-detail.component.ts 中增加 goback()方法：

```
import { Component, OnInit } from '@angular/core';
import { Location } from '@angular/common'; // 用于回退浏览记录

@Component({
  selector: 'app-news-detail',
  templateUrl: './news-detail.component.html',
  styleUrls: ['./news-detail.component.css']
})
export class NewsDetailComponent implements OnInit {

  constructor(private location: Location) { }

  ngOnInit() {
  }

  // 返回
  goback() {
    // 浏览器回退浏览记录
```

```
    this.location.back();
  }
}
```

26.3.5 运行应用

运行应用,单击新闻列表和"返回"按钮,就能实现首页和新闻详情页之间的切换。图 26-9 和图 26-10 是在 Firefox 浏览器中以"响应式设计模式"运行的效果。

图 26-9 首页

图 26-10 新闻详情页

第 27 章 服务器端应用

mean-news-server 是服务器端应用，基于 Express、Node.js、basic-auth 等技术实现，并通过 MongoDB 实现数据的存储。

本章将详细介绍 mean-news-server 的实现过程。

27.1 初始化服务器端应用

以下是初始化服务器端 mean-news-server 应用的过程。

27.1.1 创建应用目录

创建一个名为"mean-news-server"的应用并进入它：

```
$ mkdir mean-news-server
$ cd mean-news-server
```

27.1.2 初始化应用结构

通过"npm init"来初始化该应用的代码结构：

```
$ npm init

This utility will walk you through creating a package.json file.
It only covers the most common items, and tries to guess sensible defaults.

See `npm help json` for definitive documentation on these fields
and exactly what they do.
```

```
Use `npm install <pkg>` afterwards to install a package and
save it as a dependency in the package.json file.

Press ^C at any time to quit.
package name: (mean-news-server)
version: (1.0.0)
description:
entry point: (index.js)
test command:
git repository:
keywords:
author: waylau.com
license: (ISC)
About to write to D:\workspaceGithub\mean-book-samples\samples\mean-news-server\package.json:

{
  "name": "mean-news-server",
  "version": "1.0.0",
  "description": "",
  "main": "index.js",
  "scripts": {
    "test": "echo \"Error: no test specified\" && exit 1"
  },
  "author": "waylau.com",
  "license": "ISC"
}

Is this OK? (yes) yes
```

27.1.3　在应用中安装 Express

通过"npm install"命令来安装 Express：

```
$ npm install express --save

npm notice created a lockfile as package-lock.json. You should commit this file.
npm WARN mean-news-server@1.0.0 No description
npm WARN mean-news-server@1.0.0 No repository field.

+ express@4.17.1
added 50 packages from 37 contributors in 4.655s
```

27.1.4 编写"Hello World"应用

在安装完成 Express 后,就可以通过 Express 来编写 Web 应用了。在 mean-news-server 应用的 index.js 文件中编写以下"Hello World"应用的代码:

```js
const express = require('express');
const app = express();
const port = 8080;

app.get('/admins/hi', (req, res) => res.send('hello'));

app.listen(port, () => console.log(`Server listening on port ${port}!`));
```

该示例非常简单,会在服务器启动后占用 8080 端口。当用户访问应用的"/admins/hi"路径时,会响应"hello"字样的内容给客户端。

27.1.5 运行"Hello World"应用

执行以下命令以启动服务器:

```
$ node index.js
Server listening on port 8080!
```

在服务器启动后,通过浏览器访问 http://localhost:8080/admins/hi,可以看到如图 27-1 所示的内容。

图 27-1　服务器端管理接口

27.2　初步实现用户登录认证功能

本节将实现用户登录认证功能。

27.2.1　创建服务器端管理组件

服务器端管理组件主要用于管理新闻的发布。服务器端管理使用的角色为管理员。换言之,要想访问服务器端管理界面,则需要先在客户端进行登录授权。

在 mean-news-ui 应用中通过 Angular CLI 执行如下命令以创建组件：

ng generate component admin

27.2.2 添加组件到路由器

为了使页面能被访问到，需要将服务器端管理组件添加到路由器 app-routing.module.ts 中。代码如下：

```
...
import { AdminComponent } from './admin/admin.component';

const routes: Routes = [
  ...
  { path: 'admin', component: AdminComponent} // 后端管理
];
```

启动应用，访问 http://localhost:4200/admin，可以看到服务器端管理界面如图 27-2 所示。

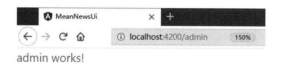

图 27-2　服务器端管理界面

服务器端管理目前还没有任何业务逻辑，只是搭建了一个初级的骨架。

27.2.3 使用 HttpClient

服务器端目前只有一个允许管理员角色访问的接口 http://localhost:8080/admins/hi，还没有设置权限认证拦截，因此，任意 HTTP 客户端都是可以访问该接口。

我们期望 mean-news-ui 应用能够访问上述服务器端接口。为了实现在 Angular 中发起 HTTP 请求的功能，需要用到 Angular HttpClient API。该 API 包含在 HttpClientModule 模块中，因此需要在应用中导入该模块：

```
...
import { HttpClientModule } from '@angular/common/http';

@NgModule({
  declarations: [
    AppComponent,
    NewsComponent,
    NewsDetailComponent,
    AdminComponent
```

```
  ],
  imports: [
    ...
    HttpClientModule // HTTP 客户端
  ],
```

还需要在 AdminComponent 中注入 HttpClient。代码如下:

```
import { Component, OnInit } from '@angular/core';
import { HttpClient } from '@angular/common/http';

@Component({
  selector: 'app-admin',
  templateUrl: './admin.component.html',
  styleUrls: ['./admin.component.css']
})
export class AdminComponent implements OnInit {

  // 注入 HttpClient
  constructor(private http: HttpClient) { }

  ngOnInit() {
  }

}
```

27.2.4 访问服务器端接口

有了 HttpClient，就能远程发起 HTTP 请求到服务器端 REST 接口中。

1. 设置反向代理

本项目是一个前后端分离的应用，需要分开部署、运行应用，所以一定会遇到跨域访问的问题。

解决跨域访问问题，业界最常用的方式是设置反向代理。其原理是：设置反向代理服务器，让 Angular 应用都访问自己服务器中的 API。但这类 API 都会被反向代理服务器转发到 Java 等服务器端服务 API 中，所以这个过程对于 Angular 应用是无感知的。

业界经常采用 NGINX 服务来承担反向代理的职责。而在 Angular 中，使用反向代理更加简单，因为 Angular 自带了反向代理服务器。设置方式为，在 Angular 应用的根目录下添加配置文件 proxy.config.json，并填写如下内容：

```
{
  "/api/": {
    "target": "http://localhost:8080/",
    "secure": false,
```

```
      "pathRewrite": {
        "^/api": ""
      }
    }
}
```

这个配置说明：任何在 Angular 应用中发起的以"/api/"开头的 URL，都会反向代理到以"http://localhost:8080/"开头的 URL。举例来说，如果在 Angular 应用中发送请求到"http://localhost:4200/api/admins/hi"，则反向代理服务器会将该 URL 映射到"http://localhost:8080/admins/hi"。

在添加了该配置文件后，在启动应用时只要在启动参数中指定该文件的位置即可。命令如下：

```
$ ng serve --proxy-config proxy.config.json
```

2. 通过客户端发起 HTTP 请求

用 HttpClient 发起 HTTP 请求：

```
import { Component, OnInit } from '@angular/core';
import { HttpClient } from '@angular/common/http';

@Component({
  selector: 'app-admin',
  templateUrl: './admin.component.html',
  styleUrls: ['./admin.component.css']
})
export class AdminComponent implements OnInit {
  adminUrl = '/api/admins/hi';
  adminData = '';

  // 注入 HttpClient
  constructor(private http: HttpClient) { }

  ngOnInit() {
    this.getData();
  }

  // 获取服务器端接口数据
  getData() {
    return this.http.get(this.adminUrl, { responseType: 'text' })
      .subscribe(data => this.adminData = data);
  }
}
```

在上述代码中，返回的数据会赋值给 adminData 变量。

3. 绑定数据

编辑 admin.component.html，修改后的代码如下：

```
<p>
  Get data from admin: {{adminData}}.
</p>
```

上述代码将 adminData 变量绑定到模板中了。任何对 adminData 的赋值都能及时呈现在页面中。

4. 测试

在启动客户端和服务器端应用后，尝试访问页面 http://localhost:4200/admin，如果看到如图 27-3 所示的界面，则说明服务器端接口已经被成功访问了且返回了"hello"文本。该"hello"文本被绑定机制渲染在了界面中。

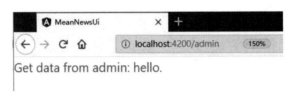

图 27-3　访问服务器端接口

27.2.5　给服务器端接口设置安全认证

接下来通过设置 mean-news-server 的服务器端接口来实现接口的安全拦截。

1. 安装基本认证插件

通过以下命令安装基本认证插件 basic-auth：

```
$ npm install basic-auth


npm WARN mean-news-server@1.0.0 No description
npm WARN mean-news-server@1.0.0 No repository field.

+ basic-auth@2.0.1
added 1 package in 1.291s
```

basic-auth 可以用于 Node.js 基本认证解析。

2. 修改服务器端安全配置

对 /admins/hi 接口进行安全拦截。代码如下：

```javascript
const auth = require('basic-auth');

app.get('/admins/hi', (req, res) => {

    var credentials = auth(req)

    // 登录认证检验
    if (!credentials || !check(credentials.name, credentials.pass)) {
        res.statusCode = 401
        res.setHeader('WWW-Authenticate', 'Basic realm="example"')
        res.end('Access denied')
    }

    res.send('hello')
});

// 检查权限
const check = function (name, pass) {
    var valid = false;

    // 校验账号和密码是否一致
    if (('waylau' === name) && ('123456' === pass)) {
        valid = true;
    }
    return valid
}
```

其中：

- auth 方法是 basic-auth 提供的方法，用于解析 HTTP 请求中的认证信息。如果解析的结果为空，则校验不通过。
- check 方法用于校验用户的账号和密码是否与服务所存储的账号和密码一致。若不一致，则校验不通过。

3. 测试

将客户端和服务器端应用都启动后，尝试访问页面 http://localhost:4200/admin。由于该页面所访问的 http://localhost:8080/admins/hi 接口是需要认证的，所以首次访问时会有如图 27-4 所示的提示框。

输入正确的账号 "waylau"、密码 "123456"，登录后如果看到如图 27-5 所示的界面，则说明服务器端接口已经认证成功，会返回 "hello" 文本。

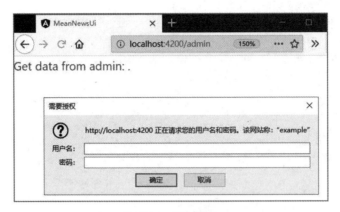

图 27-4　登录界面

图 27-5　成功访问接口

 目前用户信息直接存储在程序中，后期会转移至数据库中。

27.3　实现新闻编辑器

新闻编辑器用于向应用中录入新闻内容，这样用户才能在应用中看到新闻内容。

由于新闻类的文章排版都较为简单，因此在本书中以 Markdown 作为新闻文章的排版工具。

27.3.1　集成 ngx-Markdown 插件

ngx-Markdown 是一款基于 Node.js 的 Markdown 插件，能够将 Markdown 格式的内容渲染成为 HTML 格式的内容。

执行以下命令在 mean-news-ui 应用中下载安装 ngx-Markdown 插件：

```
$ npm install ngx-markdown --save

npm WARN optional SKIPPING OPTIONAL DEPENDENCY: fsevents@1.2.9 (node_modules\webpack-dev-server\node_modules\fsevents):
```

```
npm WARN notsup SKIPPING OPTIONAL DEPENDENCY: Unsupported platform for fsevents@1.2.9: wanted
{"os":"darwin","arch":"any"} (current: {"os":"win32","arch":"x64"})
npm WARN optional SKIPPING OPTIONAL DEPENDENCY: fsevents@1.2.9 (node_modules\watchpack\
node_modules\fsevents):
npm WARN notsup SKIPPING OPTIONAL DEPENDENCY: Unsupported platform for fsevents@1.2.9: wanted
{"os":"darwin","arch":"any"} (current: {"os":"win32","arch":"x64"})
npm WARN optional SKIPPING OPTIONAL DEPENDENCY: fsevents@1.2.9 (node_modules\karma\node_
modules\fsevents):
npm WARN notsup SKIPPING OPTIONAL DEPENDENCY: Unsupported platform for fsevents@1.2.9: wanted
{"os":"darwin","arch":"any"} (current: {"os":"win32","arch":"x64"})
npm WARN optional SKIPPING OPTIONAL DEPENDENCY: fsevents@1.2.9 (node_modules\@angular\compiler-
cli\node_modules\fsevents):
npm WARN notsup SKIPPING OPTIONAL DEPENDENCY: Unsupported platform for fsevents@1.2.9: wanted
{"os":"darwin","arch":"any"} (current: {"os":"win32","arch":"x64"})
npm WARN optional SKIPPING OPTIONAL DEPENDENCY: fsevents@2.0.7 (node_modules\fsevents):
npm WARN notsup SKIPPING OPTIONAL DEPENDENCY: Unsupported platform for fsevents@2.0.7: wanted
{"os":"darwin","arch":"any"} (current: {"os":"win32","arch":"x64"})

+ ngx-markdown@8.1.0
added 9 packages from 9 contributors in 58.293s
```

27.3.2 导入 MarkdownModule 模块

在应用中导入 MarkdownModule 模块，以便启用 ngx-Markdown 功能。同时，编辑器界面还用到 Form 表单等模块，因此也需要一并将其导入。代码如下：

```
...
import { NzFormModule } from 'ng-zorro-antd/form';
import { MarkdownModule } from 'ngx-markdown';

imports: [
...
NzFormModule, // NG-ZORRO 表单模块
MarkdownModule.forRoot(), // Markdown 渲染
],
```

27.3.3 编写编辑器界面

1. 编辑模板

编辑 admin.component.html，内容如下：

```
<form nz-form>
<nz-form-item>
<nz-form-label nzRequired>新闻标题</nz-form-label>
<nz-form-control>
```

```
<input nz-input name="title" placeholder="请输入新闻标题!" maxlength="100"
       name="title"
         (keyup)="syncTitle(newTitle.value)" value={{markdownTitle}} #newTitle>
</nz-form-control>
</nz-form-item>
<nz-form-item>
<nz-form-label nzRequired>新闻内容</nz-form-label>
<nz-form-control>
<textarea name="content" nz-input rows="16" placeholder="请输入新闻内容!"
          (keyup)="syncContent(newContent.value)"
            value={{markdownContent}} #newContent></textarea>
</nz-form-control>
</nz-form-item>
<nz-form-item>
<nz-form-control>
<button nz-button nzType="primary" (click)="submitData()">提交</button>
</nz-form-control>
</nz-form-item>
</form>

<markdown [data]="markdownContent"></markdown>
```

其中：

- `<input>`用于输入新闻标题。
- `<textarea>`用于输入新闻内容。
- `<markdown>`用于将输入的 Markdown 格式的新闻内容实时地显示为 HTML 格式。

2. 编辑组件

编辑 admin.component.ts，内容如下：

```
import { Component, OnInit } from '@angular/core';
import { HttpClient } from '@angular/common/http';

import { News } from './../news';

@Component({
  selector: 'app-admin',
  templateUrl: './admin.component.html',
  styleUrls: ['./admin.component.css']
})
export class AdminComponent implements OnInit {
  adminUrl = '/api/admins/hi';
  createNewsUrl = '/api/admins/news';
```

```
adminData = '';
markdownTitle = '';
markdownContent = '';

// 注入 HttpClient
constructor(private http: HttpClient) { }

ngOnInit() {
  this.getData();
}

// 获取服务器端接口数据
getData() {
  return this.http.get(this.adminUrl, { responseType: 'text' })
    .subscribe(data => this.adminData = data);
}

// 同步编辑器中的内容
syncContent(content: string) {
  this.markdownContent = content;
}

// 同步编辑器中的标题
syncTitle(title: string) {
  this.markdownTitle = title;
}

// 提交新闻内容到服务器端
submitData() {
  console.log('ssss');
  this.http.post<News>(this.createNewsUrl,
    new News(null, this.markdownTitle, this.markdownContent, new Date())).subscribe(
      data => {console.log(data);
        alert("已经成功提交");

        // 清空数据
        this.markdownTitle = '';
        this.markdownContent = '';
      },
      error => {
        console.error(error);
        alert("提交失败");
      }
    );
```

```
    ;
  }
}
```

单击其中的"提交"按钮会触发 submitData()方法将新闻内容提交到服务器端的 REST 接口。

News 类中是客户端新闻的结构,代码如下:

```
export class News {
    constructor(
        public newsId: number,
        public title: string, // 标题
        public content: string, // 内容
        public creation: Date, // 日期
    ) { }
}
```

运行应用后访问页面 http://localhost:4200/admin,可以看到如图 27-6 所示的编辑器页面。

图 27-6 编辑器页面

可以在编辑器中输入新闻的标题和内容。新闻内容会实时生成预览信息到界面的下方。另外，编辑器也支持插入图片的链接。

目前单击"提交"按钮是没有反应的，因为还缺少服务器端的接口。

27.3.4　在服务器端新增创建新闻的接口

为了能够将新闻信息保存下来，需要在 mean-news-server 应用的服务器端新增创建新闻的接口。

1. 添加 mongodb 模块

在 mean-news-server 应用中添加 mongodb 模块以便操作 MongoDB。命令如下：

```
$ npm install mongodb --save

npm notice created a lockfile as package-lock.json. You should commit this file.
npm WARN mongodb-demo@1.0.0 No description
npm WARN mongodb-demo@1.0.0 No repository field.

+ mongodb@3.3.1
added 6 packages from 4 contributors in 1.784s
```

2. 创建新增新闻的接口

接下来创建新增新闻的接口。完整的 index.js 代码如下：

```javascript
const express = require('express');
const app = express();
const port = 8080;
const auth = require('basic-auth');
const bodyParser = require('body-parser');
app.use(bodyParser.json()) // 用于解析 application/json
const MongoClient = require('mongodb').MongoClient;

// 链接 URL
const url = 'mongodb://localhost:27017';

// 数据库的名称
const dbName = 'meanNews';

// 创建 MongoClient 客户端
const client = new MongoClient(url,{ useNewUrlParser: true, useUnifiedTopology: true});

app.get('/admins/hi', (req, res) => {
```

```javascript
    var credentials = auth(req)

    // 登录认证检验
    if (!credentials || !check(credentials.name, credentials.pass)) {
        res.statusCode = 401
        res.setHeader('WWW-Authenticate', 'Basic realm="example"')
        res.end('Access denied')
    }

    res.send('hello')
});

// 创建新闻
app.post('/admins/news', (req, res) => {

    var credentials = auth(req)

    // 登录认证检验
    if (!credentials || !check(credentials.name, credentials.pass)) {
        res.statusCode = 401
        res.setHeader('WWW-Authenticate', 'Basic realm="example"')
        res.end('Access denied')
    }

    let news = req.body;
    console.info(news);

    // 用链接方法链接服务器
    client.connect(function (err) {
        if (err) {
            console.error('error end: ' + err.stack);
            return;
        }

        console.log("成功链接到服务器");

        const db = client.db(dbName);

        // 插入新闻
        insertNews(db, news, function () {
        });
    });
```

```javascript
    // 响应成功
    res.status(200).end();
});


// 插入新闻
const insertNews = function (db, _news, callback) {
    // 获取集合
    const news = db.collection('news');

    // 插入文档
    news.insertOne({ title: _news.title, content: _news.content, creation: _news.creation}, function (err, result) {
        if (err) {
            console.error('error end: ' + err.stack);
            return;
        }
        console.log("已经插入文档,响应结果是:");
        console.log(result);
        callback(result);
    });
}

// 检查权限
const check = function (name, pass) {
    var valid = false;

    // 校验账号和密码是否一致
    if (('waylau' === name) && ('123456' === pass)) {
        valid = true;
    }
    return valid
}

app.listen(port, () => console.log(`Server listening on port ${port}!`));
```

当客户端发送 POST 请求到/admins/news 时可以实现新闻信息的存储。

27.3.5 运行应用

接下来运行应用进行测试。访问页面 http://localhost:4200/admin,然后在编辑页面中输入内容,也可以插入图片。单击"提交"按钮成功提交后,会看到如图 27-7 所示的提示信息。

图 27-7 提交成功

27.4 实现新闻列表展示

在首页需要展示最新的新闻列表。mean-news-ui 已经提供了原型，本节将基于这些原型来对接真实的后端数据。

27.4.1 在服务器端实现新闻列表查询的接口

在 mean-news-server 应用中实现新闻列表查询的接口。

```
// 查询新闻列表
app.get('/news', (req, res) => {

    // 用链接方法链接服务器
    client.connect(function (err) {
        if (err) {
            console.error('error end: ' + err.stack);
            return;
        }

        console.log("成功链接到服务器");

        const db = client.db(dbName);
```

```
        // 插入新闻
        findNewsList(db, function (result) {
            // 响应成功
            res.status(200).json(result);
        });
    });

});


// 查找全部新闻标题
const findNewsList = function (db, callback) {
    // 获取集合
    const news = db.collection('news');

    // 查询文档，只返回标题和 id
    // _id 被映射称为 newsId
    news.aggregate({ $project: { newsId: "$_id", title: 1, _id: 0 } }, function (err, cursor) {
        if (err) {
            console.error('error end: ' + err.stack);
            return;
        }

        cursor.toArray(function (err, result) {
            console.log("查询全部文档，响应结果是：");
            console.log(result);
            callback(result);
        });
    });
}
```

在上述例子中：

- 由于新闻列表查询接口是公开的 API，因此无须对该接口进行权限拦截。
- 在查询文档时，只返回标题和_id。因此，需要通过$project 表达式将_id 映射称为 newsId 字段。

27.4.2 在客户端实现客户端访问新闻列表的 REST 接口

在完成了服务器端接口后，就可以在客户端发起对该接口的调用。

1. 修改组件

修改 news.component.ts，代码如下：

```typescript
import { Component, OnInit } from '@angular/core';
import { HttpClient } from '@angular/common/http';

import { News } from './../news'

@Component({
  selector: 'app-news',
  templateUrl: './news.component.html',
  styleUrls: ['./news.component.css']
})
export class NewsComponent implements OnInit {
  newsListUrl = '/api/news';
  newsData: News[] = [];

  // 注入 HttpClient
  constructor(private http: HttpClient) { }

  ngOnInit() {
    this.getData();
  }

  // 获取服务器端接口数据
  getData() {
    return this.http.get<News[]>(this.newsListUrl)
      .subscribe(data => this.newsData = data);
  }

}
```

上述代码实现了对新闻列表 REST 接口的访问。

2. 修改模板

修改 news.component.html，代码如下：

```html
<nz-list [nzDataSource]="newsData" nzBordered nzSize="small" [nzRenderItem]="smallItem">
<ng-template #smallItem let-item>
<nz-list-item><a href="/news/{{item.newsId}}">{{ item.title }}</a></nz-list-item>
</ng-template>
</nz-list>
```

href 将指向真实的 newsId 所对应的 URL。

27.4.3 运行应用

运行应用，进行测试。访问首页 http://localhost:4200，可以看到如图 27-8 所示的首页。

图 27-8 首页

将光标移到任意新闻条目上，可以看到每个条目上都有不同的 URL，示例如下：

http://localhost:4200/news/5d6a326f9c825e24106624e5

这些 URL 就是为下一步重定向到该条目的新闻详情页做准备的。上面示例中的"5d6a326f9c825e24106624e5"就是该新闻数据在 MongoDB 中的_id。

27.5 实现新闻详情展示

mean-news-ui 已经提供了新闻详情的原型，本节将基于这些原型来对接真实的服务器端数据。

27.5.1 在服务器端实现新闻详情查询的接口

在 mean-news-server 应用中实现查询新闻详情的接口。代码如下：

```
...
const ObjectId = require('mongodb').ObjectId;

// 根据 id 查询新闻信息
app.get('/news/:newsId', (req, res) => {
```

```javascript
    let newsId = req.params.newsId;
    console.log("newsId 为" + newsId);

    // 用链接方法链接服务器
    client.connect(function (err) {
        if (err) {
            console.error('error end: ' + err.stack);
            return;
        }

        console.log("成功链接服务器");

        const db = client.db(dbName);

        // 查询新闻
        findNews(db, newsId, function (result) {
            // 响应成功
            res.status(200).json(result);
        });
    });

});

// 查询指定新闻
const findNews = function (db, newsId, callback) {
    // 获取集合
    const news = db.collection('news');

    // 查询指定文档
    news.findOne({_id: ObjectId(newsId)},function (err, result) {
        if (err) {
            console.error('error end: ' + err.stack);
            return;
        }

        console.log("查询指定文档，响应结果是：");
        console.log(result);
        callback(result);
    });
}
```

在上述示例中，

- 通过 req.params 获取客户端所传入的 newsId 参数。
- 将 newsId 转为 ObjectId，作为 MongoDB 的查询条件。

27.5.2 在客户端实现调用新闻详情页的 REST 接口

在完成了服务器端接口后,就可以在客户端发起对新闻详情页的 REST 接口的调用。

1. 修改组件

修改 news-detail.component.ts,代码如下:

```typescript
import { Component, OnInit } from '@angular/core';
import { Location } from '@angular/common'; // 用于回退浏览记录
import { HttpClient } from '@angular/common/http';
import { ActivatedRoute } from '@angular/router';

import { News } from './../news'

@Component({
  selector: 'app-news-detail',
  templateUrl: './news-detail.component.html',
  styleUrls: ['./news-detail.component.css']
})
export class NewsDetailComponent implements OnInit {
  newsUrl = '/api/news/';
  news: News = new News(null, null, null, null, null);

  // 注入 HttpClient
  constructor(private location: Location,
    private http: HttpClient,
    private route: ActivatedRoute) { }


  ngOnInit() {
    this.getData();
  }

  // 获取服务器端接口数据
  getData() {
    const newsId = this.route.snapshot.paramMap.get('newsId');
    return this.http.get<News>(this.newsUrl + newsId)
      .subscribe(data => this.news = data);
  }
```

```
    // 返回
    goback() {
        // 浏览器回退浏览记录
        this.location.back();
    }
}
```

上述代码实现了对新闻详情页的 REST 接口的访问。

需要注意的是，newsId 是从 ActivatedRoute 对象里面获取出来的。有关路由器的设置稍后还会介绍。

2. 修改模板

修改 news-detail.component.html，代码如下：

```
<button nz-button nzType="dashed" (click)="goback()">返回</button>
<nz-card nzTitle="{{news.title}}">

<nz-card-meta nzTitle="{{news.creation | date:'yyyy-MM-dd HH:mm:ss' }}"></nz-card-meta>

<markdown [data]=news.content></markdown>

</nz-card>
```

其中，对 news.creation 变量使用了 Angular 的 Date 管道，以便对时间格式进行转换。

27.5.3　设置路由

在从新闻列表切换到新闻详情页面时是携带了参数的，所以针对这种场景需要设置带参数的路由路径。代码如下：

```
const routes: Routes = [
  { path: '', component: NewsComponent },    // 新闻列表
  { path: 'news/:newsId', component: NewsDetailComponent}, // 新闻详情，带参数
  { path: 'admin', component: AdminComponent } // 服务器端管理
];
```

27.5.4　运行应用

运行应用，进行测试。访问首页 http://localhost:4200，单击任意新闻条目，可以切换至新闻详情页，如图 27-9 所示。

图 27-9 新闻详情页

新闻详情页显示的是数据库的最新的内容。

27.6 实现认证信息的存储及读取

在之前的章节中已经初步实现了用户的登录认证，但认证信息是硬编码在程序中的。本节将对登录认证做进一步的改造，实现认证信息在数据库中的存储及读取。

27.6.1 实现认证信息的存储

为求简单，我们将认证的信息通过 MongoDB 客户端初始化到 MongoDB 服务器中。脚本如下：

```
db.user.insertOne(
   { username: "waylau", password:"123456", email:"waylau521@gmail.com" }
)
```

换言之，如果用户在登录时输入了账号"waylau"、密码"123456"，则认为认证是通过的。

27.6.2 实现认证信息的读取

现在认证信息已经存储在 MongoDB 服务器中,需要提供一个方法来读取该用户的信息:

```javascript
// 查询指定用户
const findUser = function (db, name, callback) {
    // 获取集合
    const user = db.collection('user');

    // 查询指定文档
    user.findOne({ username: name }, function (err, result) {
        if (err) {
            console.error('error end: ' + err.stack);
            return;
        }

        console.log("查询指定文档,响应结果是: ");
        console.log(result);
        callback(result);
    });
}
```

上述 findUser 方法用于查询之前用户账号的信息。当查询用户账号为 "waylau" 时,响应结果如下:

```
{
  _id: 5d6a7e220da53b7ebedf3bbc,
  username: 'waylau',
  password: '123456',
  email: 'waylau521@gmail.com'
}
```

27.6.3 改造认证方法

认证方法 check 也需要做改造。代码如下:

```javascript
const check = function (name, pass, callback) {
    var valid = false;

    // 用链接方法链接服务器
    client.connect(function (err) {
        if (err) {
            console.error('error end: ' + err.stack);
            return valid;
        }
```

```
        console.log("成功链接到服务器");

        const db = client.db(dbName);

        // 验证账号和密码是否合法
        findUser(db, name, function (result) {
            // 响应成功
            if ((result.username === name) && (result.password === pass)) {
                valid = true;
                console.log("验证通过");
                callback(valid);
            } else {
                valid = false;
                console.log("验证失败");
                callback(valid);
            }
        });
    });
}
```

check 会调用 findUser 的返回结果，以验证传入的用户账号和密码是否合法。

27.6.4 改造对外的接口

有两个外部接口依赖 check，需要对它们做相应的调整。

1. 调整 /admins/hi 接口

将/admins/hi 接口调整为如下：

```
app.get('/admins/hi', (req, res) => {

    var credentials = auth(req)

    // 登录认证检验
    if (!credentials) {
        res.statusCode = 401;
        res.setHeader('WWW-Authenticate', 'Basic realm="example"');
        res.end('Access denied');
    } else {
        check(credentials.name, credentials.pass, function (valid) {
            if (valid) {
                res.send('hello');
            } else {
                res.statusCode = 401;
```

```
                res.setHeader('WWW-Authenticate', 'Basic realm="example"');
                res.end('Access denied');
            }
        })
    }
});
```

2. 调整 /admins/news 接口

将/admins/news 接口调整为如下：

```
// 创建新闻
app.post('/admins/news', (req, res) => {

    var credentials = auth(req)

    // 登录认证检验
    if (!credentials) {
        res.statusCode = 401;
        res.setHeader('WWW-Authenticate', 'Basic realm="example"');
        res.end('Access denied');
    } else {
        check(credentials.name, credentials.pass, function (valid) {
            if (valid) {

                let news = req.body;
                console.info(news);

                // 用链接方法链接服务器
                client.connect(function (err) {
                    if (err) {
                        console.error('error end: ' + err.stack);
                        return;
                    }

                    console.log("成功链接到服务器");

                    const db = client.db(dbName);

                    // 插入文档
                    insertNews(db, news, function () {
                    });
                });

                // 响应成功
```

```
                res.status(200).end();
            } else {
                res.statusCode = 401;
                res.setHeader('WWW-Authenticate', 'Basic realm="example"');
                res.end('Access denied');
            }

        })
    }

});
```

27.7 总结

客户端及服务端的代码已经全部开发完成了，基本实现了新闻列表的查询、新闻详情页的展示、新闻的录入及权限认证。受限于篇幅，书中的代码力求做到简单易懂，着重将核心部分的实现过程呈现给读者。如果读者想将这款应用作为商业软件，则还需要做进一步的完善，包括但不仅限以下：

- 用户的管理。
- 用户信息的修改。
- 用户的角色分配。
- 新闻内容的编辑。
- 新闻分配。
- 图片服务器的实现。

这些待完善项需要读者通过自己在学习本书过程中所掌握的知识举一反三。本书最后的"参考文献"内容也可以作为读者扩展学习使用。

第 28 章
用 NGINX 实现高可用

NGINX 是免费的、开源的、高性能的 HTTP 服务器和反向代理，也是 IMAP/POP3 代理服务器。NGINX 以高性能、稳定性、丰富的功能集、简单的配置和低资源消耗而闻名。

本章将介绍如何用 NGINX 实现客户端应用（mean-news-ui）的部署，并实现服务器端应用（mean-news-server）的高可用。

28.1　NGINX 概述

28.1.1　NGINX 特性

NGINX 的用户包括诸如 Netflix、Hulu、Pinterest、CloudFlare、Airbnb、WordPress.com、GitHub、SoundCloud、Zynga、Eventbrite、Zappos、Media Temple、Heroku、RightScale、Engine、Yard、MaxCDN 等众多高知名度网站。

NGINX 具有以下特性。

- 作为 Web 服务器：相比 Apache，NGINX 使用的资源更少，支持更多的并发链接，体现更高的效率。这使得 NGINX 受到虚拟主机提供商的欢迎。
- 作为负载均衡服务器：NGINX 既可以在内部直接支持 Rails 和 PHP，也可以支持作为 HTTP 代理服务器对外进行服务。NGINX 是用 C 语言编写的，系统资源开销小，CPU 使用效率高。
- 作为邮件代理服务器：NGINX 是一个非常优秀的邮件代理服务器。

28.1.2　安装、运行 NGINX

可以从 NGINX 官网下载各类操作系统的安装包。

以下是各类操作系统不同的安装方式。

1. Linux 和 BSD

大多数 Linux 发行版和 BSD 版本在通常的软件包存储库中都有 NGINX，可以通过安装常用软件的方法安装它，例如，在 Debian 平台使用"apt-get"，在 Gentoo 平台使用"emerge"，在 FreeBSD 平台使用"ports"。

2. Red Hat 和 CentOS

首先添加 NGINX 的 yum 库，然后创建一个名为"/etc/yum.repos.d/nginx.repo"的文件，并粘贴如下配置到文件中。

CentOS 的配置如下：

```
[nginx]
name=nginx repo
baseurl=http://nginx.org/packages/centos/$releasever/$basearch/
gpgcheck=0
enabled=1
```

RHEL 的配置如下：

```
[nginx]
name=nginx repo
baseurl=http://nginx.org/packages/rhel/$releasever/$basearch/
gpgcheck=0
enabled=1
```

由于 CentOS、RHEL、Scientific Linux 在填充$releasever 变量方面存在着差异，所以有必要根据操作系统的版本手动将$releasever 变量的替换为 5（5.x）或 6（6.x）。

3. Debian/Ubuntu

官网中列出了可用的 NGINX Ubuntu 版本支持。有关 Ubuntu 版本映射到发布名称的方法，请访问官方 Ubuntu 版本页面。

接着在/etc/apt/sources.list 中附加适当的脚本。如果担心添加到该文件夹下的脚本被删除，则可以将适当的部分添加到/etc/apt/sources.list.d/ 下的其他列表文件中，例如/etc/apt/sources.list.d/nginx.list。

```
## Replace $release with your corresponding Ubuntu release.
deb http://nginx.org/packages/ubuntu/ $release nginx
deb-src http://nginx.org/packages/ubuntu/ $release nginx
```

比如 Ubuntu 16.04（Xenial）版本，设置如下：

```
deb http://nginx.org/packages/ubuntu/ xenial nginx
deb-src http://nginx.org/packages/ubuntu/ xenial nginx
```

要想安装,则执行如下脚本:

```
sudo apt-get update
sudo apt-get install nginx
```

在安装过程中,如果有如下的错误:

```
W: GPG error: http://nginx.org/packages/ubuntu xenial Release: The following signatures couldn't be verified because the public key is not available: NO_PUBKEY $key
```

则执行下面的命令:

```
## Replace $key with the corresponding $key from your GPG error.
sudo apt-key adv --keyserver keyserver.ubuntu.com --recv-keys $key
sudo apt-get update
sudo apt-get install nginx
```

4. Debian 6

如果在 Debian 6 上安装 NGINX,则添加以下脚本到 /etc/apt/sources.list 中:

```
deb http://nginx.org/packages/debian/ squeeze nginx
deb-src http://nginx.org/packages/debian/ squeeze nginx
```

5. Ubuntu PPA

在 Ubuntu 系统上,可以通过 PPA 源来获取 NGINX。需要注意的是,PPA 源上的 NGINX 是由志愿者维护的,不是由 nginx.org 官方分发的。由于它有一些额外的编译模块,所以可能更适合你的环境。

可以从 PPA 源获取最新的、稳定版本的 NGINX。

Ubuntu 10.04 及更新版本执行以下命令:

```
sudo -s
nginx=stable # use nginx=development for latest development version
add-apt-repository ppa:nginx/$nginx
apt-get update
apt-get install nginx
```

如果有关于 add-apt-repository 的错误,则可能需要安装 python-software-properties。对于其他基于 Debian/Ubuntu 的发行版本,可以尝试使用最可能在旧版套件上工作的 PPA 的变体:

```
sudo -s
nginx=stable # use nginx=development for latest development version
echo "deb http://ppa.launchpad.net/nginx/$nginx/ubuntu lucid main" >
```

```
/etc/apt/sources.list.d/nginx-$nginx-lucid.list
apt-key adv --keyserver keyserver.ubuntu.com --recv-keys C300EE8C
apt-get update
apt-get install nginx
```

6. Windows 32 位版本

在 Windows 环境上安装 NGINX，命令如下：

```
cd c:\
unzip nginx-1.15.8.zip
ren nginx-1.15.8 nginx
cd nginx
start nginx
```

如果有问题，可以参看日志 c:/nginxlogserror.log。

目前，NGINX 官网只提供了 32 位的安装包。如果想安装 64 位的版本，可以查看由 Kevin Worthington 维护 Windows 版本。

28.1.3 验证安装

NGINX 正常启动后会占用 80 端口。打开任务管理器能看到 NGINX 的活动线程，如图 28-1 所示。

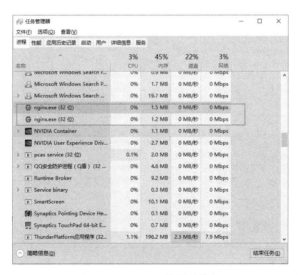

图 28-1　NGINX 的活动线程

打开浏览器访问 http://localhost:80（其中 80 端口号可以省略），则能看到 NGINX 的欢迎页面，如图 28-2 所示。

图 28-2　NGINX 的欢迎页面

如果要关闭 NGINX 则执行：

`nginx –s stop`

28.1.4　常用命令

NGINX 启动后，有一个主进程（master process）和一个或多个工作进程（worker process）。主进程的作用是读入和检查 NGINX 的配置信息，以及维护工作进程。工作进程才是真正处理客户端请求的进程。

具体要启动多少个工作进程，可以在 NGINX 的配置文件 nginx.conf 中通过 worker_processes 指令指定。

可以通过以下这些命令来控制 NGINX：

`nginx –s [ stop | quit | reopen | reload ]`

其中，

- nginx –s stop：强制停止 NGINX，不管工作进程当前是否正在处理用户请求，都立即退出。
- nginx –s quit：优雅地退出 NGINX。在执行这个命令后，工作进程会将当前正在处理的请求处理完毕，然后再退出。
- nginx –s reload：重载配置信息。当 NGINX 的配置文件改变后，通过执行这个命令使更改的配置信息生效，无须重新启动 nginx。
- nginx –s reopen：重新打开日志文件。

在重载配置信息时，NGINX 的主进程会先检查配置信息。如果配置信息没有错误，则主进程会启动新的工作进程，并发出信息通知旧的工作进程退出。旧的工作进程在接收到信号后，会等到处理完当前正在处理的请求后退出。如果 NGINX 检查配置信息发现错误，则回滚所做的更改，沿用旧的工作进程继续工作。

28.2 部署客户端应用

NGINX 也是高性能的 HTTP 服务器，因此可以用来部署客户端应用（mean-news-ui）。本节将详细介绍部署客户端应用的完整流程。

28.2.1 编译客户端应用

执行下面命令编译客户端应用：

```
$ ng build

chunk {main} main-es2015.js, main-es2015.js.map (main) 40.9 kB [initial] [rendered]
chunk {polyfills} polyfills-es2015.js, polyfills-es2015.js.map (polyfills) 264 kB [initial] [rendered]
chunk {polyfills-es5} polyfills-es5-es2015.js, polyfills-es5-es2015.js.map (polyfills-es5) 584 kB [initial] [rendered]
chunk {runtime} runtime-es2015.js, runtime-es2015.js.map (runtime) 6.16 kB [entry] [rendered]
chunk {styles} styles-es2015.js, styles-es2015.js.map (styles) 1.33 MB [initial] [rendered]
chunk {vendor} vendor-es2015.js, vendor-es2015.js.map (vendor) 8.06 MB [initial] [rendered]
Date: 2019-08-31T16:15:51.250Z - Hash: cfd906754ed3dbdd3f3b - Time: 14100ms
Generating ES5 bundles for differential loading...
ES5 bundle generation complete.
```

编译后的文件默认放在 dist 文件夹下，如图 28-3 所示。

图 28-3　dist 文件夹

28.2.2 部署客户端应用的编译文件

将客户端应用的编译文件复制到 NGINX 安装目录的 html 目录下，如图 28-4 所示。

› nginx-1.15.8 › html ›

名称	修改日期	类型	大小
assets	2019/9/1 0:19	文件夹	
favicon.ico	2019/9/1 0:15	ICO 图片文件	1 KB
index.html	2019/9/1 0:16	360 Chrome HT...	1 KB
main-es5.js	2019/9/1 0:15	JavaScript 文件	38 KB
main-es5.js.map	2019/9/1 0:15	MAP 文件	42 KB
main-es2015.js	2019/9/1 0:15	JavaScript 文件	41 KB
main-es2015.js.map	2019/9/1 0:15	MAP 文件	28 KB
polyfills-es5.js	2019/9/1 0:16	JavaScript 文件	521 KB
polyfills-es5.js.map	2019/9/1 0:16	MAP 文件	350 KB
polyfills-es2015.js	2019/9/1 0:15	JavaScript 文件	264 KB
polyfills-es2015.js.map	2019/9/1 0:15	MAP 文件	256 KB
runtime-es5.js	2019/9/1 0:15	JavaScript 文件	6 KB
runtime-es5.js.map	2019/9/1 0:15	MAP 文件	11 KB
runtime-es2015.js	2019/9/1 0:15	JavaScript 文件	7 KB
runtime-es2015.js.map	2019/9/1 0:15	MAP 文件	7 KB
styles-es5.js	2019/9/1 0:15	JavaScript 文件	1,357 KB
styles-es5.js.map	2019/9/1 0:15	MAP 文件	9 KB
styles-es2015.js	2019/9/1 0:15	JavaScript 文件	1,359 KB
styles-es2015.js.map	2019/9/1 0:15	MAP 文件	1,456 KB
vendor-es5.js	2019/9/1 0:16	JavaScript 文件	7,517 KB
vendor-es5.js.map	2019/9/1 0:16	MAP 文件	4,026 KB
vendor-es2015.js	2019/9/1 0:15	JavaScript 文件	8,253 KB
vendor-es2015.js.map	2019/9/1 0:15	MAP 文件	9,139 KB

图 28-4 html 目录

28.2.3 配置 NGINX

打开 NGINX 安装目录下的 conf/nginx.conf，配置如下：

```
worker_processes  1;

events {
    worker_connections  1024;
}


http {
    include       mime.types;
    default_type  application/octet-stream;

    sendfile        on;

    keepalive_timeout  65;
```

```
server {
    listen       80;
    server_name  localhost;

    location / {
        root    html;
        index   index.html index.htm;

        #处理前端应用路由
        try_files $uri $uri/ /index.html;
    }

    #反向代理
    location /api/ {
        proxy_pass    http://localhost:8080/;
    }

    error_page    500 502 503 504    /50x.html;
    location = /50x.html {
        root    html;
    }
}
```

其修改点如下：

- 新增了"try_files"配置，用来处理客户端应用的路由器。
- 新增了"location"节点，用来执行反向代理，将客户端应用中的 HTTP 请求转发到服务器端服务接口中。

28.3 实现负载均衡及高可用

在大型互联网应用中，应用的实例通常会部署多个，其好处如下：

- 实现负载均衡。让多个实例分担用户请求的负荷。
- 实现高可用。在多个实例中任意一个实例无法工作后，剩下的实例仍能响应用户的访问请求。因此，从整体上看部分实例的故障并不影响整体使用，因此具备高可用。

下面演示基于 NGINX 实现负载均衡及高可用。

28.3.1 配置负载均衡

在 NGINX 中,负载均衡的配置如下:

```
upstream meanserver {
    server 127.0.0.1:8080;
    server 127.0.0.1:8081;
    server 127.0.0.1:8082;
}

server {
    listen       80;
    server_name  localhost;

    location / {
        root   html;
        index  index.html index.htm;

        #处理客户端应用的路由
        try_files $uri $uri/ /index.html;
    }

    #反向代理
    location /api/ {
        proxy_pass   http://meanserver/;
    }

    error_page   500 502 503 504  /50x.html;
    location = /50x.html {
        root   html;
    }
}
```

其中,

- listen 用于指定 NGINX 启动时所占用的端口。
- proxy_pass 用于指定代理服务器。代理服务器设置在 upstream 中。
- upstream 中的每个 server 代表服务器端服务的一个实例。这里我们设置了 3 个服务器端服务实例。

针对客户端应用路由,我们还需要设置 try_files。

28.3.2 负载均衡常用算法

在 NGINX 中，负载均衡常用算法主要包括以下几种。

1. 轮询（默认）

该算法是将请求按时间顺序逐一分配到不同的服务器，如果某个服务器不可用，则会自动剔除它。

以下是轮询的配置：

```
upstream meanserver {
    server 127.0.0.1:8080;
    server 127.0.0.1:8081;
    server 127.0.0.1:8082;
}
```

2. 权重

该算法通过 weight 来指定轮询权重，用于服务器性能不均的情况。权重值越大，则被分配请求的概率越高。

以下是权重的配置：

```
upstream meanserver {
    server 127.0.0.1:8080 weight=1;
    server 127.0.0.1:8081 weight=2;
    server 127.0.0.1:8082 weight=3;
}
```

3. ip_hash

在该算法中每个请求是按访问 IP 的 hash 值来分配的，这样每个访客固定访问一个服务器，可以解决 session 的问题。

以下是 ip_hash 的配置：

```
upstream meanserver {
    ip_hash;
    server 192.168.0.1:8080;
    server 192.168.0.2:8081;
    server 192.168.0.3:8082;
}
```

4. fair

该算法按服务器的响应时间来分配请求，响应时间短的优先分配。以下是 fair 的配置：

```
upstream meanserver {
    fair;
    server 192.168.0.1:8080;
    server 192.168.0.2:8081;
    server 192.168.0.3:8082;
}
```

5. url_hash

该算法按访问 URL 的 hash 结果来分配请求，使同一个 URL 定向到同一个服务器，服务器为缓存时比较有效。例如，在 upstream 中加入 hash 语句，server 语句中不能写入 weight 等其他参数，hash_method 使用的是 hash 算法。

以下是 url_hash 的配置：

```
upstream meanserver {
    hash $request_uri;
    hash_method crc32;
    server 192.168.0.1:8080;
    server 192.168.0.2:8081;
    server 192.168.0.3:8082;
}
```

28.3.3　实现服务器端服务器的高可用

所谓高可用，简单来说就是给同一个服务器配置多个实例。这样即使某一个实例出现故障无法运行，其他剩下的实例仍然能够正常地提供服务，这样整个服务器就是可用的。

为了实现服务器的高可用，需要对服务器端应用 mean-news-server 做一些调整。

1. 应用启动实现传参

在 mean-news-server 应用中，端口号 8080 是硬编码在程序中的，所以无法在同一台机子上启动多个应用实例了。

为了能够指定端口号，将代码调整为如下：

```
const process = require('process');
const port = process.argv[2] || 8080;

...

app.listen(port, () => console.log(`Server listening on port ${port}!`));
```

在上述例子中，

- 如果在命令行启动时不带端口参数，比如"node index"，则应用启动在 8080 端口。
- 如果在命令行启动时指定端口参数，比如"node index 8081"，则应用启动在 8081 端口。

2. 应用多实例启动

执行以下命令启动 3 个不同的服务实例：

$ node index 8080

$ node index 8081

$ node index 8082

这 3 个服务实例会占用不同的端口，它们独立运行在各自的进程中，如图 28-5 所示。

图 28-5　运行的服务实例

> 在实际项目中，服务实例往往会部署在不同的主机当中。书中示例仅为了能够简单演示所以部署在同一个主机上。但实际的部署方式是类似的。

28.3.4　运行应用

在服务器端服务启动后，在浏览器中输入 http://localhost/ 即可访问客户端应用，同时观察服务器端控制台输出的内容，如图 28-6 所示。

图 28-6 后端负载均衡情况

可以看到，3 个服务器端服务会轮流地接收客户端的请求。为了模拟故障，也可以将其他的任意一个服务器端服务停掉，可以发现客户端仍能够正常响应，这就实现了应用的高可用。

参 考 文 献

[1] 柳伟卫. Cloud Native 分布式架构原理与实践[M]. 北京：电子工业出版社，2019
[2] 柳伟卫. Spring Boot 企业级应用开发实战[M]. 北京：北京大学出版社，2018
[3] 柳伟卫. Angular 企业级应用开发实战[M]. 北京：电子工业出版社，2019
[4] 柳伟卫. Node.js 企业级应用开发实战[M]. 北京：北京大学出版社，2019
[5] 柳伟卫. Spring Cloud 微服务架构开发实战[M]. 北京：北京大学出版社，2018
[6] 柳伟卫. 分布式系统常用技术及案例分析[M]. 北京：电子工业出版社，2017

推荐阅读

京东购买二维码

作者：李金洪　　书号：978-7-121-36392-4　　定价：159.00 元

完全实战的人工智能书，700 多页

这是一本非常全面的、专注于实战的 AI 图书，兼容 TensorFlow 1.x 和 2.x 版本，共 75 个实例。
全书共分为 5 篇：

第 1 篇，介绍了学习准备、搭建开发环境、使用 AI 模型来识别图像；

第 2 篇，介绍了用 TensorFlow 开发实际工程的一些基础操作，包括使用 TensorFlow 制作自己的数据集、快速训练自己的图片分类模型、编写训练模型的程序；

第 3 篇，介绍了机器学习算法相关内容，包括特征工程、卷积神经网络（CNN）、循环神经网络（RNN）；

第 4 篇，介绍了多模型的组合训练技术，包括生成式模型、模型的攻与防；

第 5 篇，介绍了深度学习在工程上的应用，侧重于提升读者的工程能力，包括 TensorFlow 模型制作、布署 TensorFlow 模型、商业实例。

本书结构清晰、案例丰富、通俗易懂、实用性强。适合对人工智能、TensorFlow 感兴趣的读者作为自学教程。